**2025
年版**

技術士
第一次試験
［基礎・適性・建設］
合格指南

浅野 祐一 編著

日経コンストラクション　日経XTECH

日経BP

はじめに

技術士は技術士法で名称独占が許された国家資格です。この資格は建設分野で大きな仕事、高い技術力を要する仕事などを行う際に欠かせない資格となっています。特に土木構造物の調査や設計を担う建設コンサルタント会社で技術者として働くためには「運転免許証」に近い資格といってよいでしょう。

建設コンサルタント会社に限らず、建設会社や国・自治体といった発注機関で働く技術者にとっても、技術士は建設工事に関連した業務を実施する際に持っておきたい資格として広く認識されています。技術士となるためには、第二次試験を突破する必要がありますが、大学で特別な教育（JABEE認定のプログラム）を修了していない場合には、第一次試験を突破しなければ第二次試験を受験できません。

技術士第一次試験は、基礎科目と適性科目、専門科目の3つの科目で構成されています。基礎科目では、大学の教養課程や高等学校で習得する数学や物理、化学、生物の知識が求められます。専門科目については、建設分野であれば土木工学や建設関連の法令・基準に関する基本的な知識が必要になります。

これまでに何年か土木や建築の実務を積み重ねてきた人でも、第一次試験の問題を初めて見ると、専門技術の論述が中心となる第二次試験よりも難しいのではないかと感じるかもしれません。試験で問われる技術的な知識の幅がとても広く、どこから学習すればよいかを見極めるのが困難なためです。

でも、安心してください。一見難しそうに見える試験ですが、実は効率的かつ確実に合格できる勉強法があります。それは、過去に出題された問題、いわゆる過去問を分析して、得点できそうな分野の問題の解き方をしっかり習得するという方法です。

技術士第一次試験の問題には、過去に類似の問題として出題されたものが数多く含まれています。選択肢形式で文章の正誤を問う問題では、ほとんど同じ表現の選択肢が過去に出題されているケースが散見されます。計算問題も過去の問題で提示した条件を少し変えただけの問題が、繰り返し出題されています。

理由は簡単です。非常に広い出題範囲の試験で、高度な技術領域のテーマを扱っているため、毎年、全然違う問題を作成し続けると問題が難化しやすくなり、結果として合格率が落ち、社会に求められている技術士数を充足できなくなる恐れがあるからです。合格率をある程度安定させるうえでも、試験問題を安定させることはとても重要なのです。

普通に解けば、その範囲の広さに頭を抱えてしまう出題であっても、過去に類似の問題が数多く出題されていて、その解き方を事前に準備できていれば簡単に解答できます。技術士第一次試験の出題の裏にある、こうした実情を理解していれば、勉強法は簡単です。そう、過去問の攻略です。過去問の攻略によって、一気に合格に近づけるのです。

　とはいえ、1回の試験の問題量は少なくありません。過去問を全部解いていては、相当の時間を要してしまいます。それを何周も回すとなれば、なおさらです。また、過去の問題を分析して頻出テーマの問題を自分で選別し、集中的に学習するために整理するのも手間でしょう。

　そこで本書では、技術士第一次試験を建設部門で受験される方が最短で合格を勝ち取れるよう、出題確率の高い技術領域の問題や建設分野を専門とする人が取り組みやすい問題を厳選して解説しました。本書で選定した領域を学習すれば、十分に合格できるだけの力を養えます。

　学習の順序や重点の置き方では、目次と本文に記した優先度の★の数や、本書に収録した出題頻度の高い過去問を見て感じ取った相性のよさなどを手がかりにしてください。自身が学習すべきポイントをうまく絞り込めれば、さらに効率的な試験対策が可能になるでしょう。

　この試験を突破するために、満点は必要ありません。解答を求められた問題数の過半で正解できればよいのです。半分ほど正解できればよいと考えれば、「合格に向けたハードルはそれほど高くない」「簡単に乗り越えられそうだ」と感じられるでしょう。合格できそうだと思うことができれば、やる気も高まってくるはずです。

　技術士第一次試験の受験参考書や過去問解説の書籍は数多く存在します。しかし、大半は「基礎科目」「適性科目」と「専門科目」とを2冊に分けています。本書では、受験者数の多い建設分野について、1冊の書籍で効率的な試験対策ができるよう構成を工夫しました。持ち運んで学習する際にも便利なはずです。

　みなさまが本書を上手に活用して技術士第一次試験をクリアし、目指すべき第二次試験の勉強にいち早く取り組めることを祈念しております。

2025年4月　日経BP 技術プロダクツユニット長　浅野 祐一

目　次

★の数は学習の優先度を表します

はじめに　2

1章　技術士第一次試験と取り組み方　　7

1-1	技術士試験の概要	8
1-2	科目と合格基準	10
2-1	本書の使い方	12
2-2	基礎科目の頻出分野	13

2-3	適性科目の頻出分野	19
2-4	専門科目(建設分野)の頻出分野	21
2-5	過去問題の分布	24

2章　基礎科目　　29

設計・計画

1-1	材料	★★★	30
1-2	システムの性質	★★☆	33
1-3	システム信頼度の計算1	★★★	36
1-4	システム信頼度の計算2	★★☆	39
1-5	数理計画の計算1	★★★	41
1-6	数理計画の計算2	★★★	43
1-7	正規分布	★★☆	45
1-8	確率・統計	★☆☆	48
1-9	製図法	★★★	50
1-10	ユニバーサルデザイン	★★☆	52
1-11	系内の滞在時間	★☆☆	55
1-12	工程管理	★★☆	56

情報・論理

2-1	情報セキュリティ	★★★	60
2-2	情報の圧縮・復元	★★☆	63
2-3	論理和と論理積	★★☆	64
2-4	基数変換	★★★	69

2-5	処理速度の計算	★★☆	73
2-6	逆ポーランド記法	★☆☆	76
2-7	二分探索木	★☆☆	77
2-8	伝送誤り	★★☆	79
2-9	決定表と状態遷移図	★★☆	83
2-10	計算アルゴリズム	★★★	85

解析

3-1	数値解析	★★★	90
3-2	ニュートン・ラフソン法	★☆☆	92
3-3	ベクトル解析(div、rot、grad)	★★★	94
3-4	ヤコビ行列	★☆☆	95
3-5	ベクトルの内積と外積	★☆☆	97
3-6	積分	★★☆	98
3-7	微分と導関数	★★☆	100
3-8	行列	★★☆	101
3-9	応力計算	★★☆	102
3-10	ばねに蓄えられるエネルギー	★☆☆	104

3-11	固有振動数	★★★ 105

材料・化学・バイオ

4-1	原子表記と同位体	★★★ 110
4-2	金属の結晶構造	★★☆ 111
4-3	合金	★★☆ 114
4-4	ハロゲン	★☆☆ 116
4-5	腐食と物質特性	★★★ 117
4-6	酸と塩基	★★☆ 120
4-7	酸化還元反応	★★☆ 121
4-8	物質の用途と生成方法	★★☆ 122

4-9	DNA	★★★ 124
4-10	タンパク質	★★★ 130

環境・エネルギー・技術

5-1	生物多様性	★★★ 135
5-2	気候変動	★★★ 137
5-3	大気汚染、廃棄物、公害	★★★ 140
5-4	エネルギー	★★★ 146
5-5	科学技術とリスク	★★★ 151
5-6	技術史	★☆☆ 153

3章 適性科目　　159

1-1	技術士法	★★★ 160
1-2	技術士倫理綱領	★★☆ 164
1-3	CPD・資質能力	★★★ 167
1-4	知的財産	★★★ 171
1-5	著作権とAI	★★☆ 176
1-6	公益通報者保護法	★★☆ 179
1-7	製造物責任法	★★★ 183
1-8	SDGs	★★★ 186
1-9	気候変動	★★☆ 190

1-10	技術流出	★★☆ 194
1-11	ハラスメント・ダイバーシティ	★★☆ 198
1-12	個人情報保護法	★★☆ 202
1-13	組織の社会的責任	★☆☆ 204
1-14	リスク管理	★★★ 207
1-15	安全・事故	★☆☆ 213
1-16	標準・規格	★☆☆ 217
1-17	環境関連法令	★☆☆ 219

4章 専門科目（建設分野）　　223

土質及び基礎

1-1	土の基本的性質	★★★ 224
1-2	土圧	★★★ 229
1-3	圧密	★★★ 231
1-4	土と基礎	★★★ 233
1-5	液性指数	★★☆ 237
1-6	透水試験	★★☆ 238

1-7	鉛直有効応力など	★★☆ 240

鋼構造

2-1	断面二次モーメント	★★☆ 243
2-2	曲げモーメント	★★★ 244
2-3	オイラーの公式	★☆☆ 247
2-4	図心の計算	★☆☆ 249
2-5	概要と接合部	★★☆ 250

目　次

2-6	非破壊試験	★★☆ 253
2-7	維持管理・防食	★★☆ 254
2-8	橋の限界状態	★★☆ 258
2-9	床版ほか道路橋示方書の規定	★★★ 260

コンクリート

3-1	基本的性質と配合	★★★ 263
3-2	セメント、混和材、骨材	★★★ 266
3-3	品質	★★☆ 268
3-4	劣化	★★★ 271

都市及び地方計画

4-1	思想	★☆☆ 275
4-2	再開発	★☆☆ 277
4-3	土地の措置手法	★★☆ 279
4-4	国土形成計画	★★☆ 281
4-5	立地適正化計画	★★☆ 284
4-6	区域区分と地域地区	★★★ 286
4-7	公共交通と交通量調査	★☆☆ 291

河川、砂防

5-1	ベルヌーイの定理	★★★ 295
5-2	静水圧	★★☆ 298
5-3	開水路の定常流れ	★★★ 300
5-4	管路の流れ	★★★ 303
5-5	土砂移動	★★★ 306
5-6	堤防	★★☆ 309
5-7	護岸	★★☆ 312
5-8	河川計画	★★★ 314

5-9	砂防	★☆☆ 318

海岸・海洋

6-1	海岸工学	★☆☆ 323
6-2	海岸保全施設など	★☆☆ 325

港湾及び空港

7-1	港湾・空港全般	★☆☆ 328

電力土木

8-1	再生可能エネルギーとエネルギー政策	★★★ 331

道路

9-1	道路全般	★☆☆ 335

鉄道

10-1	軌道	★★☆ 339

トンネル

11-1	各種トンネル	★★☆ 344

施工計画、施工設備及び積算

12-1	施工法	★★☆ 349
12-2	施工管理	★★☆ 355

建設環境

13-1	環境影響評価	★★☆ 359
13-2	環境関連施策	★★☆ 361

1章

技術士第一次試験と取り組み方

技術士試験の概要	1-1
科目と合格基準	1-2
本書の使い方	2-1
基礎科目の頻出分野	2-2
適性科目の頻出分野	2-3
専門科目(建設部門)の頻出分野	2-4
過去問題の分布	2-5

1章　技術士第一次試験と取り組み方

1-1　技術士試験の概要

　技術士制度は、産業に欠かせない技術者の育成を目的として生まれました。技術士法で定められた国家資格であり、「技術士」の名称を用いて、科学技術に関する高等の専門的応用能力を必要とする事項の計画、研究、設計、分析、試験、評価またはこれらに関する指導の業務を行う者と定義されています。技術士がカバーする技術分野は広く、総合技術監理部門を除くと、建設や上下水道、機械、電気電子など合わせて20部門あります。

　技術士を取得するための試験は、第一次試験と第二次試験に分かれています。さらに、第二次試験は筆記試験と口頭試験に細分化されます。第一次試験に合格すると「技術士補」、第二次試験に合格すると「技術士」を名乗る権利が得られます。第二次試験の受験には、原則として第一次試験の合格が必要ですが、大学でJABEEの認定を受けたプログラムを修了していれば、第一次試験を受験しなくても第二次試験を受験することができます。

　ただし、JABEEの認定プログラムを設けていない大学の学部・学科は少なくありません。過程を用意している学校でも、必要単位を取得していない卒業生は珍しくありません。認定プログラムがあるとはいえ、第一次試験から技術士を目指す人はまだまだ数多く存在するのです。

　ここでまずは、日本技術士会が発表する試験概要について、紹介しましょう。令和7 (2025) 年度の試験概要として公表されている情報などをまとめると、以下のようになります。

【技術士第一次試験の試験概要】

　最新情報は日本技術士会のウェブサイトなどで必ずご確認ください。

1) 受験資格

　年齢、学歴、業務経験等による制限はない

2) 試験の方法

　試験は筆記試験により行う

3) 試験科目

　試験科目は総合技術監理部門を除く20の技術部門について行う

　(1) 基礎科目として、科学技術全般にわたる基礎知識

　(2) 適性科目として、技術士法第4章(技術士の義務)の規定の遵守に関する適性

　(3) 専門科目として、受験者があらかじめ選択する1技術部門に係る基礎知識及び専門知識

　なお、一定の資格を有する者については、技術士法施行規則6条に基づいて試験の一

部を免除する

4）試験の日時

期日：令和7（2025）年11月23日（日）

時間：令和6年度は以下の時間割で実施

10：30～12：30　専門科目（2時間）

13：30～14：30　基礎科目（1時間）

15：00～16：00　適性科目（1時間）

5）試験地

北海道、宮城県、東京都、神奈川県、新潟県、石川県、愛知県、大阪府、広島県、香川県、福岡県、沖縄県

試験会場は、受験票で通知するほか、日本技術士会のホームページ上にも掲載（10月下旬ごろの官報に公告）

6）受験申込書等配布期間

令和7年6月9日（月）～6月26日（木）

7）受験申込受付期間

郵送受付：令和7年6月11日（水）～6月26日（木）まで。書留郵便で提出。6月26日の消印は有効

WEB受付：令和7年6月11日（水）9：00～6月25日（水）17：00まで。日本技術士会ホームページの技術士試験・登録WEB申請窓口から提出する

8）受験申込書類

（1）技術士第一次試験受験申込書（6カ月以内に撮った半身脱帽の縦4.5cm×横3.5cmの写真1枚を貼付）

（2）技術士法施行規則6条に該当する者については免除事由に該当することを証明する証明書または書面を提出する

9）受験手数料

1万1000円（非課税）

10）申込書提出先

〒105-0011 東京都港区芝公園3丁目5番8号　機械振興会館4階

公益社団法人 日本技術士会

電話番号：03-6432-4585

11）携帯品

受験票、筆記用具（黒鉛筆またはシャープペンシル、HB以上の濃さ）、消しゴム（電動は不可）、鉛筆削り（電動は不可）、時計（通信機能や計算機能がないもの）、電卓（四則演

1章　技術士第一次試験と取り組み方

算や平方根、百分率の演算機能および数値メモリを有するものに限る)、ペットボトル、眼鏡、マスク、ハンカチ、目薬、ティッシュペーパー(中身のみ)

12)　合格発表

　令和8(2026)年2月に試験に合格した者の氏名を技術士第一次試験合格者として官報で公告するとともに、本人宛に合格証を送付する。合格発表後、受験者に成績を通知する

13)　正答の公表

　試験終了後、速やかに試験問題の正答を公表する(おおむね試験翌日に公表されている)

1-2　科目と合格基準

　上の試験概要でも示したとおり、技術士第一次試験は、基礎科目と適性科目、専門科目の3科目から構成されています。技術士となるために必要な科学技術全般にわたる基礎的学識や技術者としての倫理、専門分野に関する知見を五肢択一式の問題で問います。

　基礎科目は「設計・計画」「情報・論理」「解析」「材料・化学・バイオ」「環境・エネルギー・技術」という5つの分野にわたって、高等学校や大学の教養課程で学ぶ数学や理科、工学の基礎知識などが問われます。各分野から出題される6問から3問ずつを選んで、全15問に解答する試験です。

　適性科目では技術士法の第4章「技術士等の義務」で規定される倫理や各種法令などについて確認します。15問出題され、全問に解答する必要があります。実際の出題では、技術士の義務だけでなく、科学技術を取り巻く政策や世界の動きなど時事性の高い問題が出題されています。常識的な設問が多いものの、政策などのキーワードや重要な数字などを覚えていないと解答できない問題もあり、それなりの備えが必要です。

　専門科目は受験者が目指す技術部門から選択できます。20の技術部門でそれぞれ35問ずつの問題が出題され、25問に解答します。本書はこのなかでも最も受験者数が多い建設部門に絞って、専門科目の問題と解説を掲載しています。

　技術士第一次試験の出題範囲は極めて広く、初見では非常に難度が高いと感じる受験者が多いと考えられます。しかし、この試験の合格率は全部門の平均で3〜5割程度。建設部門は全部門平均よりも合格率はやや低めになっていますが、大差はありません。世間で難関と呼ばれるような資格の試験に比べれば、合格しやすい試験になっています。その理由はどこにあるのでしょうか。

　理由は2つあります。まずは、過去に出題された問題の類題が数多く出題されることです。過去に出題された問題をしっかり理解しておけば、手も足も出ない問題はそれほど多くありません。五肢択一型の試験であっても、過去問にまじめに取り組んでいれば、二肢択一や三肢択一くらいに絞り込めるような問題が多くなっています。

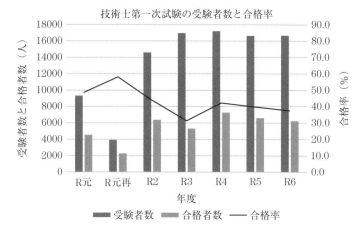

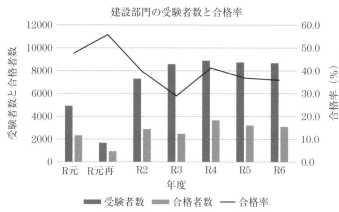

令和元(2019)年以降の技術士第一次試験の受験者数と合格率の推移

　もう1つの理由は合格基準点にあります。技術士第一次試験に合格するために必要な正答率は5割で済みます。半分以上の問題（解答する問題数は奇数なので過半）に正解すれば合格できるという合格基準は、一般の資格試験に比べて低いと感じられるでしょう。15問に解答する基礎科目と適性科目では8問、25問に解答する専門科目では13問に正解すればよいのです。

　ただし、基礎、適性、専門の全科目で5割以上の正答が必要であるという点には注意が必要です。基礎科目で8問、適性科目で7問、専門科目で14問正解した場合、全体では5割超の正答率となりますが、適性科目は合格基準に達しておらず、技術士第一次試験は不合格となります。

1章　技術士第一次試験と取り組み方

科目	試験時間	問題数	配点	合格点
専門科目	2時間	35問中25問を選択	50点(1問2点)	26点(13問正解)
基礎科目	1時間	30問中15問を選択。5つの分野で6問ずつ出題された問題から、各分野とも3問ずつ選ぶ	15点(1問1点)	8点(8問正解)
適性科目	1時間	15問全問に解答	15点(1問1点)	8点(8問正解)

2-1　本書の使い方

　合格基準が低く、過去の出題に沿った出題が多いとはいえ、過去問に総当たりするような対策では、相当の時間を要します。過去5、6年分の問題を1周回すだけでもそれなりに時間がかかりますし、合格レベルまで修得しようと何周も過去問を回していくのは、業務に追われる実務者にとっては結構大きな負担になるでしょう。技術士を目指す人がクリアすべきは、技術士第二次試験。「第一次試験は効率よく学んで、早々にクリアしてしまいたい」と考えるのが普通です。

　本書の第2章以降では、技術士第一次試験を建設部門で受験する方に向けて、過去問を分析し、建設分野の人が対応しやすい問題や分野を絞り込みました。合格に必要な力を効率よく養えるよう編集しています。学習すべき項目を少し絞り込んでいるので、合格に必要な力を養えるのかを不安に感じる人がいるかもしれません。

　しかし、前述のように合格に必要な点数は高くありません。本書でピックアップした分野をしっかりマスターできれば、技術士第一次試験を十分にクリアできる力が身に付いているはずです。時間に余裕があれば、過去問全てに何度も当たるという対策も可能ですが、投じた時間に対するパフォーマンスはあまり高くないでしょう。解ける確率が高い分野に絞り込み、その分野で確実に得点できるようにする方が、効率もよいですし、合格しやすいと考えます。

　本書では優先的に学習を進めた方がよい問題が分かりやすくなるように、学習の優先度を★の数で示しました。★の数は最大3つで、★の数が多いほど、優先的に学習しておきたい領域です。★の多さは単に試験に出る確率が高いということだけでなく、難度の点で取り組みやすいものも含んでいます。ただし、読者の皆さんにも得意分野や不得意分野があると思います。★の数だけに頼るのではなく、得意な分野を中心に解ける領域を増やしていけば、合格を引き寄せやすくなるでしょう。

　本書では分野ごとに簡易な解説を示したのちに、過去問を並べ、その解説を記しています。過去問を解いてみて分からない部分だけ解説を読むような使い方でも、先に軽く解説を読んでから問題にチャレンジするような使い方でも構いません。ご自身の学習しやすい

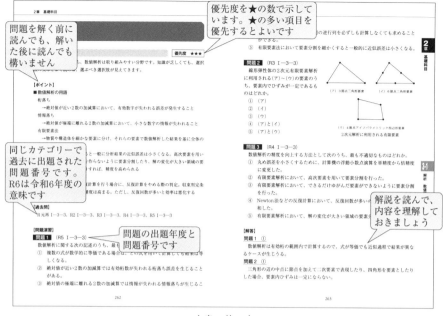

本書の使い方

方法でご利用ください。

　試験での合格を最大の目的としているので、解説ではあまり深入りしていません。関心のある項目について、もっと深めたい場合は専門の資料などに当たって学習することをお勧めします。特に専門分野では、技術士第二次試験の学習に結び付くケースも多いでしょう。

2-2　基礎科目の頻出分野

　ここからは、各科目の頻出分野について簡単に説明しておきます。まずは基礎科目。この科目は、「設計・計画」「情報・論理」「解析」「材料・化学・バイオ」「環境・エネルギー・技術」の5分野から出題されます。分野ごとに頻出のテーマや令和7（2025）年度の試験で出題されそうなテーマなどを以下で紹介します。なお、あくまでも予想なので、ここでピックアップした分野や出題確率が高いと言及した問題が必ず出題されるとは限らない点にはご留意ください。

■「設計・計画に関するもの」

　日本技術士会が示す出題分野は、「設計理論やシステム設計、品質管理など」となっていますが、この情報だけでは、どんな問題が出るのか想像することは困難でしょう。もう少しかみ砕いて過去の出題から見てみると、主に以下のような分野からの出題だと説明できます。

▶材料

　材料工学に関する問題は頻出です。材料と材料に加わる荷重の関係などを語句や数字で問う問題が出ます。建設部門の受験者にとっては得点しやすい領域です。ほぼ毎年のように出題されているので、しっかり学習しておきましょう。

▶システムの性質や信頼度計算

　システムの信頼性を計算させる問題は頻出で、ほぼ毎年のように出題されています。故障やエラーとシステムの関係を語句で説明するような問題も出ます。令和6（2024）年度の試験でシステムの信頼度計算が出題されなかった分、令和7年度試験で出題される確率が高まったと考えられます。この問題は確率の問題なので、考え方を理解しておけば得点源にできます。丸暗記方式で臨むと少しひねりが入った場合に解けなくなるので注意が必要です。

▶数理計画

　製品を製造する際の材料と費用の関係などから、最適な生産条件を問うような文章題、不良品が混在する際の最適な検査回数を問う文章題などが頻出です。これもほぼ毎年出題されています。特段の準備をしなくても、問題文をよく読めば解ける数学の問題なので、苦手意識がない人であれば得点源にしたい領域です。本番でチャレンジし、5分くらい向き合って「解けないな」と思ったらあきらめるような付き合い方でもよいと思います。

▶製図法

　出題頻度が比較的高めでしたが、最近はあまり出題されていません。過去の出題では、第一角法と第三角法に関して問う問題が目立っていました。そろそろ問題として復活してくる可能性があります。ざっと目を通しておいて、ポイントだけ抑えておけばよいでしょう。

▶ユニバーサルデザイン

　令和3（2021）年度試験までは高い頻度で出題されていて、近年出題がありませんでしたが、令和6年度の試験で復活しました。令和7年度の試験での出題確率は少し下がったと考えられます。それでも、建設分野の受験者にとってはなじみのある領域です。問われる内容は簡単なので、ざっとおさらいしておいて、出題されればしっかり得点源にするといった姿勢で臨みましょう。

▶工程管理

アローダイアグラム（ネットワーク式工程表）に関する出題が平成30（2018）年度までは時々出題されていました。最近の出題はありませんが、この分野は施工管理技士の試験とも重なる領域です。学習あるいは復習しておいて損はないでしょう。しばらく出題されていないだけに、そろそろ出題される可能性があります。

■「情報・論理に関するもの」

主に情報処理に関する知識が問われます。この分野の学習を大学などで経験していれば、それほど難しい問題ではありません。初見の人でも2、3回ほど解いておけば、十分に理解できる内容が多くなっています。食わず嫌いにならず、とりあえず取り組んでみて、得意分野を見極めることをお勧めします。

▶情報セキュリティ

技術士の業務では守秘義務など秘匿性の高い情報を扱う機会が多く、さらに、セキュリティに関するトラブルは、社会的影響が大きくなる恐れが大きいものです。こうした観点から技術士第一次試験でも、ほぼ毎年のようにこの分野からの出題が続いています。令和7年度試験でも1問は出題されるとみておいた方がよいでしょう。パスワードに絡む問題、認証方式に関する問題、暗号化の問題などが出題されています。

▶論理式

論理和や論理積といった論理式、ベン図などで表現される論理学の問題も頻出です。論理式に関する問題は、図に書き出すと解ける問題が多いので、苦手意識がない人であれば取り組んでおきたい分野です。令和6年度に出題がなかったので、令和7年度の出題確率は高まったとみています。

▶基数変換

2進数、10進数、16進数の関係を問う問題は頻出です。令和6年度の試験では10進数の小数を2進数に変換する問題が出ました。計算法を暗記していても対応できますが、n進数の数字は10進数ではnのべき乗の数字を用いて表現できると理解していれば、力わざでも解ける領域です。試験では電卓の使用も可能であり、確実に得点できる分野なので、必ずマスターしておきましょう。

▶処理速度の計算

　キャッシュメモリと外部メモリへのアクセス時間を計算する問題が時々出題されます。出題頻度は高くはありませんが、解き方は簡単です。練習問題を解いておけば、実際に出題されても十分に対応できるでしょう。

▶伝送誤り

　データの伝送誤りに関する問題は数年に1度程度の頻度で出題されています。令和4(2022)年度までは、ハミング符号の問題が出題されていました。令和6年度はパリティチェックについて、その特徴などを問う、これまでと傾向を変えた文章題が出ました。今後、同種の問題が繰り返し出題される可能性があるので、押さえておきましょう。

▶アルゴリズム

　令和5年度と6年度の試験では、この分野でよく取り上げられるユークリッド互除法に関する問題が出ました。この分野ではユークリッド互除法のほか、基数変換を題材にした問題が出ています。令和7年度の試験では、2進数と10進数の基数変換を扱った問題が出題される可能性が高そうです。

■「解析に関するもの」

　主に高校や大学の教養課程で学ぶ数学の基本的な問題が数多く出題されます。微分や積分、ベクトルの内積・外積、行列計算などができる人は、それだけでかなりのアドバンテージがあり、ざっと復習するだけでこの分野で十分に得点できるでしょう。数学の問題を解くのが苦手な受験者は、数値解析の特徴などの文章題を中心に学習する方法もあります。建設系の受験者であれば、応力計算やばねの運動などの力学系の問題も得点しやすい分野かもしれません。力学では固有振動数に関する出題が目立っています。

▶ベクトル解析

　ベクトル解析に用いるdivやgradなどの計算ルールを問う出題が頻出です。やり方さえ知っていれば非常に簡単な問題になります。しかも過去の問題では、計算式も明示されています。得点源にすることをお勧めします。

▶ベクトルの内積・外積

　ベクトルの内積・外積も求め方を知っていれば、難しい問題ではありません。ただ、手間のかかる計算を好まない人は避けても構いません。数年に1回出題されていますが、令

和6年度に出題されたので、令和7年度の出題確率は低そうです。

▶微分・積分

微分は導関数の差分表現が時々出題されます。積分も比較的高い頻度で出題されています。積分については、n次関数など高校レベルの計算で解ける問題であれば、試験当日でも解ける可能性が高いでしょう。微分・積分を学習した人はさらっと復習しておけば、かなりの確率で得点源にできます。

▶行列

3行3列の行列計算が時々出題されます。逆行列の問題も出題されますが、力わざで解けるレベルの易問が多くなっています。苦手意識がなければ、取り組むことをお勧めします。

▶応力計算

応力計算の問題は2年に1度程度の頻度で出題されています。令和6年度は座屈荷重に関して、端部条件を踏まえた大小を問う新しいタイプの問題が出ました。令和7年度はオーソドックスな計算問題が出る確率が高いとみています。

▶ばねの問題

ばねの系の固有振動数やばねに蓄えられるエネルギーについて問う問題が頻出です。最近は固有振動数に絡めた問題がかなり多いので、令和7年度はエネルギーの問題が出る可能性も高いとみています。

■「材料・化学・バイオに関するもの」

化学系の問題と生物系（バイオ）の問題が出題されます。化学の領域は高校レベルの化学の知識でも十分に対応できる問題が出ています。建設部門を受験する人は生物系の学習を避けたがるかもしれませんが、技術士第一次試験で出題される生物系の問題は範囲が絞られており、少し学習すれば得点源にできる可能性が高くなっています。比較的問題の幅が広い化学の領域だけでは不安だと感じる人は、バイオ分野にも手を付けておくとよいでしょう。

▶原子表記と同位体

同位体に関する問題は数年に1回程度の頻度で出題されています。同位体の性質を問うものや、元素表記から陽子や中性子の数を問うような問題で、難度は低いです。高校で化

学を選択した人であれば、さらりと復習しておけば十分に得点できる領域です。

▶金属の結晶構造

金属の結晶構造に関する問題も数年に1回程度の頻度で出ています。体心立方、面心立方、六方最密（充填）といった金属の結晶構造を理解していれば易問です。金属に関しては、合金に関する問題も時々出題されます。こちらは重さなど簡易な計算を伴う出題が目立ちますが、難しい問題ではありません。

▶腐食と物質特性

金属の腐食や力学的特性を問う問題は、ほぼ毎年、いずれかのテーマで出題されています。過去問に当たっておけば得点源にできる可能性が高い領域です。

▶酸と塩基、酸化還元反応

酸と塩基に関する問題では、例えば酸性度の強い順に物質を並べさせるような問題が出題されています。酸化還元反応に関する問題では、酸化数を計算させるような問題が出ています。ここも知っていれば簡単に解答できる問題が多いです。

▶DNA

この領域では、DNAに関する説明やPCR法に関する説明について問う出題が中心となります。令和元年度以降の過去問を網羅しておけば、似たような問いに当たる確率が高いでしょう。建設部門で受験する方は生物を選択していなかったケースが多いと思いますが、食わず嫌いをせずに学習しておくと、得点源にできる可能性があります。

▶タンパク質

タンパク質の分野も毎年出題されています。こちらも過去問をある程度網羅しておけば、似たような問いに当たる確率が高いでしょう。タンパク質やそれを構成するアミノ酸などに関連した問題が出題されてきました。DNAとタンパク質の分野のうち、片方だけでもマスターしておけば、化学分野で自信を持って解答できる問題が少なかった場合に、助けになります。生物系からの出題は、単純な知識を問う内容が多いので、少ない学習時間で問題を解けるようになります。DNA関連かタンパク質関連のどちらかは過去問を繰り返しておくことをお勧めします。

■「環境・エネルギー・技術に関するもの」

　環境、エネルギー、技術史の問題が出題されます。環境分野では生物多様性、気候変動の影響、大気汚染・廃棄物・公害といった領域を学びます。環境や廃棄物、公害に関連した法令などを意識しておくとよいでしょう。気候変動に関する問題や再生可能エネルギーなどを含むエネルギー関連の問題は、基礎科目との相性もよいので、学習しやすいでしょう。

▶生物多様性

　生物多様性の問題は比較的常識でも解ける問題が多くなっています。過去問を解いて準備していれば、得点源にできる可能性が高いです。

▶気候変動、大気汚染、廃棄物、公害

　気候変動ではその緩和策と適応策を理解しておきましょう。大気汚染や廃棄物に関する問題はいずれかが出題される可能性が高いので、学習しておくことを強くお勧めします。

▶エネルギー

　この分野から必ず1題は出題されています。再生可能エネルギーに関連した内容か、燃料別の特徴（発熱量や二酸化炭素排出量）などが問われます。

▶科学技術とリスク

　科学技術とリスク（危険度）の問題も比較的よく出題されます。特にリスクコミュニケーションに絡んだ問題が目立ちます。過去問をよく学習しておくことをお勧めします。

▶技術史

　毎年必ず出題され、出来事の発生順を問うたり、出来事の事実関係を問うたりします。出題形式はシンプルですが、よほど科学史に興味がある人以外はこの領域の選択と学習をお勧めしません。年代を細かく覚える必要があるうえに、出来事の数が多く、さらには過去に出題された問題で出てこなかった出来事が選択肢に入ってくる可能性も高く、対策の的を絞りにくいためです。

2-3　適性科目の頻出分野

　適性科目は15問が出題され、全ての問題に解答します。常識的なことを問う問題や技術者として備えておくべき倫理感などを問う易問が出題される半面、近年の政策などを掘り

下げた癖のある問題も出題されます。基礎科目や専門科目で合格点を取っても、適性試験で大きな失点をして不合格の憂き目を見る受験者は少なくありません。出題頻度の高い領域でしっかり得点できるようにしておくことが、合格への近道となります。技術士法や知的財産、製造物責任法、SDGs、気候変動といった出題確率が高い分野については、過去問にしっかり取り組み、実際の試験で取りこぼさないことが大切です。

▶技術士法

技術士法第4章は必ず出題されます。出題ポイントは決まっているので、必ずマスターしておきましょう。この領域の問題で取りこぼすと合格がおぼつかなくなります。また、CPD（継続研さん）や技術士倫理綱領も出題の可能性があります。特に技術士倫理綱領は令和5(2023)年に改定されたので、当面は抑えておいた方が無難です。

▶知的財産、著作権

この分野もほぼ毎年確実に出題されています。知的財産の種類に加え、4つの産業財産権やAI時代に注目されている著作権の特徴などを理解しておきましょう。過去問の類題が多いので、しっかり対策を講じて確実に得点しておきたい領域です。

▶製造物責任法

製造物責任法も毎年出題されています。法の趣旨や適用要件、中古品や修理者などの扱いを問う問題が目立ちます。一通り過去問をこなしておけば、高い確率で得点できるでしょう。

▶SDGs

2年に1度よりは高い頻度で出題されています。世間でも大きく取り上げられており、技術者として抑えておくべき項目が多いので、今後も出題が続くと考えられます。大きな概念を問うような出題が繰り返されているので、過去問を一通りこなしておきましょう。

▶気候変動

カーボンニューラルとカーボンオフセットの違い、低炭素社会を実現するための技術と施策を問うような出題が目立っています。出題範囲がやや広めなので、過去問をこなして正答できる確率を高めておくという、ゆるやかな対策で準備すればよいでしょう。

▶リスク管理

　毎年出題されています。ALARPの原理、リスクマネジメント、BCPとBCMは頻出です。概念を理解していれば、高い確率で正答に至ると考えられるので、この領域は必ず学習しておきましょう。

2-4　専門科目（建設部門）の頻出分野

　専門分野は35問から25問を選んで解答します。解答すべき問題数が多いということは、建設の複数分野についての基礎知識をマスターしておく必要があると言い換えられます。技術士第一次試験で問われる問題は、第二次試験における技術士（建設部門）の全11科目に対応した領域から出題されています。

　ただ、出題数には偏りがあります。「土質及び基礎」「鋼構造及びコンクリート」「都市及び地方計画」「河川、砂防及び海岸・海洋」（特に水理学を含む河川分野）に関連した領域の出題が手厚くなっており、これらの分野に関連の深い問題が22問程度出題されます。

　もう少し具体的に示すと、「土質及び基礎」で4問程度、「鋼構造（構造計算を含む）」で4問程度、「コンクリート」で3問程度、「鋼構造」と「コンクリート」に共通する領域で1問程度、「都市及び地方計画」で4問程度、「河川（水理学を含む）」で6問程度が出題されます。

　つまり、この分野を重点的に学習し、残り数分野について得点が取れそうな領域を押さえておけば、専門科目で合格点を獲得するためのハードルは大きく下がるのです。土木系の方であれば、上記のうち、「土質及び基礎」と「鋼構造（構造計算を含む）」「コンクリート」「鋼構造」と「コンクリート」の共通分野、そして「河川（水理学を含む）」は必ず学習し、18問程度をカバー領域とするとよいでしょう。過去問をベースに学習するだけでも6割程度（10問か11問）は正解できるようになるはずです。

　この領域にしっかり取り組んでこの分野から7割程度を得点できるようになれば、ほぼ合格ラインに到達します。残り2つか3つの分野で得点できそうな領域を選んで軽く学習しておけば、合格点の獲得は難しくないはずです。

　建築系の方であれば、「都市及び地方計画」の方が、なじみ深いでしょう。先に提示した4分野とこの領域を学習できれば、極端な話、他の専門分野については何も学習しなくても、専門科目（建設部門）で合格点を獲得できる確率はかなり高まると考えられます。

　以下に主な分野と出題される問題の傾向を押さえておきます。

■土質及び基礎

　乾燥密度や湿潤密度、間隙比、間隙率、飽和度などの関係を問う問題が最初に出てきます。各用語の定義を理解して、複数の定義を関連させることができるようにしておきま

しょう。令和6年度の試験では、これまでと少し傾向を変え、具体的な数字を入れて計算させる問題が出題されましたが、式の定義が分かっていれば簡単な問題でした。電卓も使用可能なので、計算に伴う負荷は小さいです。このほか、土圧に関連する問題や圧密に関する問題などで、計算問題が出ています。また、令和6年度試験では「液性指数」を問う新しいタイプの問題が出ました。今後、新しい枠として出題される可能性があります。計算問題としてはこのほか、令和2(2020)年度に出題されたダルシーの法則の問題があります。この問題の類題は、令和7年度に出題される可能性があるので要注意です。

■ 鋼構造

　断面二次モーメントや曲げモーメントなどを問う問題は、建設系の学部や学科を卒業した受験者や実務で設計などを担っている受験者にとっては易しい問題になるでしょう。このほか、維持管理に関連した問題やコンクリート分野とも共通する道路橋示方書における荷重条件の問題などが頻出なので、押さえておきましょう。

■ コンクリート

　建設技術者にとって、基本中の基本であるコンクリート分野の出題では、解きやすい問題が並びます。ここは全問正解を狙って得点源にしましょう。施工系の受験者であれば、1級土木施工管理技士などの試験との親和性も高い領域です。コンクリートの基本的な性質やセメント・骨材などコンクリート材料の特徴、強度・空気量といったコンクリート品質の基本的な内容、劣化現象などを抑えておけば大丈夫です。過去問をしっかり解いておきましょう。

■ 都市及び地方計画

　土木系の受験者にはややなじみが薄い領域かもしれません。それでも、都市計画に関する分野を浅く学習しておけば、数問は得点できる領域です。再開発や土地の措置手法、国土形成計画、立地適正化計画、区域区分と地域地区などの領域から取り組みやすいと感じた領域をいくつか学習しておくことをお勧めします。立地適正化計画などは土木の防災関連事業とも関係が深いので、学習しやすい分野だと思います。例年1問程度出題される交通関連の問題は範囲が広く、対策を講じにくいかもしれません。この分野を専門としていない場合は選択しなくてもよいでしょう。

■ 河川、砂防及び海岸・海洋

　上述した基本的なカテゴリーの問題のなかで、最も出題数が多い(6問)分野です。しか

も、河川関連の問題は過去問と似た形態の問題が多く並びます。学習しておけばこの分野で高い得点を稼げるので、重点的に取り組むことをお勧めします。内容としては、ベルヌーイの定理を用いた水圧や流速または静水圧の計算、開水路の流れに関する問題、管路の流れの問題、土砂移動が、ほぼ毎年出題されています。さらに、河川分野では堤防または護岸に関連した問題と河川計画に関する問題が出題されます。

■電力土木

水力発電施設や火力発電施設に関連した問題と再生可能エネルギーに関連した問題が出題されています。なかでも、再生可能エネルギーの問題は基礎科目で学習する内容との関連性が深く、幅広い受験者にとって取り組みやすい領域になるはずです。再生可能エネルギーによる発電の特徴を理解していれば解ける問題が多くなっているので、電力土木の業務に従事していない人でも得点しやすいでしょう。

■道路

道路は舗装に関する問題や道路構造に関する問題がよく出題されます。ただし、出題範囲が広い割に問題数が少ないので、専門としている受験生以外は、深追いしなくてもよい分野です。

■鉄道

鉄道は軌道の問題が出題されます。ほぼ同じような内容の出題が続いているので、この分野は過去問を抑えておけば得点できる可能性が高いです。

■施工計画、施工設備及び積算

施工法に関する内容と施工管理に関する内容の問題が出ています。どちらも建設実務者であれば、それほど難しい問題ではありません。実務をある程度こなしている人であれば、選択したい領域です。1級土木施工管理技士や1級建築施工管理技士を取得している、あるいは取得しようとしている受験者は、この分野の問題を選択することをお勧めします。

■建設環境

環境影響評価と環境関連の施策が出題されています。いずれも似たような出題が目立つので、苦手意識がない人であれば、ここも過去問に目を通しておくことをお勧めします。土質及び基礎と鋼構造、コンクリート、河川分野あたりをマスターしたうえで、施工計画と建設環境の各領域をカバーできれば、十分に余裕をもって合格点を狙えると思います。

1章　技術士第一次試験と取り組み方

2-5　過去問題の分布

　各科目で過去に出題された領域を以下の表で整理しました。毎年のように出題されている領域、2年に1回程度出題されている領域、3〜5年に1回程度出題されている領域などを見て、令和7年度の試験での出題可能性を読み取る情報としてご活用ください。例えば、5年程度に1度しか出題されていない問題が令和6 (2024) 年度に出題されていれば、令和7年度の試験で出題される可能性は低いと考えられます。ただし、令和6年度に新しく出題された項目は翌年度も出題される可能性がやや高いので、注意は必要です。

■ 基礎科目

単元	項目番号	テーマ	R6	R5	R4	R3	R2	R元再	R元
設計・計画	1-1	材料	○	○	○	○	○		○
	1-2	システムの性質		○		○		○	
	1-3	システム信頼度の計算1		○		○			
	1-4	システム信頼度の計算2						○	
	1-5	数理計画の計算1	○				○		○
	1-6	数理計画の計算2			○			○	
	1-7	正規分布	○		○	○			
	1-8	確率・統計			○				
	1-9	製図法				○	○		○
	1-10	ユニバーサルデザイン	○			○	○		
	1-11	系内の滞在時間				○			○
	1-12	工程管理							
情報・論理	2-1	情報セキュリティ	○	○		○	○		○
	2-2	情報の圧縮・復元		○			○		
	2-3	論理和と論理積		○	○	○			
	2-4	基数変換	○				○	○	○
	2-5	処理速度の計算				○			
	2-6	逆ポーランド記法				○			
	2-7	二分探索木							○
	2-8	伝送誤り	○		○				○
	2-9	決定表と状態遷移図				○			
	2-10	計算アルゴリズム	○	○	○	○			○
	3-1	数値解析			○	○	○	○	○
	3-2	ニュートン・ラフソン法	○						

単元	項目番号	テーマ	R6	R5	R4	R3	R2	R元再	R元
解析	3-3	ベクトル解析（div、rot、grad）				○	○		○
	3-4	ヤコビ行列	○						
	3-5	ベクトルの内積と外積	○		○				
	3-6	積分		○			○	○	
	3-7	微分と導関数				○			
	3-8	行列		○					
	3-9	応力計算		○			○		○
	3-10	ばねに蓄えられるエネルギー					○		
	3-11	固有振動数	○		○		○	○	
材料・化学・バイオ	4-1	原子表記と同位体		○		○			○
	4-2	金属の結晶構造	○						○
	4-3	合金			○				○
	4-4	ハロゲン	○						○
	4-5	腐食と物質特性	○						
	4-6	酸と塩基				○		○	
	4-7	酸化還元反応				○	○		
	4-8	物質の用途と生成方法				○		○	
	4-9	DNA	○	○	○	○			○
	4-10	タンパク質	○	○	○			○	○
環境・エネルギー・技術	5-1	生物多様性		○		○			
	5-2	気候変動				○	○		
	5-3	大気汚染、廃棄物、公害	○		○		○		
	5-4	エネルギー	○		○		○		○
	5-5	科学技術とリスク		○				○	
	5-6	技術史	○	○	○	○	○	○	○

■ 適性科目

項目番号	テーマ	R6	R5	R4	R3	R2	R元再	R元
1-1	技術士法	○	○	○	○	○	○	○
1-2	技術士倫理綱領	○					○	
1-3	CPD・資質能力	○	○	○				
1-4	知的財産		○	○	○	○	○	○
1-5	著作権とAI	○			○		○	
1-6	公益通報者保護法		○			○		
1-7	製造物責任法	○	○	○	○	○		○

項目番号	テーマ	R6	R5	R4	R3	R2	R元再	R元
1-8	SDGs	○		○	○		○	○
1-9	気候変動	○			○	○	○	
1-10	技術流出		○	○	○			
1-11	ハラスメント・ダイバーシティ	○		○				○
1-12	個人情報保護法	○			○			○
1-13	組織の社会的責任	○						○
1-14	リスク管理	○	○		○			○
1-15	安全・事故	○	○			○		
1-16	標準・規格	○						
1-17	環境関連法令		○	○				

■ 専門科目（建設分野）

単元	項目番号	テーマ	R6	R5	R4	R3	R2	R元再	R元
土質及び基礎	1-1	土の基本的性質	○	○	○	○	○	○	○
	1-2	土圧		○			○		
	1-3	圧密	○		○	○		○	
	1-4	土と基礎	○			○			
	1-5	液性指数	○						
	1-6	透水試験						○	○
	1-7	鉛直有効応力など		○				○	
鋼構造	2-1	断面二次モーメント		○	○	○			
	2-2	曲げモーメント		○	○		○		
	2-3	オイラーの公式	○						
	2-4	図心の計算	○				○		
	2-5	概要と接合部		○	○		○	○	
	2-6	非破壊試験		○				○	
	2-7	維持管理・防食	○		○			○	
	2-8	橋の限界状態			○			○	
	2-9	床版ほか道路橋示方書の規定	○						○
コンクリート	3-1	基本的性質と配合	○	○		○		○	
	3-2	セメント、混和材、骨材			○	○		○	
	3-3	品質		○		○			
	3-4	劣化	○	○	○	○	○	○	

単元	項目番号	テーマ	R6	R5	R4	R3	R2	R元再	R元
都市及び地方計画	4-1	思想		○					○
	4-2	再開発				○	○		
	4-3	土地の措置手法			○			○	
	4-4	国土形成計画			○	○	○	○	
	4-5	立地適正化計画		○	○				
	4-6	区域区分と地域地区	○	○		○	○	○	○
	4-7	公共交通と交通量調査				○	○	○	○
河川、砂防	5-1	ベルヌーイの定理		○		○	○		○
	5-2	静水圧	○		○		○		
	5-3	開水路の定常流れ	○	○		○	○	○	○
	5-4	管路の流れ	○			○		○	○
	5-5	土砂移動			○	○	○		○
	5-6	堤防	○		○			○	○
	5-7	護岸				○			
	5-8	河川計画	○	○	○	○	○	○	○
	5-9	砂防	○	○	○	○	○	○	○
海岸・海洋	6-1	海岸工学	○	○	○	○	○	○	○
	6-2	海岸保全施設など	○	○	○	○	○	○	○
港湾及び空港	7-1	港湾・空港全般	○	○	○	○	○	○	○
電力土木	8-1	再生可能エネルギーとエネルギー政策	○	○		○	○		○
道路	9-1	道路全般	○	○	○	○	○	○	○
鉄道	10-1	軌道	○	○	○	○	○	○	○
トンネル	11-1	各種トンネル	○	○	○	○	○	○	○
施工計画、施工設備及び積算	12-1	施工法	○	○	○	○	○	○	○
	12-2	施工管理	○	○	○	○	○	○	○
建設環境	13-1	環境影響評価	○		○		○	○	○
	13-2	環境関連施策	○	○	○	○	○	○	○

2章

基礎科目

設計・計画	1-1〜1-12
情報・論理	2-1〜2-10
解析	3-1〜3-11
材料・化学・バイオ	4-1〜4-10
環境・エネルギー・技術	5-1〜5-6

2章　基礎科目

設計・計画

1-1　材料

優先度　★★★

　材料と性質、荷重との関係などの切り口で出題され、ほぼ毎年1問以上出題されています。建設分野の方には取り組みやすいテーマなのでお勧めです。

【ポイント】

■ 材料と荷重の関係

座屈
　→細長い棒の両端を押すと途中で力の方向と直交方向に曲げ変形する現象

圧壊
　→太くて短い棒の両端を押すとじわじわと縮んで圧壊に至る

破断
　→棒を両端から引っ張ると、最後に引きちぎれる。この現象を破断と呼ぶ

弾性
　→荷重が小さい領域での材料の挙動。変形前の状態に戻る性質

塑性
　→弾性領域を超え、荷重によって生じた変形が元に戻らなくなる性質

■ その他頻出用語

比強度
　→強度を密度で割った値。鉄鋼とCFRP（炭素繊維複合材料）ではCFRPの方が比強度は大きい

クリープ
　→材料に一定の荷重を長時間加えた際、ひずみが時間とともに増加する現象。材料温度が高いほど顕著になる

オイラー座屈
　→断面に比べて長さが長い場合に、圧縮強度以下の圧縮応力で部材が横に曲がり急激に耐力低下を起こす。長さが長いほど座屈しやすくなり、曲げ剛性が大きいほど座屈しにくくなる

基準強度
　→許容応力に安全率を掛けると基準強度になる

限界状態
　→構造物の限界状態には使用限界状態（通常の供用や耐久性に関する限界）と終局限界

30

状態(最大耐力に対応する限界状態)、疲労限界状態(荷重が繰り返し作用することによって生じる限界状態)がある

【過去問】

R元 I—1—4、R2 I—1—3、R3 I—1—5、R4 I—1—1、R5 I—1—1、R5 I—1—2、R5 I—1—3、R6 I—1—2

【問題演習】

問題1 (R6 I—1—2)

限界状態設計法は構造物に生じてはならない限界状態を設定し、その状態の発生に対する安全性を個々に照査するものである。限界状態は一般的に大きく分けて、終局限界状態、使用限界状態、疲労限界状態に分類できる。限界状態に関する次の(ア)～(ウ)の記述について、それぞれを表している限界状態の組合せとして、最も適切なものはどれか。

(ア) 通常の供用又は耐久性に関する限界状態である。

(イ) 荷重が繰り返し作用することによって生じる限界状態である。

(ウ) 最大耐力に対応する限界状態である。

	ア	イ	ウ
①	使用限界状態	終局限界状態	疲労限界状態
②	使用限界状態	疲労限界状態	終局限界状態
③	終局限界状態	疲労限界状態	使用限界状態
④	疲労限界状態	使用限界状態	終局限界状態
⑤	疲労限界状態	終局限界状態	使用限界状態

問題2 (R5 I—1—3)

材料の機械的特性に関する次の記述の[　]に入る語句の組合せとして最も適切なものはどれか。

材料の機械的特性を調べるために引張試験を行う。特性を荷重と[ア]の線図で示す。材料に加える荷重を増加させると[ア]は一般的に増加する。荷重を取り除いたとき、完全に復元する性質を[イ]といい、き裂を生じたり分離はしないが、復元しない性質を[ウ]という。さらに荷重を増加させると、荷重は最大値をとり、材料はやがて破断する。この荷重の最大値は材料の強さを示す重要な値である。このときの公称応力を[エ]と呼ぶ。

	ア	イ	ウ	エ
①	ひずみ	弾性	延性	疲労限度
②	伸び	塑性	弾性	引張強さ

31

2章　基礎科目

③　伸び　　　弾性　　　塑性　　　引張強さ

④　伸び　　　弾性　　　延性　　　疲労限度

⑤　ひずみ　　延性　　　塑性　　　引張強さ

問題3　（R2 Ⅰ—1—3）

次の（ア）から（オ）の記述について、それぞれの正誤の組合せとして、最も適切なものはどれか。

（ア）　荷重を増大させていくと建物は多くの部材が降伏し、荷重が上がらなくなり大きく変形します。最後は建物が倒壊してしまいます。このときの荷重が弾性荷重です。

（イ）　非常に大きな力で棒を引っ張ると、最後は引きちぎれてしまいます。これを破断と呼んでいます。破断は引張応力度がその材料固有の固有振動数に達したために生じたものです。

（ウ）　細長い棒の両端を押すと、押している途中で急に力とは直交する方向に変形してしまうことがあります。この現象を座屈と呼んでいます。

（エ）　太く短い棒の両端を押すと、破断強度までじわじわ縮んで最後は圧壊します。

（オ）　建物に加わる力を荷重、また荷重を支える要素を部材あるいは構造部材と呼びます。

	ア	イ	ウ	エ	オ
①	正	正	正	誤	誤
②	誤	正	正	正	誤
③	誤	誤	正	正	正
④	正	誤	誤	正	正
⑤	正	正	誤	誤	正

問題4　（R3 Ⅰ—1—5）

構造設計に関する次の（ア）～（エ）の記述について、それぞれの正誤の組合せとして最も適切なものはどれか。ただし、応力とは単位面積当たりの力を示す。

（ア）　両端がヒンジで圧縮力を受ける細長い棒部材について、オイラー座屈に対する安全性を向上させるためには部材長を長くすることが有効である。

（イ）　引張強度の異なる2つの細長い棒部材を考える。幾何学的形状と縦弾性係数、境界条件が同一とすると、2つの棒部材のオイラーの座屈荷重は等しい。

（ウ）　許容応力とは、応力で表した基準強度に安全率を掛けたものである。

（エ）　構造物は、設定された限界状態に対して設計される。考慮すべき限界状態は1つの構造物につき必ず1つである。

	ア	イ	ウ	エ
①	正	誤	正	正
②	正	正	誤	正
③	誤	誤	誤	正
④	誤	正	正	誤
⑤	誤	正	誤	誤

【解答】

問題1 ②

各限界状態の定義を知っていればやさしい。

問題2 ③

弾性、塑性という表現は技術士第一次試験で頻出。引張試験では荷重と伸びの関係を見る。延性とは弾性の領域を超えても材料を延ばせる性質である。

問題3 ③

弾性は復元できる範囲なので（ア）は誤り、破断は引張強度に達して起こるので（イ）も誤り。（ウ）～（オ）は正しい。

問題4 ⑤

（ア）両端がヒンジで圧縮力を受ける細長い棒部材では、部材長を長くすると、オイラー座屈に対する安全性の面では不利になる。（ウ）許容応力に安全率を掛けたものが基準強度となる。（エ）構造物で考慮すべき限界状態は複数ある。よって、適切なものは（イ）のみ。

1-2 システムの性質

優先度 ★★☆

故障やエラーとシステムの関係を問う問題です。用語の定義さえ理解しておけば解ける出題が多いので、一通り目を通しておきたい領域です。

【ポイント】

■ システムのエラー対応の考え方

フェールセーフ

→装置やシステムで誤操作や誤動作があった場合に、安全側に制御すること。故障時に稼働を停止して大事故を防ぐ考え方

フェールソフト

→故障した部分をシステムから切り離すなどして被害を抑制する考え方。機能が低下してもシステム全体を止めずに継続して動かすような方法

2章　基礎科目

フールプルーフ

→誤った操作や扱いでも、危険が及ばないようにしておく考え方。蓋をしなければ動かないようにして巻き込み事故を防ぐ洗濯機などが代表例

フォールトトレランス

→複数の障害が発生しても、機能し続けることができるという考え方。冗長性があるということ。2つの電力供給系統において、片方が使えなくなっても、もう片方で電力供給を継続できるようなケースが代表例

■ 保守・保全用語

予防保全

→故障が発生する前の段階で、基準の規定や間隔に従って事前に実施する保全。定められた時間計画に沿って行う時間計画保全と物理的状態の評価に基づいて実施する状態基準保全とに大別できる。さらに時間計画保全は予定の時間間隔で実施する定期保全と累積稼働(動作)時間に達した際に実施する経時保全とに区分できる

事後保全

→故障などが発生した後に要求水準の性能を発揮できる状態まで修復する

■ プロジェクト管理用語

PDCA

→Plan(計画)、Do(実行)、Check(評価)、Action(対策)のサイクルによって、業務やプロジェクトを継続的に改善していく方法

【過去問】

H元再 I―1―6、R3 I―1―3、R5 I―1―5

【問題演習】

問題1　(R5 I―1―5)

次の(ア)～(エ)の記述と、それが説明する用語の組み合わせとして最も適切なものはどれか。

(ア)　故障時に安全を保つことができるシステムの性質

(イ)　故障状態にあるか、または故障が差し迫る場合に、その影響を受ける機能を、優先順位を付けて徐々に終了することができるシステムの性質

(ウ)　人為的に不適切な行為や過失があっても、システムの信頼性と安全性を保持する性質

(エ)　幾つかのフォールトが存在しても、機能し続けることができるシステムの能力

　　　　ア／イ／ウ／エ

① フェールセーフ／フェールソフト／フールプルーフ／フォールトトレランス

34

② フェールセーフ／フェールソフト／フールプルーフ／フォールトマスキング

③ フェールソフト／フォールトトレランス／フールプルーフ／フォールトマスキング

④ フールプルーフ／フォールトトレランス／フェールソフト／フォールトマスキング

⑤ フールプルーフ／フェールセーフ／フェールソフト／フォールトトレランス

問題2 （R3 Ⅰ—1—3）

設計や計画のプロジェクトを管理する方法として知られるPDCAサイクルに関する次の（ア）～（エ）の記述について、それぞれの正誤の組み合わせとして最も適切なものはどれか。

（ア） PはPlanの頭文字を取ったもので、プロジェクトの目標とそれを達成するためのプロセスを計画することである。

（イ） DはDoの頭文字を取ったもので、プロジェクトを実施することである。

（ウ） CはChangeの頭文字を取ったもので、プロジェクトで変更される事項を列挙することである。

（エ） AはAdjustの頭文字を取ったもので、プロジェクトを調整することである。

	ア	イ	ウ	エ
①	正	誤	正	正
②	正	正	誤	誤
③	正	正	正	誤
④	誤	正	誤	正
⑤	誤	誤	正	正

問題3 （R元再 Ⅰ—1—6）

保全に関する次の記述の[　]に入る語句の組合せとして、最も適切なものはどれか。

設備や機械など主にハードウェアからなる対象（以下、アイテムと記す）について、それを使用及び運用可能状態に維持し、又は故障、欠点などを修復するための処置及び活動を保全と呼ぶ。保全は、アイテムの劣化の影響を緩和し、かつ、故障の発生確率を低減するために、規定の間隔や基準に従って前もって実行する[ア]保全と、フォールトの検出後にアイテムを要求通りの実行状態に修復させるために行う[イ]保全とに大別される。また、[ア]保全は定められた[ウ]に従って行う[ウ]保全と、アイテムの物理的状態の評価に基づいて行う状態基準保全とに分けられる。さらに、[ウ]保全には予定の時間間隔で行う[エ]保全、アイテムが

予定の累積動作時間に達したときに行う［　オ　］保全がある。

	ア	イ	ウ	エ	オ
①	予防	事後	劣化基準	状態監視	経時
②	状態監視	経時	時間計画	定期	予防
③	状態監視	事後	劣化基準	定期	経時
④	定期	経時	時間計画	状態監視	事後
⑤	予防	事後	時間計画	定期	経時

【解答】

問題1　①

ポイントでの解説のとおり。

問題2　②

ポイントでの解説のとおり。

問題3　⑤

ポイントでの解説のとおり。

1-3　システム信頼度の計算1　　優先度 ★★★

頻出分野で、ほぼ隔年ペースで出題されています。解き方を知っていれば難しくないのですが、丸暗記では条件が変わると解けなくなる恐れがあります。

【ポイント】

■信頼度の考え方

直列の場合

　→直列のシステムの信頼度は、信頼度の積で求められる

並列の場合

　→並列の場合は、全体から要求タスクが実施できない確率を引いて、タスクを実行できる確率をはじき出す格好で信頼度を計算する

▼直列の場合

　　信頼度 = 0.9 × 0.8 = 0.72

▼並列の場合

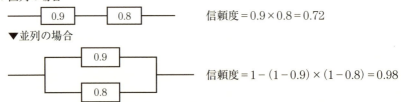

同じ0.9と0.8の信頼度のブロックで構成されたシステムだが、直列のシステムでは両方のブロックで正常に稼働しなければならないのに対し、並列はいずれか一方で

もクリアできればよいので、並列の方が信頼度が高くなっている

■ 複雑なシステムの場合

直列と並列が混在する場合
→単純な直列、並列のシステムに構成できるような順で計算していく

多数決冗長系
→例えば3分の2多数決スイッチがあれば、3つの構成要素のうち2つが正常であれば動作する

▼並列と直列の混合パターン

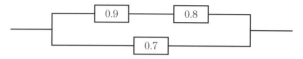

①まずは、1つずつのブロックの並列にするために、上の直列部分をまとめる
上の直列部分の信頼度 = 0.9 × 0.8 = 0.72
②1つずつの並列ブロックのシステムとなったので、並列のパターンで計算
信頼度 = 1 − (1 − 0.72) × (1 − 0.7) = 0.916

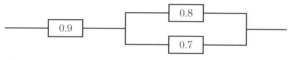

①まずは並列部分を1つのブロックにする
右の並列部分の信頼度 = 1 − (1 − 0.8) × (1 − 0.7) = 0.94
②上でまとめたブロックを含む直列システムとして計算
信頼度 = 0.9 × 0.94 = 0.846

▼多数決冗長系の場合

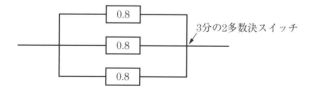

3分の2多数決スイッチ

★解き方1

①3つのブロックとも正常に稼働した場合
0.8 × 0.8 × 0.8 = 0.512
②2つのブロックが正常、1つのブロックが異常の場合
(異常となるブロックは上から順に3パターンある)
0.8 × 0.8 × (1 − 0.8) × 3 = 0.384
③①と②の合計で全体の信頼度となる

信頼度 = 0.512 + 0.384 = 0.896

★解き方2
① 3つのブロックとも異常の場合
$(1-0.8) \times (1-0.8) \times (1-0.8) = 0.008$
② 1つのブロックが正常、2つのブロックが異常の場合
（正常となるブロックは上から順に3パターンある）
$0.8 \times (1-0.8) \times (1-0.8) \times 3 = 0.096$
③ 全確率から①と②の合計を引くと求める信頼度となる
信頼度 $= 1 - (0.008 + 0.096) = 0.896$

【過去問】

R2 I―1―6、R3 I―1―2、R5 I―1―4

【問題演習】
問題1　（R3 I―1―2）
　下図に示した、互いに独立な3個の要素が接続されたシステムA〜Eを考える。3個の要素の信頼度はそれぞれ0.9、0.8、0.7である。各システムを信頼度が高い順に並べたものとして、最も適切なものはどれか。

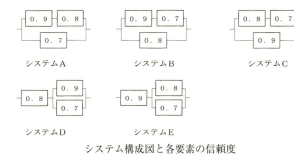

システム構成図と各要素の信頼度

① C＞B＞E＞A＞D
② C＞B＞A＞E＞D
③ C＞E＞B＞D＞A
④ E＞D＞A＞B＞C
⑤ E＞D＞C＞B＞A

問題2　（R5 I―1―4）
　3個の同じ機能の構成要素中2個以上が正常に動作している場合に、系が正常に動作するように構成されているものを2/3多数決冗長系という。各構成要素の信頼度が0.7である場合に系の信頼度の含まれる範囲として、適切なものはどれか。ただし、各要素の故障は互いに独立とする。

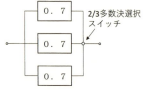

システム構成図と各要素の信頼度

① 0.9以上1.0以下 ② 0.85以上0.9未満 ③ 0.8以上0.85未満

④ 0.75以上0.8未満 ⑤ 0.7以上0.75未満

【解答】

問題1 ②

各システムの信頼度を計算すると以下のようになる。

システムA：$1-(1-0.9 \times 0.8) \times (1-0.7) = 0.916$

システムB：$1-(1-0.9 \times 0.7) \times (1-0.8) = 0.926$

システムC：$1-(1-0.8 \times 0.7) \times (1-0.9) = 0.956$

システムD：$0.8 \times \{1-(1-0.9) \times (1-0.7)\} = 0.776$

システムE：$0.9 \times \{1-(1-0.8) \times (1-0.7)\} = 0.846$

よって、②のC＞B＞A＞E＞Dとなる。

問題2 ④

3つのブロックが正常なケースと2つのブロックだけ正常なケースとを計算して求める。

3つのブロックとも正常の場合：$0.7 \times 0.7 \times 0.7 = 0.343$　…(1)

2つのブロックが正常で1つが異常の場合：

$$0.7 \times 0.7 \times (1-0.7) \times 3通り = 0.441 \quad …(2)$$

(1)と(2)を合わせて、$0.343 + 0.441 = 0.784$ となる。

1-4 システム信頼度の計算2

優先度 ★★☆

1-3よりも出題頻度は低くなっています。ただ、基本的な考え方は同じなので、こちらもマスターしておきましょう。

【ポイント】

■FTA

概要

→製品故障などの要因を分析する手法。AND機能やOR機能などを使って要因の関係性を示す

■AND機能とOR機能

AND機能

→下流にある機能が同時に発生した場合に上流の事象が発生する。つまり事象の積が発現確率となる

OR機能

→下流にある機能のいずれかが発生した場合に上流の事象が発生する。つまり事象の

和から同時に発生した場合を引いた数字(重複計算した分を差し引いた数字)が発現確率となる

▼AND機能の計算

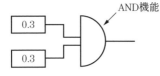

事象の発現確率 = 0.3 × 0.3 = 0.09

▼OR機能の計算

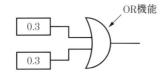

事象の発現確率 = 0.3 + 0.3 − 0.3 × 0.3 = 0.51

【過去問】

R元再 Ⅰ—1—3

【問題演習】

問題1 (R元再 Ⅰ—1—3)

下図は、システム信頼性解析の一つであるFTA(Fault Tree Analysis)図である。図で、記号aはAND機能を表し、その下流(下側)の事象が同時に生じた場合に上流(上側)の事象が発現することを意味し、記号bはOR機能を表し、下流の事象のいずれかが生じた場合に上流の事象が発現することを意味する。事象Aが発現する確率に最も近い値はどれか。図中の最下段の枠内の数値は、最も下流で生じる事象の発現確率を表す。なお、記号の下流側の事象の発生はそれぞれ独立事象とする。

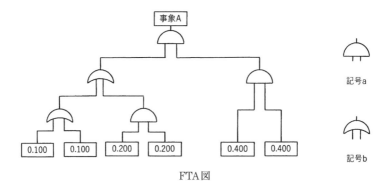

FTA図

① 0.036 ② 0.038 ③ 0.233 ④ 0.641 ⑤ 0.804

【解答】

問題1 ①

順に計算して求める。

左下のOR：$0.1 + 0.1 - 0.1 \times 0.1 = 0.19$

真ん中下のAND：$0.2 \times 0.2 = 0.04$

右中段のAND：$0.4 \times 0.4 = 0.16$

左中段のOR：$0.19 + 0.04 - 0.19 \times 0.04 = 0.2224$

全体（事象Aの下のAND）：$0.2224 \times 0.16 \fallingdotseq 0.036$

1-5　数理計画の計算1　　　優先度 ★★★

問題文が長くなるケースが多く、解きにくいと感じるかもしれませんが、ポイントを押さえて解けば難しくない問題が多くなっています。

【ポイント】

■ 利益の最大化

製品生産の問題

→複数の製品を限られた材料を適切に配分して、利益が最大となるよう計算する

【例題】

材料1と材料2を原料として製品Aと製品Bを製造する。2つの製品の製造時間は同じだが、同時生産はできず、1日当たり合計7個までしか製造できない。製品Aと製品Bを1個製造する際に必要な材料は表の通りである。

また、製品Aと製品Bを1個製造・販売して得られる利益もそれぞれ表に示す通りである。全体の利益が最大となる製品Aと製品Bの生産量はそれぞれいくつか

	製品A	製品B	使用上限
材料1	2	1	12
材料2	1	3	15
利益	300	200	—

【解説】

1日に製造する製品Aと製品Bの個数をそれぞれx個、y個とする。

材料1について　　　　　　　$2x + y \leq 12$　　　　　　…①

材料2について　　　　　　　$x + 3y \leq 15$　　　　　　…②

1日当たりの製造個数から　$x + y = 7$　→　$y = 7 - x$　　…③

①と③から　$x \leq 5$

②と③から　$6 \leq 2x$　なので　$x \geq 3$

製品Aの方が利益が大きいので、xをなるべく多くする。よって製品Aが5個、製品Bが

2章　基礎科目

2個となる。

【過去問】

　R元 I—1—2、R2 I—1—4、R6 I—1—5

【問題演習】

問題1　（R6 I—1—5）

　ある工場で原料A、Bを用いて、製品1、2を生産し販売している。製品1、2は共通の製造ラインで生産されており、2つを同時に生産することはできない。下表に示すように製品1を1kg生産するために原料A、Bはそれぞれ1kg、3kg必要で、製品2を1kg生産するためには原料A、Bをそれぞれ2kg、1kg必要とする。また、製品1、2を1kgずつ生産するために、生産ラインを1時間ずつ稼働させる必要がある。

　原料A、Bの使用量、及び、生産ラインの稼働時間については、1日当たりの上限があり、それぞれ12kg、15kg、7時間である。製品1、2の販売から得られる利益が、それぞれ300万円/kg、200万円/kgのとき、全体の利益が最大となるように製品1、2の生産量を決定したい。1日当たりの最大の利益として、最も適切なものはどれか。

表　製品の製造における原料の制約と生産ラインの稼働時間及び販売利益

	製品1	製品2	使用上限
原料A[kg]	1	2	12
原料B[kg]	3	1	15
ライン稼働時間[時間]	1	1	7
利益[万円/kg]	300	200	

①　1,200万円　　②　1,500万円　　③　1,600万円

④　1,800万円　　⑤　1,920万円

問題2　（R元 I—1—2）

　ある問屋が取り扱っている製品Aの在庫管理の問題を考える。製品Aの1年間の総需要はd[単位]と分かっており、需要は時間的に一定、すなわち製品Aの在庫量は一定量ずつ減少していく。この問屋は在庫量がゼロになった時点で発注し、1回当たりの発注量q[単位]（ただしq≦d）が時間遅れなく即座に納入されると仮定する。このとき、年間の発注回数はd/q[回]、平均在庫量はq/2[単位]となる。1回当たりの発注費用は発注量q[単位]には無関係でk[円]、製品Aの平均在庫量1単位当たりの年間在庫維持費用（倉庫費用、保険料、保守費用、税金、利息など）をh[円/単位]とする。

42

年間総費用C(q)[円]は1回当たりの発注量q[単位]の関数で、年間総発注費用と年間在庫維持費用の和で表すものとする。このとき年間総費用C(q)[円]を最小とする発注量を求める。なお、製品Aの購入費は需要d[単位]には比例するが、1回当たりの発注量q[単位]とは関係がないので、ここでは無視する。

k＝20,000[円]、d＝1,350[単位]、h＝15,000[円/単位]とするとき、年間総費用を最小とする1回当たりの発注量q[単位]として最も適切なものはどれか。

① 50単位　　② 60単位　　③ 70単位　　④ 80単位　　⑤ 90単位

【解答】

問題1　④

1日に製造する製品1と製品2の個数をそれぞれx個、y個とする。

原料Aについて　$x+2y \leq 12$　　　　　…①

原料Bについて　$3x+y \leq 15$　　　　　…②

稼働時間から　　$x+y=7$　→　$x=7-y$　…③

①と③から　$y \leq 5$　②と③から　$6 \leq 2y$　なので　$y \geq 3$

製品1の方が単価は高いので、xをなるべく多く(yをなるべく少なく)する。よって製品1が4個、製品2が3個となる。よって、この時の利益は、300万円×4個＋200万円×3個＝1800万円となる。

問題2　②

年間発注回数は1350/q(回)でそのコストは1350/q(回)×20000(円)

在庫に要するコストは、q/2(単位)×15000円

コストの合計は20000×1350/q＋15000×q/2

q＝50のとき91.5万円、q＝60のとき90万円、q＝70のとき91万714円、

q＝80のとき93万7500円、q＝90のとき97万5000円

よって、②が最も適切である。

1-6　数理計画の計算2　　　　　優先度　★★★

この問題も問題文が長くなるケースが多く、難しそうに思えるものの、よく読めば解ける問題が中心です。得点できるように学習しておきたい領域です。

【ポイント】

■ 確率を見込んだ計算

期待値計算

→損失などの事象確率を基に期待値を求めて最適なコストなどを計算する

2章　基礎科目

【例題】

　ある製品1個を製造する際にx回検査すると、その製品に不具合が生じる確率は$1/(x+1)^2$になると推定される。1回の検査に要する費用が20万円で、不具合の発生による損害が2800万円となると推定される場合、検査回数が3回の場合と4回の場合で、損失額が小さいのはどちらか。

【解説】

　検査や損失によるコスト＝検査の回数×検査費用＋損失発生確率×損失発生時の損失額。

$$x \times 20万円 + \frac{1}{(x+1)^2} \times 2800万$$

　$x = 3$のとき

　$3 \times 20万円 + 2800万円 \div 16 = 235万円$

　$x = 4$のとき

　$4 \times 20万円 + 2800万円 \div 25 = 192万円$

検査回数が4回のときの方が損失額の推定値は小さくなる。

【過去問】

　R元再 I―1―5、R4 I―1―4、R4 I―1―6

【問題演習】

問題1　（R4 I―1―6）

　ある施設の計画案（ア）～（オ）がある。これらの計画案による施設の建設によって得られる便益が、将来の社会条件a、b、cにより表1のように変化するものとする。また、それぞれの計画案に要する建設費用が表2に示されるとおりとする。将来の社会条件の発生確率が、それぞれa＝70％、b＝20％、c＝10％と予測される場合、期待される価値（＝便益－費用）が最も大きくなる計画案はどれか。

（表1）　社会条件によって変化する便益（単位：億円）

社会条件＼計画案	ア	イ	ウ	エ	オ
a	5	5	3	6	7
b	4	4	6	5	4
c	4	7	7	3	5

（表2）　計画案に要する建設費用（単位：億円）

計画案	ア	イ	ウ	エ	オ
建設費用	3	3	3	4	6

①　ア　　②　イ　　③　ウ　　④　エ　　⑤　オ

44

【解答】

問題1 ②

下表のとおり、イのケースが最も価値が高くなる。

選択肢	ア	イ	ウ	エ	オ
a	5	5	3	6	7
b	4	4	6	5	4
c	4	7	7	3	5
便益 a×0.7＋b×0.2＋c×0.1	4.7	5	4	5.5	6.2
建設費用	3	3	3	4	6
価値＝便益－建設費用	1.7	2	1	1.5	0.2

1-7　正規分布

優先度　★★☆

確率・統計分野は、正規分布の特徴を平均や分散を用いて問う問題の出題頻度が高くなっています。少し解いてみて苦手なら飛ばしても構いません。

【ポイント】

■ 平均、分散

平均(μ)

→全データの合計をデータ数で割った値

$$\mu = \frac{1}{n}\sum_{i=1}^{n} x_i$$

分散(σ^2)

→全てのデータについて、各データ(x_n)と平均値(μ)の差を2乗したものの和をデータ数(n)で割った値。データのばらつき度合いを示す

$$\sigma^2 = \frac{1}{n}\sum_{i=1}^{n} (x_i - \mu)^2$$

標準偏差(σ)

→分散の正の平方根

■ 正規分布

正規分布

→平均値と中央値、最頻値が一致し、平均値を中央にして左右対称の分布になる

→分散が小さいほど山が高くなる

→平均 μ と分散 σ^2 を用いて、$N(\mu, \sigma^2)$ と表す

→横軸が確率変数、縦軸が確率密度のグラフで表される

2章　基礎科目

正規分布の合成

→独立な関係にある2つの正規分布の和も正規分布となる

確率変数Xが正規分布$N(\mu_1, \sigma_1{}^2)$、確率変数Yが正規分布$N(\mu_2, \sigma_2{}^2)$に従う場合、2つを合成した確率変数は正規分布$N(\mu_1 + \mu_2, \sigma_1{}^2 + \sigma_2{}^2)$に従う

標準化

→複数のデータ群を単純比較できるように変換すること。平均が0、分散（標準偏差）が1の確率変数Zに変換する

$$Z = \frac{X - \mu}{\sigma}$$ 　X：元データの確率変数、μ：平均値、σ：標準偏差

【過去問】

R2 I—1—2、R4 I—1—3、R6 I—1—6

【問題演習】

問題1 （R6 I—1—6）

次の記述の、[　　]に入る表記の組合せとして、最も適切なものはどれか。

独立に製造された軸A1と軸A2を長さ方向にすき間なく接続する。軸A1の長さと軸A2の長さがそれぞれ独立に

正規分布$N(\mu_{A1}, \sigma_{A1}{}^2)$、正規分布$N(\mu_{A2}, \sigma_{A2}{}^2)$

に従うとき、接続されたものの長さは正規分布[　ア　]に従う。

また、独立に製造された軸B1と軸受B2のはめあいを考える。軸B1の外径と軸受B2の内径がそれぞれ独立に

正規分布$N(\mu_{B1}, \sigma_{B1}{}^2)$、正規分布$N(\mu_{B2}, \sigma_{B2}{}^2)$

に従うとき、このすき間寸法は正規分布[　イ　]に従う。ただし、常に$\mu_{B2} > \mu_{B1}$であるものとする。

	ア	イ
①	$N(\mu_{A1} + \mu_{A2}, \ \sigma_{A1}{}^2 + \sigma_{A2}{}^2)$	$N(\mu_{B2} + \mu_{B1}, \ \sigma_{B2}{}^2 + \sigma_{B1}{}^2)$
②	$N(\mu_{A1} + \mu_{A2}, \ \sigma_{A1}{}^2 + \sigma_{A2}{}^2)$	$N(\mu_{B2} - \mu_{B1}, \ \sigma_{B2}{}^2 - \sigma_{B1}{}^2)$
③	$N(\mu_{A1} + \mu_{A2}, \ \sigma_{A1}{}^2 + \sigma_{A2}{}^2)$	$N(\mu_{B2} - \mu_{B1}, \ \sigma_{B2}{}^2 + \sigma_{B1}{}^2)$
④	$N(\mu_{A1} + \mu_{A2}, \ \sigma_{A1}{}^2 - \sigma_{A2}{}^2)$	$N(\mu_{B2} - \mu_{B1}, \ \sigma_{B2}{}^2 - \sigma_{B1}{}^2)$
⑤	$N(\mu_{A1} + \mu_{A2}, \ \sigma_{A1}{}^2 - \sigma_{A2}{}^2)$	$N(\mu_{B2} + \mu_{B1}, \ \sigma_{B2}{}^2 - \sigma_{B1}{}^2)$

問題2 （R4 I—1—3）

次の記述の、[　　]に入る語句として、適切なものはどれか。

ある棒部材に、互いに独立な引張力F_aと圧縮力F_bが同時に作用する。引張力F_a

は平均300N、標準偏差30Nの正規分布に従い、圧縮力F_bは平均200N、標準偏差40Nの正規分布に従う。棒部材の合力が200N以上の引張力となる確率は[　　]となる。ただし、平均0、標準偏差1の正規分布で値がz以上となる確率は以下の表により表される。

① 0.2%未満
② 0.2%以上1%未満
③ 1%以上5%未満
④ 5%以上10%未満
⑤ 10%以上

標準正規分布に従う確率変数zと上側確率

z	1.0	1.5	2.0	2.5	3.0
確率[%]	15.9	6.68	2.28	0.62	0.13

問題3 (R2 Ⅰ—1—2)

ある材料に生ずる応力S[MPa]とその材料の強度R[MPa]を確率変数として、Z＝R－Sが0を下回る確率$\Pr(Z<0)$が一定値以下となるように設計する。応力Sは平均μ_S、標準偏差σ_Sの正規分布に、強度Rは平均μ_R、標準偏差σ_Rの正規分布に従い、互いに独立な確率変数とみなせるとする。$\mu_S : \sigma_S : \mu_R : \sigma_R$の比として（ア）から（エ）の4ケースを考えるとき、$\Pr(Z<0)$を小さい順に並べたものとして最も適切なものはどれか。

$\mu_S : \sigma_S : \mu_R : \sigma_R$

（ア） $10 : 2\sqrt{2} : 14 : 1$
（イ） $10 : 1 : 13 : 2\sqrt{2}$
（ウ） $9 : 1 : 12 : \sqrt{3}$
（エ） $11 : 1 : 12 : 1$

① ウ→イ→エ→ア
② ア→ウ→イ→エ
③ ア→イ→ウ→エ
④ ウ→ア→イ→エ
⑤ ア→ウ→エ→イ

【解答】

問題1 ③

2つの軸をつないだ場合の長さの平均は元の2つの軸の分布の平均の和になり、分散（ばらつき）も同じく和になる。軸受けに軸をはめる場合の隙間は、軸受けと軸の径の差で表現できるので、平均は差になる。ただし、ばらつきは和になる。よって解答は③。

問題2 ③

部材に作用する力は、圧縮力と引張力を合成した、すなわち力の絶対値の差となるので、この問題で示された正規分布の場合は平均値が300N－200N＝100Nとなる。一方で分散は、圧縮力と引張力のそれぞれのばらつきの合計となる。この問題では標準偏差が示されており、分散はこの2乗で求められるので、$30^2 + 40^2 = 2500$となる。$2500 = 50^2$なので、標準偏差は50N。標準化された確率変数を求めると、

$Z = (200-100)/50 = 2$。

確率変数が2の場合の確率は、表から2.28％と読み取れる。よって③。

問題3 ④

まずは強度と応力の差となる新たなデータの平均（強度と応力の平均の差）と分散（強度と応力の分散の和）をそれぞれ計算し、標準化すれば分かる。

（ア） 平均＝4　分散＝9　標準偏差＝3
標準化した確率変数＝$(0-4)/3 = -1.3$

（イ） 平均＝3　分散＝9　標準偏差＝3
標準化した確率変数＝$(0-3)/3 = -1$

（ウ） 平均＝3　分散＝4　標準偏差＝2
標準化した確率変数＝$(0-3)/2 = -1.5$

（エ） 平均＝1　分散＝2　標準偏差＝$\sqrt{2}$
標準化した確率変数＝$(0-1)/\sqrt{2} = -0.7$

標準化した正規分布では確率変数が0から離れるほど確率密度は小さくなる。確率変数の範囲と正規分布の図で囲まれた面積が確率になるので、標準化した数値が0より離れているほど、その確率変数の絶対値のより大きい領域で囲まれる面積が小さくなり、確率も小さくなる。

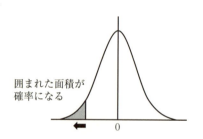

1-8　確率・統計　　優先度 ★☆☆

正規分布以外にも確率分布の特徴やデータの関係などについて確認する問題が時々出現します。余裕があれば学習してきましょう。

【ポイント】

■ 確率分布の種類

一様分布
→全ての事象が同じ確率で起こる場合の分布。例えばサイコロを投げて1～6の目が出る確率は一様分布になる

二項分布
→起こる・起こらない、成功・失敗のような事象が確率pで発生する場合に、独立にn回試行したときに発生や成功する数を確率変数とする離散確率分布。コインを投げて表が出る確率などが代表例となる

ポアソン分布
→発生頻度が小さい事象における二項分布といえる

指数分布

→次のイベントが発生するまでの時間などを示す際の確率分布。ポアソン分布が単位時間内の事象確率の確認に利用できる一方、指数分布は事象の起こる間隔を確認できる

■ 相関係数

相関係数

→2つのデータ間の関係を示す指標

→1に近づくほど強い正の相関があり、−1に近いほど強い負の相関がある。0に近づくと相関が弱くなる

→データ間の関係は示すものの、因果関係までを示すものではない

【過去問】

R4 Ⅰ—1—2、R5 Ⅰ—1—6

【問題演習】

問題1 （R4 Ⅰ—1—2）

確率分布に関する次の記述のうち、不適切なものはどれか。

① 1個のサイコロを振ったときに、1から6までのそれぞれの目が出る確率は、一様分布に従う。

② 大量生産される工業製品のなかで、不良品が発生する個数は、ポアソン分布に従うと近似できる。

③ 災害が起こってから次に起こるまでの期間は、指数分布に従うと近似できる。

④ ある交差点における5年間の交通事故発生回数は、正規分布に従うと近似できる。

⑤ 1枚のコインを5回投げたときに、表が出る回数は、二項分布に従う。

問題2 （R5 Ⅰ—1—6）

2つのデータの関係を調べるとき、相関係数r（ピアソンの積率相関係数）を計算することが多い。次の記述のうち、最も適切なものはどれか。

① 相関係数は、つねに−1＜r＜1の範囲にある。

② 相関係数が0から1に近づくほど、散布図上において2つのデータは直線関係になる。

③ 相関係数が0であれば、2つのデータは互いに独立である。

④ 回帰分析における決定係数は、相関係数の絶対値である。

⑤ 相関係数の絶対値の大きさに応じて、2つのデータの間の因果関係は変わる。

【解答】
問題1 ④

交通事故の時間推移と発生回数は正規分布にはならない

問題2 ②

相関係数は1や−1の場合もある。相関係数が0でもデータが独立とは限らない。決定係数は相関係数の2乗となる。相関係数と因果関係は結び付けられない。

1-9 製図法　　優先度 ★★★

製図法の問題は頻出です。第三角法と第一角法の特徴を覚えておけば得点できる可能性が高い分野なので、しっかり押さえておきましょう。

【ポイント】
■ 製図法

第三角法
→投影法として描かれる方式として第三角法や第一角法がある。
→平面図は正面図の上に、右側面図は正面図の右という格好で、見る側と同じ側に描く

第一角法
→平面図は正面図の下に、右側面図は正面図の左に描く
→第一角法と第三角法では異なる図面になるので、用いた投影法を明示する

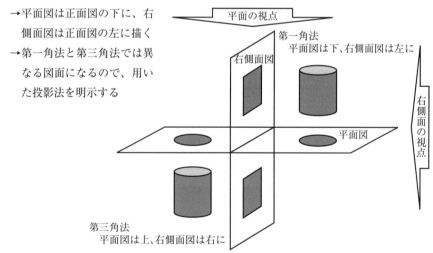

■ その他

断面図
→対象物のある断面で切断したと仮定した図。切り口の形状を外形線で図示する

正面図

→情報量が多く、図面の主体となるもので主投影図とする。ごく簡単なものであれば、主投影図だけで事足りることがある

限界ゲージ

→製品が図面内の公差に収まったか否かを検査するゲージ

規格

→図面の描き方を統一するため、日本では国家規格を制定している

【過去問】

R元 I―1―3、R2 I―1―5、R3 I―1―6

【問題演習】

問題 1 （R3 I―1―6）

製図法に関する次の(ア)～(オ)の記述について、それぞれの正誤の組合せとして最も適切なものはどれか。

(ア) 対象物の投影法には、第一角法、第二角法、第三角法、第四角法、第五角法がある。

(イ) 第三角法の場合は、平面図は正面図の上に、右側面図は正面図の右にというように、見る側と同じ側に描かれる。

(ウ) 第一角法の場合は、平面図は正面図の上に、左側面図は正面図の右にというように、見る側とは反対の側に描かれる。

(エ) 図面の描き方が、各会社や工場ごとに相違していては、いろいろ混乱が生じるため、日本では製図方式について国家規格を制定し、改訂を加えてきた。

(オ) ISOは、イタリアの規格である。

	ア	イ	ウ	エ	オ
①	誤	正	正	正	誤
②	正	誤	正	誤	正
③	誤	正	誤	正	誤
④	誤	誤	正	誤	正
⑤	正	誤	誤	正	誤

問題 2 （R2 I―1―5）

製図法に関する次の(ア)から(オ)の記述について、それぞれの正誤の組合せとして最も適切なものはどれか。

(ア) 第三角法の場合は、平面図は正面図の上に、右側面図は正面図の右にという

51

2章　基礎科目

ように、見る側と同じ側に描かれる。

（イ）　第一角法の場合は、平面図は正面図の上に、左側面図は正面図の右にというように、見る側とは反対の側に描かれる。

（ウ）　対象物内部の見えない形を図示する場合は、対象物をある箇所で切断したと仮定して、切断面の手前を取り除き、その切り口の形状を外形線によって図示することとすれば、非常にわかりやすい図となる。このような図が想像図である。

（エ）　第三角法と第一角法では、同じ図面でも、違った対象物を表している場合があるが、用いた投影法は明記する必要がない。

（オ）　正面図とは、その対象物に対する情報量が最も多い、いわば図面の主体になるものであって、これを主投影図とする。したがって、ごく簡単なものでは、主投影図だけで充分に用が足りる。

	ア	イ	ウ	エ	オ
①	正	正	誤	誤	誤
②	誤	正	正	誤	誤
③	誤	誤	正	正	誤
④	誤	誤	誤	正	正
⑤	正	誤	誤	誤	正

【解答】

問題1　③

　図面の投影法の代表格は第一角法と第三角法である。第一角法では見る側と反対に図面が描かれる。平面図は正面図の下に描く。ISOとは国際標準化機構。本部はスイスにある。この組織が制定した規格をISO規格と呼ぶ。

問題2　⑤

　第一角法では見る側と反対に図面が描かれる。平面図は正面図の下に描く。対象物をある断面で切り取った描いた図は断面図である。第一角法と第三角法で描いた図面では、同じ図でも異なる物体形状となる恐れがあるので、投影法を明記しておく必要がある。

1-10　ユニバーサルデザイン

優先度　★★☆

　2年ほど出題がなかったものの、令和6（2024）年度に出題されました。出題確率は少し落ちましたが、建設になじみ深い領域なので学習をお勧めします。

【ポイント】

■ ユニバーサルデザイン

原則

→ロナルド・メイス(通称、ロン・メイス)が提唱した概念。障害の有無、年齢、性別、人種などにかかわらず多様な人が利用しやすいように製品や環境をデザインする考え方。以下の7原則から成る

・誰でも公平に使える

・使う上での自由度が高い

・使い方が簡単ですぐに分かる

・必要な情報が簡単ですぐに分かる

・うっかりミスや危険につながらない

・身体的に少ない力で楽に使える

・アクセスしやすい大きさとスペースを確保する

■ バリアフリー

概要

→障害のある人が社会生活をするうえで障壁(バリア)となるものを除去する考え方。段差などの物理的障壁の除去を示すケースが多いものの、障害のある人が社会参加するうえでの社会的、制度的、心理的なバリアの除去という意味でも用いられる

【過去問】

R2 Ⅰ—1—1、R3 Ⅰ—1—1、R6 Ⅰ—1—1

【問題演習】

問題1 (R6 Ⅰ—1—1)

ユニバーサルデザインに関する次の記述の、[　　]に入る語句の組合せとして、最も適切なものはどれか。

障害を持つ人々があらゆる分野で差別を受けないようにするためや不便さを取り除くため、自身も車椅子を利用する障害者であったロナルド・メイスが、それまでのバリアフリーなどの概念に代わって提唱したのがユニバーサルデザインである。ユニバーサルデザインの7つの原則は(1)公平な利用、(2)利用における[ア]、(3)[イ]で直感的な利用、(4)認知できる情報、(5)失敗に対する[ウ]さ、(6)少ない[エ]な努力、(7)接近や利用のためのサイズと空間、である。

	ア	イ	ウ	エ
①	柔軟性	単純	寛大	身体的
②	限定性	単純	厳格	精神的

53

2章　基礎科目

③　柔軟性　　　単純　　　厳格　　　身体的

④　限定性　　　複雑　　　厳格　　　身体的

⑤　柔軟性　　　複雑　　　寛大　　　精神的

問題2　（R3 Ⅰ—1—1）

次のうち、ユニバーサルデザインの特性を備えた製品に関する記述として最も不適切なものはどれか。

①　小売店の入り口のドアを、ショッピングカートやベビーカーを押していて手がふさがっている人でも通りやすいよう、自動ドアにした。

②　録音再生機器（オーディオプレーヤーなど）に、利用者がゆっくり聴きたい場合や速度を速めて聴きたい場合に対応できるよう、再生速度が変えられる機能を付けた。

③　駅構内の施設を案内する表示に、視覚的な複雑さを軽減し素早く効果的に情報が伝えられるようピクトグラム（図記号）を付けた。

④　冷蔵庫の扉の取っ手を、子どもがいたずらしないよう、扉の上の方に付けた。

⑤　電子機器の取扱説明書を、個々の利用者の能力や好みに合うよう、大きな文字で印刷したり、点字や音声・映像で提供したりした。

問題3　（R2 Ⅰ—1—1）

ユニバーサルデザインに関する次の記述について、[　　]に入る語句の組合せとして最も適切なものはどれか。

北欧発の考え方である、障害者と健常者が一緒に生活できる社会を目指す[ア]及び、米国発のバリアフリーという考え方の広がりを受けて、ロナルド・メイス（通称ロン・メイス）により1980年代に提唱された考え方がユニバーサルデザインである。ユニバーサルデザインは、特別な設計やデザインの変更を行うことなく、可能な限りすべての人が利用できうるよう製品や[イ]を設計することを意味する。ユニバーサルデザインの7つの原則は、(1)誰でもが公平に利用できる、(2)柔軟性がある、(3)シンプルかつ[ウ]な利用が可能、(4)必要な情報がすぐにわかる、(5)[エ]しても危険が起こらない、(6)小さな力でも利用できる、(7)じゅうぶんな大きさや広さが確保されている、である。

	ア	イ	ウ	エ
①	カスタマイゼーション	環境	直感的	ミス
②	ノーマライゼーション	制度	直感的	長時間利用
③	ノーマライゼーション	環境	直感的	ミス
④	カスタマイゼーション	制度	論理的	長時間利用

54

⑤　ノーマライゼーション　　環境　　論理的　　長時間利用

【解答】
問題1　①
7原則を理解していれば難しくない。
問題2　④
ユニバーサルデザインは利用者を限定する考えではなく、公平な利用を基本思想としている。「子どもがいたずらしないよう」という利用者を限定する考え方とは異なるものである。
問題3　③
ノーマライゼーションとは社会的弱者の人を特別扱いせず、誰もが同等に暮らせる社会を目指す考えである。

1-11　系内の滞在時間　　　　　　　　　優先度　★☆☆

待ち時間などの計算問題も出題頻度が比較的高めです。ただ、実際には初見でも解ける可能性があります。余裕があれば取り組むくらいでよいでしょう。

【ポイント】
■系内の滞在時間の計算
トラフィック密度（利用率）
→トラフィック密度（利用率）＝到着率÷サービス率
平均系内列長
→平均系内列長＝トラフィック密度÷（1－トラフィック密度）
平均系内滞在時間
→平均系内滞在時間＝平均系内列長÷到着率

【例題】
1台のATMがある。このATMに到着する利用者数は、1時間当たり平均40人のポアソン分布に従う。ATMにおける1人当たりの処理時間は平均40秒の指数分布に従う。このとき、利用者がATMに並んでから処理を完了するまでの平均時間を求めよ。（R元　I—1—5改）

【解説】
到着率は1時間当たり40人なので、以下となる。

$$到着率＝\frac{40人}{1時間}＝\frac{40}{60×60秒}＝\frac{1}{90} \quad 90秒に1人到着$$

2章　基礎科目

さらに、サービス率は下記の通りとなる

$$サービス率 = \frac{1人}{40秒}$$

よってトラフィック密度(利用率)は

$$\frac{1}{90} \div \frac{1}{40} = \frac{1}{90} \times \frac{40}{1} = \frac{4}{9}$$

平均系内列長

$$\frac{4}{9} \div \left(1 - \frac{4}{9}\right) = \frac{4}{9} \times \frac{9}{5} = \frac{4}{5}$$

平均系内滞在時間は

$$\frac{4}{5} \div \frac{1}{90} = \frac{360}{5} = 72(秒)$$

【過去問】

R元 I—1—5、R3 I—1—4

【問題演習】

■問題1■　(R3 I—1—4)

　ある装置において、平均故障間隔(MTBF：Mean Time Between Failures)がA時間、平均修復時間(MTTR：Mean Time To Repair)がB時間のとき、この装置の定常アベイラビリティ(稼働率)の式として最も適切なものはどれか。

①　A/(A−B)　　②　B/(A−B)　　③　A/(A+B)

④　B/(A+B)　　⑤　A/B

【解答】

問題1　③

　故障間隔とは、その間は装置が稼働している時間であり、修復時間はいわゆる故障中の時間である。よって、全体の時間はA+Bで、稼働時間はAとなるので、③が解答となる。

稼働時間（故障までの間隔）	故障時間
全体の時間	

1-12　工程管理　　　　　　　　優先度　★★☆

　工程管理は施工管理技士の資格でも問われる知識です。学習しておいて損はありません。特にアローダイアグラム(ネットワーク工程表)が重要です。

56

【ポイント】
■ PERT図
アローダイアグラム(ネットワーク式工程表)
- →プロジェクトを遂行するためのタスクと相互関係を明確にして管理可能
- →作業を示す矢線(矢印)と結合点(ノード)で構成する図で、プロジェクトにおける作業の前後関係を分かりやすく表現している。工程管理でよく利用される図である。
- →結合点iと結合点jの作業を考えるとき、iの最早結合点時刻とjの最遅結合点時刻の時間差が作業ijの所要時間と等しければ、この作業はクリティカルとなる
- →プロジェクト全体の工期を延期させないようにするには、クリティカルパス上の作業に遅延が許されない。逆に言えば、工程を短縮するためにはクリティカルパス上の作業の短縮が必要となる

【例題】

設計開発プロジェクトの作業リストが下表のように示され、この表からアローダイアグラムが図のように作成された。ただし、図中の矢印のうち、実線は要素作業を表し、破線はダミー作業を意味する。さらに要素作業a2、a3、b1、b3およびc1は作業リスト中の追加費用をかけることで1日短縮できることがわかった。設計開発プロジェクトの最早完了日数を1日短縮するのに、最も安価な方法を選択したい。このとき、作業日数を1日短縮すべき要素作業はどれか。(H28 Ⅰ—1—4)

要素作業	先行作業	作業日数	追加費用(万円)
p	—	10	
a1	p	8	
a2	a1	15	18
a3	a2	20	10
a4	a3	8	
b1	p	15	5
b2	a2、b1	22	
b3	a3、b2、c3	10	15
c1	p	7	6
c2	c1	15	
c3	c2	15	
f	a4、b3	15	

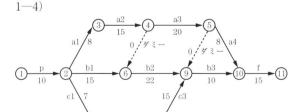

アローダイアグラム(arrow diagram:矢線図)

①要素作業a2
②要素作業a3
③要素作業b1
④要素作業b3
⑤要素作業c1

【解説】

まずは、クリティカルパスを読み取る。

1) 1→2の工程と10→11の工程は1通りしかないので、その間の2→10までに工程に着目する。

2) 2→6までの工程は、
- 2→3→4→(ダミー)6(計23日)
- 2→6(15日)

がある。前者の方が日数を要するので、6までの工程は2→3→4(ダミー)

3) 続いて9までの工程に着目すると、
- 2→3→4→5→(ダミー)9(23日+20日=43日)
- 2→3→4→(ダミー)6→9(23日+22日=45日)
- 2→7→8→9(37日)

となるので、9までの工程は2→3→4→(ダミー)6→9(45日)

4) 最後に10までの工程を考える。
- 2→3→4→5→10(51日)
- 2→3→4→(ダミー)6→9→10(45日+10日=55日)

で、2から10までのクリティカルパスは、2→3→4→(ダミー)6→9→10となる。

5) 全体のクリティカルパスは下記となる。
- 1→2→3→4→(ダミー)6→9→10→11(p→a1→a2→b2→b3→f)

6) ここで工期短縮に寄与できるのは、a2とb3で、追加コストが安いのはb3の15万円よって、解答は④

【過去問】

H28 I—1—4、H30 I—1—2

【問題演習】

問題1 (H30 I—1—2)

設計開発プロジェクトのアローダイアグラムが図のように作成された。ただし、図中の矢印のうち、実線は要素作業を表し、実線に添えたpやa1などは要素作業名を意味し、同じく数値はその要素作業の作業日数を表す。また、

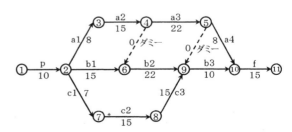

図 アローダイアグラム(arrow diagram：矢線図)

破線はダミー作業を表し、○内の数字は状態番号を意味する。このとき、設計開発プロジェクトの遂行において、工期を遅れさせないために、特に重点的に進捗状況管理を行うべき要素作業群として、最も適切なものはどれか。

① （p、a1、a2、a3、b2、b3、f）　　② （p、c1、c2、c3、b3、f）

③ （p、b1、b2、b3、f）　　④ （p、a1、a2、b2、b3、f）

⑤ （p、a1、a2、a3、a4、f）

【解答】

問題1　①

2→10の間のクリティカルパスを考える。

・2→6までは2→3→4→（ダミー）6の23日

・9までは2→3→4→（ダミー）6→9だと45日、2→3→4→5→（ダミー）9だと23＋22＝45日、2→7→8→9だと37日

・10までは、2→3→4→（ダミー）6→9→10だと55日、2→3→4→5→10だと53日、2→3→4→5→（ダミー）9→10だと55日

・よってクリティカルパスは1→2→3→4→（ダミー）6→9→10→11（80日）と1→2→3→4→5→（ダミー）9→10→11（80日）で、作業要素はp、a1、a2、a3、b2、b3、fとなる。

2章　基礎科目

情報・論理

2-1　情報セキュリティ　　　優先度　★★★

　情報セキュリティに関する問題は頻出ですが、パターンが多岐にわたります。過去問で最低限の対策を行い、解ければ解答するという気持ちで進めましょう。

【ポイント】
■パスワード・認証
パスワードと認証について
- →利用サービスによってパスワードの定期的な変更を求められる場合があるが、十分に複雑で使い回しのないパスワードを設定したうえで、パスワードの流出など明らかに危険な事案がなければパスワードを変更する必要はない
- →二段階認証と二要素認証を比べると二要素認証の方が安全である
段階＝認証プロセスの階層
要素＝「知っていること」「持っているもの」「本人自身の一部」の2つ以上の要素を組み合わせていくのが二要素認証で、この方が安全性は高まる
- →指紋をはじめとした生体認証でも、盗難や偽造は不可能ではないので注意は必要である

■ネットワーク環境
テレワーク環境のリスク
- →一般にテレワーク環境では、オフィス勤務の場合に比べてフィッシングなどの被害リスクが高い
- →第三者の出入りが多いカフェやレストランなどはソーシャルハッキングリスクが高いので、テレワーク業務を避ける
- →テレワーク環境でインシデント発生時に適切な連絡先を確認できないと被害拡大につながる恐れがある
- →リスク回避にはテレワークで用いるVPN製品の通信の脆弱性などの情報収集が重要である
- →WEB会議への案内として、メールなどでURLを伝えるだけでは、悪意ある参加者の参加を十分に防げるとは限らない

■暗号化
公開鍵暗号方式
- →通信する情報が途中で漏洩しないように暗号化したり、受信者が暗号化された情報

60

を理解できる内容に復号したりする際に鍵を使う。公開鍵暗号方式とは、送信者は
受信者が秘密鍵で作った公開鍵で情報を暗号化し、その情報を受け取った受信者は
秘密鍵で暗号化された情報を復号する

共通鍵暗号方式

→情報の暗号化と復号化に同じ鍵を使う方式。鍵のやり取りを他の人に知られないように行う必要がある。安全性は公開鍵暗号方式よりも低いものの、処理速度は早い

デジタル署名

→情報が署名した本人のもので改ざんされていないと証明するもの。デジタル署名の作成には秘密鍵を用い、検証には公開鍵を用いる

【過去問】

R元再 I—2—1、R2 I—2—3、R3 I—2—1、R4 I—2—1、R5 I—2—1、R6 I—2—6

【問題演習】

問題1 （R6 I—2—6）

暗号技術に関する次の記述のうち、最も不適切なものはどれか。

① ハッシュ関数は、任意長の文字列を一定の長さに圧縮する関数であり、多くの実用的な応用では出力サイズが固定された特定のハッシュ関数を用いるが、理論的に安全性を定義するためにはセキュリティパラメータに関する漸近的な性質として表す必要がある。

② 量子計算機に対しても安全と思われる公開鍵暗号を、ポスト量子暗号と呼ぶ。ポスト量子暗号の有力な候補として格子暗号や誤り訂正符号の問題に基づく暗号、多変数多項式の問題に基づく暗号などが挙げられる。

③ ディジタル署名(電子署名)では、正しいディジタル署名を作成できるのは署名者本人だけであり、正しい署名者が作成したディジタル署名の正当性は、誰でも検証できる必要がある。

④ 単純にパスワードや定まった認証情報を検証者に送るような方法で利用者の正当性を示そうとすると、リプレイ攻撃により容易に成りすましが出来る。そのような攻撃を無効にするために多要素認証方式が広く使われている。多要素認証方式には公開鍵系の方式と共通鍵系の方式がある。

⑤ ブロックチェーンにおける重要な技術として、(非対話)ゼロ知識証明が挙げられる。ゼロ知識証明を用いると、例えば「X株買って、従来Y株保有していたが、現在はZ株保有している」という場合に、X、Y、Zを秘匿しながらZ＝Y＋Xという関係が成り立つ(正当に取引が行われている)ことを証明できる。

2章　基礎科目

問題2 （R5 Ⅰ—2—1）

次の記述のうち、最も適切なものはどれか。

① 利用サービスによってはパスワードの定期的な変更を求められることがあるが、十分に複雑で使い回しのないパスワードを設定したうえで、パスワードの流出などの明らかに危険な事案がなければ、基本的にパスワードを変更する必要はない。

② PINコードとは4～6桁の数字からなるパスワードの一種であるが、総当たり攻撃で破られやすいので使うべきではない。

③ 指紋、虹彩、静脈などの本人の生体の一部を用いた生体認証は、個人に固有の情報が用いられているので、認証時に本人がいなければ、認証は成功しない。

④ 二段階認証であって一要素認証である場合と、一段階認証で二要素認証である場合、前者の方が後者より安全である。

⑤ 接続する古い無線LANアクセスルータであってもWEPをサポートしているのであれば、買い換えるまではそれを使えば安全である。

問題3 （R4 Ⅰ—2—1）

テレワーク環境における問題に関する次の記述のうち、最も不適切なものはどれか。

① Web会議サービスを利用する場合、意図しない参加者を会議へ参加させないためには、会議参加用のURLを参加者に対し安全な通信路を用いて送付すればよい。

② 各組織のネットワーク管理者は、テレワークで用いるVPN製品等の通信機器の脆弱性について、常に情報を収集することが求められている。

③ テレワーク環境では、オフィス勤務の場合と比較してフィッシング等の被害が発生する危険性が高まっている。

④ ソーシャルハッキングへの対策のため、第三者の出入りが多いカフェやレストラン等でのテレワーク業務は避ける。

⑤ テレワーク業務におけるインシデント発生時において、適切な連絡先が確認できない場合、被害の拡大につながるリスクがある。

問題4 （R3 Ⅰ—2—1）

情報セキュリティと暗号技術に関する次の記述のうち、最も適切なものはどれか。

① 公開鍵暗号方式では、暗号化に公開鍵を使用し、復号に秘密鍵を使用する。

② 公開鍵基盤の仕組みでは、ユーザとその秘密鍵の結びつきを証明するため、

第三者機関である認証局がそれらデータに対するディジタル署名を発行する。

③ スマートフォンがウイルスに感染したという報告はないため、スマートフォンにおけるウイルス対策は考えなくてもよい。

④ ディジタル署名方式では、ディジタル署名の生成には公開鍵を使用し、その検証には秘密鍵を使用する。

⑤ 現在、無線LANの利用においては、WEP(Wired Equivalent Privacy)方式を利用することが推奨されている。

【解答】

問題1　④

多要素認証とは、「知っていること」「持っているもの」「本人自身の一部」の要素を2つ以上組み合わせていく認証である。

問題2　①

パスワードの変更については、内閣サイバーセキュリティセンターが公開する「インターネットの安全・安心ハンドブック」(令和5年1月31日版)において、定期変更は必要なしと言及されている。ただし、十分に複雑で使い回しのないパスワードを設定することが前提となる。PINコードは間違いを繰り返すと一定時間入力できなくなったり、入力を不可能にしたりすることで総当たりによる攻撃を不可能にして使う。生体認証も完全に安全とは言い切れない。指の写真から3Dプリンターで偽の指紋を作成してセキュリティを破るケースなどが不可能ではないからだ。WEP方式には脆弱性があり、十分な安全性確保が難しくなっている。

問題3　①

会議参加用のURL情報を安全な通信路で送るだけでは不正アクセスなどで流出するリスクがある。通信路の安全性以外にも会議参加者をIPアドレスで指定するなど多様なセキュリティ対策がある。

問題4　①

公開鍵暗号方式とは、以下の方式。受信者が秘密鍵を使って公開鍵を作成し、その公開鍵を送信者が取得した後にその鍵で文書の暗号化を行って送信。受信者は秘密鍵でその文書を復号する。ディジタル署名はユーザと秘密鍵の結びつきを証明するためのものではない。スマートフォンのウイルス感染例は少なくない。ディジタル署名は生成時に秘密鍵、検証時に公開鍵を使う。WEP方式には脆弱性がある。

2-2　情報の圧縮・復元　　優先度 ★★☆

情報の圧縮・復元の問題は頻出ではありません。しかし、比較的優しい領域ですので出題された場合は落とさないようにするとよいでしょう。

2章　基礎科目

【ポイント】

■ 圧縮と復元

可逆圧縮

→復号化によって元の情報を完全に復元でき、情報の欠落がない圧縮。テキストデータなどの圧縮で利用されることが多い。画像圧縮で用いるPNGは可逆圧縮である。限界があり、それを超えた圧縮はできない

非可逆圧縮

→復号化で元の情報には完全に戻らず、情報の欠落を伴う圧縮。音声や映像などの圧縮に利用されることが多い。画像圧縮で用いるJPEGや映像圧縮で用いるMPEGは非可逆圧縮となる

【過去問】

R2 I—2—1、R5 I—2—4

【問題演習】

問題1　(R5 I—2—4)

情報圧縮(データ圧縮)に関する次の記述のうち、最も不適切なものはどれか。

① データ圧縮では、情報源に関する知識(記号の生起確率など)が必要であり、情報源の知識がない場合はデータ圧縮することはできない。

② 可逆圧縮には限界があり、どのような方式であっても、その限界を超えて圧縮することはできない。

③ 復号化によって元の情報に完全には戻らず、情報の欠落を伴う圧縮は非可逆圧縮と呼ばれ、音声や映像等の圧縮に使われることが多い。

④ 復号化によって元の情報を完全に復号でき、情報の欠落がない圧縮は可逆圧縮と呼ばれテキストデータ等の圧縮に使われることが多い。

⑤ 静止画に対する代表的な圧縮方式としてJPEGがあり、動画に対する代表的な圧縮方式としてMPEGがある。

【解答】

問題1　①

データ圧縮自体は情報源の知識がなくても実施できる。

2-3　論理和と論理積　　　　　　　　　　　　優先度　★★☆

論理和と論理積の問題は頻出です。手を動かして丁寧に計算すれば、解答できるケースが多いので、取り組んでおくとよいでしょう。

【ポイント】

■ 論理和と論理積

論理和

→2つの項目のいずれかが真(1)であれば、論理和は真(1)となり、いずれも偽(0)の場合に偽(0)となる

論理積

→2つの項目のいずれも真(1)の場合のみ、論理積は真(1)となる。いずれか片方でも偽(0)であれば偽(0)となる

否定論理和

→2つの項目のいずれも偽(0)の場合に真(1)となり、それ以外の組み合わせは偽(0)となる

否定論理積

→2つの項目のいずれも真(1)の場合に偽(0)となり、それ以外の組み合わせは真(1)となる

排他的論理和

→2つの項目のいずれか片方だけが真(1)であれば、排他的論理和は真(1)となり、いずれも真(1)または偽(0)の場合に偽(0)となる

■ 論理式の計算

論理和(OR、＋)

a	b	a＋b
0	0	0
0	1	1
1	0	1
1	1	1

論理積(AND、・)

a	b	a・b
0	0	0
0	1	0
1	0	0
1	1	1

否定論理和(NOR)

a	b	
0	0	1
0	1	0
1	0	0
1	1	0

否定論理積(NAND)

a	b	
0	0	1
0	1	1
1	0	1
1	1	0

排他的論理和(EOR XOR)

a	b	
0	0	0
0	1	1
1	0	1
1	1	0

■ ベン図との関係

ベン図と論理式の関係

→論理式をベン図に落とし込むと下記の図のように表現できる

■ベン図

A＋B

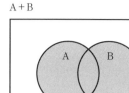

A・B

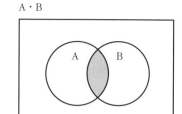

$\overline{A+B}$

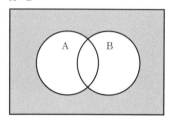

$\overline{A \cdot B}$

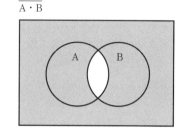

$\overline{A}＋\overline{B}$

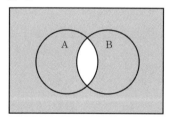

$\overline{A} \cdot \overline{B}$

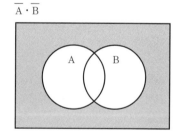

【過去問】

R2 Ⅰ―2―2、R3 Ⅰ―2―2、R4 Ⅰ―2―2、R5 Ⅰ―2―5

【問題演習】

■問題1 (R5 Ⅰ―2―5)

2つの単一ビットa、bに対する排他的論理和演算a⊕b及び論理積演算a・bに対して、2つのnビット列$A = a_1 a_2 ... a_n$、$B = b_1 b_2 ... b_n$の排他的論理和演算A⊕B及び論理積演算A・Bは下記で定義される。

$A \oplus B = (a_1 \oplus b_1)(a_2 \oplus b_2)...(a_n \oplus b_n)$

$A \cdot B = (a_1 \cdot b_1)(a_2 \cdot b_2)...(a_n \cdot b_n)$

例えば

$1010 \oplus 0110 = 1100$

$$1010 \cdot 0110 = 0010$$

である。ここで2つの8ビット列

A = 01011101

B = 10101101

に対して、下記演算によって得られるビット列Cとして、適切なものはどれか。

$$C = (((A \oplus B) \oplus B) \oplus A) \cdot A$$

①　00000000　　②　11111111　　③　10101101

④　01011101　　⑤　11110000

問題2　(R3 Ⅰ—2—2)

次の論理式と等価な論理式はどれか。

$$\overline{A \cdot B} + A \cdot B$$

ただし、論理式中の+は論理和、・は論理積を表し、論理変数Xに対して$\overline{X}$はXの否定を表す。2変数の論理和の否定は各変数の否定の論理積に等しく、2変数の論理積の否定は各変数の否定の論理和に等しい。また、論理変数Xの否定の否定は論理変数Xに等しい。

①　$(A + B) \cdot \overline{(A + B)}$

②　$(A + B) \cdot (\overline{A} + \overline{B})$

③　$(A \cdot B) \cdot (\overline{A} \cdot \overline{B})$

④　$(A \cdot B) \cdot \overline{(A \cdot B)}$

⑤　$(A + B) + (\overline{A} + \overline{B})$

【解答】

問題1　①

算数の計算問題のように、カッコの内側から順に解いていく。なお、問題中にある例示からもA⊕BとA・Bのルールは以下のようになると分かる。

1⊕0＝1　0⊕1＝1　1⊕1＝0　0⊕0＝0

1・0＝0　0・1＝0　1・1＝1　0・0＝0

この関係から解く。筆算のように上下に並べて書くと間違えにくい。

A = 01011101

B = 10101101

A⊕B = 11110000

(A⊕B)⊕Bは

A⊕B = 11110000

B = 10101101　　のとき

67

2章 基礎科目

$(A \oplus B) \oplus B = 01011101$
$((A \oplus B) \oplus B) \oplus A$ は
　　$(A \oplus B) \oplus B = 01011101$
　　　　$A = 01011101$　のとき
$((A \oplus B) \oplus B) \oplus A = 00000000$
よって、以下のようになる。
$(((A \oplus B) \oplus B) \oplus A) \cdot A$ は
　　$((A \oplus B) \oplus B) \oplus A = 00000000$
　　　　　$A = 01011101$
$(((A \oplus B) \oplus B) \oplus A) \cdot A = 00000000$

問題2　②
論理式の問題は、以下のようにベン図を用いて丁寧に解いていけば、難しくない。

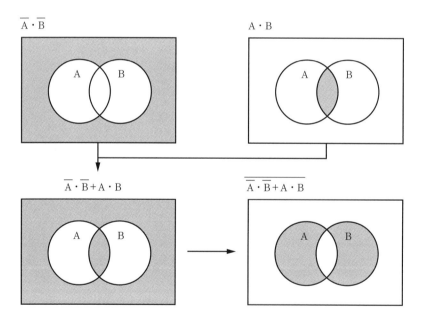

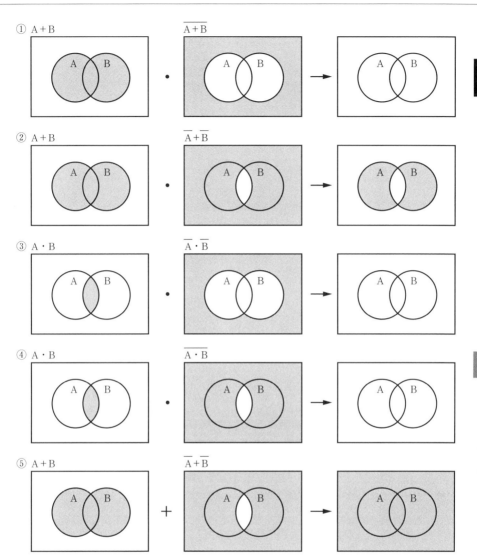

2-4 基数変換

優先度 ★★★

2進数による小数表現や補数表現などを含め、10進数と2進数の使い分けや変換などは機械的に作業できます。得点源にしておきましょう。

2章　基礎科目

【ポイント】

■10進数と2進数

10進数の2進数への変換

→10進数の数字を2進数で表現する場合、元の10進数の数を2で割った商の余りを並べていくと、2進数に変換できる

例）10進数の235を2進数にする

```
2 ) 235    2で割った余り
2 ) 117  … 1  ←235を2で割ると商が117で余り1
2 )  58  … 1
2 )  29  … 0
2 )  14  … 1
2 )   7  … 0
2 )   3  … 1     矢印の方向に余りを並べていくと
      1  … 1     2進数表現 ⇒ 11101011
```

2進数の10進数への変換

→2進数の数字を10進数で表現する場合、元の2進数の数のk桁目の数字と2^{k-1}の積を全て足すと10進数に変換できる

例）2進数の100101を10進数に変換する

$1 \times 2^0 + 0 \times 2^1 + 1 \times 2^2 + 0 \times 2^3 + 0 \times 2^4 + 1 \times 2^5 = 1 + 0 + 4 + 0 + 0 + 32 = 37$

10進数の小数の2進数変換

→10進数の小数を2進数に変換する場合、変換したい数の小数部が0になるまで、小数部に2をかけ続けて求める。2をかけた際の1の位の数字を順に並べていく

例）10進数の0.6875を2進数に変換する

```
  0.6875
×      2                 1の位の数字
  1.3750        →          1
  0.375   ←小数部だけを抽出
×      2
  0.750        →          0
×      2
  1.50         →          1      矢印の方向に
  0.5                            小数第1位から順に
×      2                         1の位の数字を並べると
  1.0          →          1      2進数表現 ⇒ 0.1011
```

2進数の小数の10進数変換

→2進数の数字を10進数で表現する場合、元の2進数の数の小数第k位の数字と2^{-k}の

70

積を全て足すと10進数に変換できる

例）2進数の0.1011を10進数に変換する

$$1 \times 2^{-1} + 0 \times 2^{-2} + 1 \times 2^{-3} + 1 \times 2^{-4} = 0.5 + 0 + 0.125 + 0.0625 = 0.6875$$

■ 補数表現

補数と減基数の補数

→補数とはある数に加えた際に桁が1つ上がる最小の数をいう。例えば10進数で7の10の補数は3となる。さらに元の数に加えても桁が上がらない最大の数を減基数の補数と呼ぶ。例えば、10進数の6であれば、3が減基数の補数となる

【過去問】

R元 I—2—1、R元再 I—2—4、R2 I—2—4、R6 I—2—1

【問題演習】

問題1 （R2 I—2—4）

補数表現に関する次の記述の、[　　]に入る補数の組合せとして、最も適切なものはどれか。

一般に、k桁のn進数Xについて、Xのnの補数は$n^k - X$、Xのn−1の補数は$(n^k - 1) - X$をそれぞれn進数で表現したものとして定義する。よって、3桁の10進数で表現した$(956)_{10}$の（n＝）10の補数は、10^3から$(956)_{10}$を引いた$(44)_{10}$である。さらに$(956)_{10}$の（n−1＝）9の補数は、$10^3 - 1$から$(956)_{10}$を引いた$(43)_{10}$である。同様に、6桁の2進数$(100110)_2$の2の補数は[ア]、1の補数は[イ]である。

	ア	イ
①	$(000110)_2$	$(000101)_2$
②	$(011010)_2$	$(011001)_2$
③	$(000111)_2$	$(000110)_2$
④	$(011001)_2$	$(011010)_2$
⑤	$(011000)_2$	$(011001)_2$

問題2 （R元 I—2—1）

基数変換に関する次の記述の、[　　]に入る表記の組合せとして、最も適切なものはどれか。

私たちの日常生活では主に10進数で数を表現するが、コンピュータで数を表現する場合、「0」と「1」の数字で表す2進数や、「0」から「9」までの数字と「A」から「F」までの英字を使って表す16進数などが用いられる。10進数、2進数、16進数は相互に変換できる。例えば10進数の15.75は、2進数では$(1111.11)_2$、16進数では

2章　基礎科目

$(F.C)_{16}$である。同様に10進数の11.5を2進数で表すと［　ア　］、16進数で表すと
［　イ　］である。

	ア	イ
①	$(1011.1)_2$	$(B.8)_{16}$
②	$(1011.0)_2$	$(C.8)_{16}$
③	$(1011.1)_2$	$(B.5)_{16}$
④	$(1011.0)_2$	$(B.8)_{16}$
⑤	$(1011.1)_2$	$(C.5)_{16}$

問題3　（R6 Ⅰ—2—1）

10進数での「0.6」を2進数表現したものとして、最も適切なものはどれか。ただ
し、以下の2進数表現では、小数点以下16位までを示している。

① 0.1001100110011001　　② 0.1011001100110011

③ 0.1100000000000000　　④ 0.1100110011001100

⑤ 0.1110011001100110

【解答】

問題1　②

6桁の2進数$(100110)_2$の2の補数は2^6から$(100110)_2$を引
いた数となる

　　$2^6 = (1000000)_2$なので右のような筆算で表現できる

6桁の2進数$(100110)_2$の1の補数は2^6-1から$(100110)_2$
を引いた数となる

　　2^6-1は$(111111)_2$なので右のような筆算で表現できる

　　よって、2の補数は$(011010)_2$、1の補数は$(011001)_2$と求
められる

```
  1 1 1 1 2
1 0 0 0 0 0 0
−  1 0 0 1 1 0
   0 1 1 0 1 0
```

```
   1 1 1 1 1 1
−  1 0 0 1 1 0
   0 1 1 0 0 1
```

問題2　①

整数部の11を2進数に変換すると下記のようになる

```
2)11
2) 5 … 1
2) 2 … 1
   1 … 0    整数部は1011
```

小数部0.5を2進数にすると下記のようになる

72

$$0.5$$
$$\underline{\times\ 2}$$
$$1.0 \qquad 1\text{の位が}1 \rightarrow \text{小数部は}0.1$$

（実際には計算しなくても $0.5 = 2^{-1}$ からすぐに分かる）

整数部の11を16進数に変換するとBとなる

10進数	8	9	10	11	12	13	14	15	16
16進数	8	9	A	B	C	D	E	F	桁が上がる

小数部の0.5を16進数に変換すると0.8になる

$$0.5$$
$$\underline{\times\ 16}$$
$$8.0 \qquad \rightarrow \quad 0.5 = 8 \times 16^{-1}\text{なので小数第}1\text{位が}8\text{と分かる}$$

問題3 ①

小数以下の数字は下記のように求められる。4桁ごとに循環する。

$$0.6$$
$$\underline{\times\ 2}$$
$$1.2 \qquad\qquad\qquad\qquad \text{1の位の数字}$$
$$\qquad\qquad\qquad\qquad\qquad \rightarrow \qquad 1$$
$$0.2 \quad \leftarrow\text{小数部だけを抽出}$$
$$\underline{\times\ 2}$$
$$0.4 \qquad\qquad\qquad\qquad \rightarrow \qquad 0$$
$$\underline{\times\ 2}$$
$$0.8 \qquad\qquad\qquad\qquad \rightarrow \qquad 0$$
$$\underline{\times\ 2}$$
$$1.6 \qquad\qquad\qquad\qquad \rightarrow \qquad 1$$
$$0.6$$
$$\underline{\times\ 2}$$
$$1.2 \qquad\qquad\qquad\qquad \rightarrow \qquad 1$$
$$0.2$$
$$\underline{\times\ 2}$$
$$0.4 \qquad\qquad\qquad\qquad \rightarrow \qquad 0$$
$$\underline{\times\ 2}$$
$$0.8 \qquad\qquad\qquad\qquad \rightarrow \qquad 0$$
$$\underline{\times\ 2}$$
$$1.6 \qquad\qquad\qquad\qquad \rightarrow \qquad 1$$

2-5 処理速度の計算　　　　　　　　　　　優先度　★★☆

外部記憶装置と主記憶装置へのアクセス時間などの問題が数年に1回程度出題されています。難しくないので、落ち着いて解答したいところです。

2章　基礎科目

【ポイント】

■ キャッシュメモリとメインメモリ（主記憶装置）

キャッシュメモリ

→CPUとメインメモリの間にある記憶装置。メインメモリよりも小容量だが、アクセスに必要な時間が短い

メインメモリ（主記憶装置）

→CPUから直接アクセスできる記憶装置。ハードディスクなどの記憶装置からのデータを保持してプログラムなどを処理できるようにする。電源が切れるとデータが失われる。

外部記憶装置

→コンピューター内部の記憶装置を補助する記憶装置。ハードディスクやSSDなどが相当する。アクセスに要する時間は大きい

【例題】

仮想メモリとして、主記憶に3ページ格納でき、最も長くアクセスされなかったページを置換対象とする仕組みがある。ページの主記憶からのアクセスがH（秒）、外部記憶からのアクセス時間がM（秒）とする場合、以下の順にページを参照する場合の総アクセス時間を求めよ。（R4　I—2—3改）

$$2 \rightarrow 1 \rightarrow 1 \rightarrow 2 \rightarrow 3 \rightarrow 4 \rightarrow 1 \rightarrow 3 \rightarrow 4$$

【解説】

主記憶から参照しているのか、外部記憶から読み込んでいるのかを一つずつ確認する。以下のように表にして確認すると分かりやすい。

表の作成では、まずアクセスするページを入れ、これが主記憶の最新アクセスになるように記入していく。アクセス時間は主記憶にあればH、なければMを記入していく。表で確認された結果は5M＋4Hとなる。

■記憶装置へのアクセス状況

アクセスするページ番号	アクセス時間	主記憶装置（アクセスページへのアクセス後）			記憶装置へのアクセス状況
		最新アクセス	2番目に新しいアクセス	3番目に新しいアクセス	
2	M	2			外部にアクセスして2ページ目を取得
1	M	1	2		外部にアクセスして1ページ目を取得
1	H	1	2		主記憶にアクセスして1ページ目を取得
2	H	2	1		主記憶にアクセスして2ページ目を取得
3	M	3	2	1	外部にアクセスして3ページ目を取得
4	M	4	3	2	外部にアクセスして4ページ目を取得
1	M	1	4	3	外部にアクセスして1ページ目を取得
3	H	3	1	4	主記憶にアクセスして3ページ目を取得
4	H	4	3	1	主記憶にアクセスして4ページ目を取得

【過去問】

R2 Ⅰ—2—6、R4 Ⅰ—2—3

【問題演習】

問題1 （R2 Ⅰ—2—6）

次の[　]に入る数値の組合せとして、最も適切なものはどれか。

アクセス時間が50[ns]のキャッシュメモリとアクセス時間が450[ns]の主記憶からなる計算機システムがある。呼び出されたデータがキャッシュメモリに存在する確率をヒット率という。ヒット率が90%のとき、このシステムの実効アクセス時間として最も近い値は[ア]となり、主記憶だけの場合に比べて平均[イ]倍の速さで呼び出しができる。

	ア	イ
①	45[ns]	2
②	60[ns]	2
③	60[ns]	5
④	90[ns]	2
⑤	90[ns]	5

【解答】

問題1　⑤

1回のアクセスを考える。情報はキャッシュにある場合が90%、主記憶にある場

2章　基礎科目

合は10%なので、アクセス時間の期待値は下記のようになる。

　　$50[\text{ns}] \times 0.9 + 450[\text{ns}] \times 0.1 = 45 + 45 = 90[\text{ns}]$

　主記憶だけの場合は常に450[ns]になるので、以下のようになる。

　　$450[\text{ns}] \div 90[\text{ns}] = 5\text{倍}$

2-6　逆ポーランド記法

優先度　★☆☆

　出題頻度は高くありませんが、記法の内容が分かっていれば易問になるので、取り組んでおくことをお勧めします。

【ポイント】

■逆ポーランド記法

　記法のルール

　　→加減乗除に用いる＋や－といった演算子を演算する数字の間に置いて、「A＋B」のように記載する方法を中置記法と呼ぶ。これに対して、コンピューターでの計算処理に都合のよいように、「AB＋」といった順で数字と演算子を並べる記法を逆ポーランド記法と呼ぶ

【例題】

　演算式において、＋、－、×、÷などの演算子を、演算の対象であるAやBなどの演算数の間に書く「A＋B」のような記法を中置記法と呼ぶ。また、「AB＋」のように演算数の後に演算子を書く記法を逆ポーランド表記法と呼ぶ。中置記法で書かれる式「(A＋B)×(C－D)」を下図のような構文木で表し、これを深さ優先順で、「左部分木、右部分木、節」の順に走査すると得られる「AB＋CD－×」は、この式の逆ポーランド表記法となっている。

　中置記法で「(A＋B÷C)×(D－F)」と書かれた式を逆ポーランド表記法で表したとき、最も適切なものはどれか。（R3 Ⅰ—2—5）

（図）(A＋B)×(C－D)を表す構文木。矢印の方向に走査し、ノードを上位に向かって走査するとき（●で示す）に記号を書き出す。

① ABC÷＋DF－×
② AB＋C÷DF－×
③ ABC÷＋D×F－
④ ×＋A÷BC－DF
⑤ AB＋C÷D×F－

【解説】

　(A＋B÷C)×(D－F)の計算手順を以下の図のように分解して木構造として考える。

76

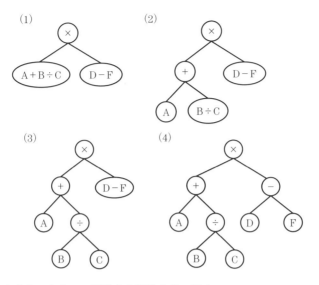

続いて、ノードを上に向かって通過する順番を拾い出す。

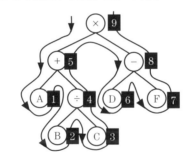

よって、ABC÷+DF-×の順で①となる。

【過去問】

R3 Ⅰ—2—5

2-7 二分探索木 優先度 ★☆☆

　何年かに1回程度の頻度で出題されています。頻度は低いですが、記法の内容が分かっていれば易問になるので、過去問を解いておきましょう。

【ポイント】
■二分木とは

二分木
→節（ノード）と枝で表記される図で、節から2本の枝が下に連なるように表現する。最上位の節は根、最下位の節は葉と呼ぶ。また、節の下にぶら下がる部分を部分木と呼ぶ。節から見て左側であれば左部分木、右であれば右部分木となる。

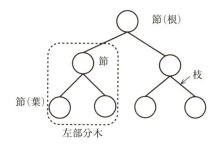

二分探索木
→基準となる一つ上位の節に対して、探索対象が小さい値であれば左下へ、大きければ右下へ進むような二分木を指す。この手法を応用すれば、データ探索を効率的に実施できる。

【過去問】
R元 I—2—2

【問題演習】
問題1　（R元 I—2—2）

　二分探索木とは、各頂点に1つのキーが置かれた二分木であり、任意の頂点vについて次の条件を満たす。
(1) vの左部分木の頂点に置かれた全てのキーが、vのキーより小さい。
(2) vの右部分木の頂点に置かれた全てのキーが、vのキーより大きい。
　以下では空の二分探索木に、8、12、5、3、10、7、6の順に相異なるキーを登録する場合を考える。最初のキー8は二分探索木の根に登録する。次のキー12は根の8より大きいので右部分木の頂点に登録する。次のキー5は根の8より小さいので左部分木の頂点に登録する。続くキー3は根の8より小さいので左部分木の頂点5に分岐して大小を比較する。比較するとキー3は5よりも小さいので、頂点5の左部分木の頂点に登録する。以降同様に全てのキーを登録すると図に示す二分探索木を得る。
　キーの集合が同じであっても、登録するキーの順番によって二分探索木が変わることもある。図と同じ二分探索木を与えるキーの順番として、最も適切なものはどれか。

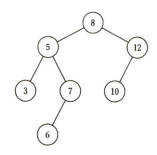

① 8、5、7、12、3、10、6	② 8、5、7、10、3、12、6
③ 8、5、6、12、3、10、7	④ 8、5、3、10、7、12、6
⑤ 8、5、3、12、6、10、7	

【解答】

問題1　①

　シンプルに上のノードから下のノードに流れる順番を見て、それと合っていなければ、整合しないことになる。8→5→3、8→5→7→6、8→12→10が手掛かりとなる。これらの順番を全て満たしているのは①だけ。

2-8　伝送誤り

優先度　★★☆

　数年に1度程度の頻度で出題されます。丁寧に作業したり考えたりすれば解けるでしょう。一度取り組んでみて、簡単だと感じた方は選択をお勧めします。

【ポイント】

■ハミング距離

　定義

　　→同じ長さの符号列に対して対応する位置の符号が異なっている箇所の数

　（例）ビット列「0100101」と「0110011」のハミング距離は、異なる部分が以下の太字部分なので「01**10011**」なので3である

■ハミング符号

　概要

　　→通信に伴う伝送誤りの検出とその訂正を可能にする仕組み。例えば4ビットの情報に3つの検査用のビットを付加して送信すると、1ビットの誤りであればエラー箇所の検出が可能で、誤り訂正が可能になる（以下の例題で具体的に示す）

■パリティチェック

　概要

　　→送信ビット列が正しく送信されたか否かの誤りを、ビット列に含まれる1の個数が偶数か奇数かで判定する方法。例えば、送信したいビット列（例えば7ビット）中の1の数が偶数個であった場合、付加ビットとして0を加えて8ビットの列にして、送信し、受信側で受け取った8ビットのデータに含まれる1の数が偶数個であれば、データが正しいと判定する。1を奇数個にする方法もある。いずれにせよ、付加ビットが1つなので、1つのビットの誤りがある場合に機能する

2章　基礎科目

【例題】

　4ビットの情報ビット列「X1　X2　X3　X4」に対して「X5　X6　X7」をX5＝X2＋X3＋X4(mod2)、X6＝X1＋X3＋X4(mod2)、X7＝X1＋X2＋X4(mod2)として、これらを付加したビット列「X1　X2　X3　X4　X5　X6　X7」を考えると、任意の2つのビット列のハミング距離は3以上となる。このビット列「X1　X2　X3　X4　X5　X6　X7」を送信し、通信したときに高々1ビットしか通信誤りが起こらない仮定の下、受信ビットが「1000010」のとき、送信ビット列を求めよ。ここでmod2は整数を2で割った余りを示す。(R4 Ⅰ—2—4改)

【解説】

　下のように最大で1カ所誤りのある送信ビットを書き出し、付加ビット部分がどのようになるかを地道に計算して埋め、送信ビットと一致するかを確認すると答えが求められる。

受信ビットの正誤	送信ビット							⇒	X1、X2、X3、X4に対応する付加ビット		
	X1	X2	X3	X4	X5	X6	X7		X2＋X3＋X4(mod2)	X1＋X3＋X4(mod2)	X1＋X2＋X4(mod2)
全て正しい	1	0	0	0	0	1	0		0	1	1
X1のみ誤り	0	0	0	0	0	1	0		0	0	0
X2のみ誤り	1	1	0	0	0	1	0		1	1	0
X3のみ誤り	1	0	1	0	0	1	0		1	0	1
X4のみ誤り	1	0	0	1	0	1	0		1	0	0
X5のみ誤り	1	0	0	0	1	1	0		0	1	1
X6のみ誤り	1	0	0	0	0	0	0		0	1	1
X7のみ誤り	1	0	0	0	0	1	1	一致	0	1	1

よって、送信ビット列は「1000011」となる。

【過去問】

　R元 Ⅰ—2—5、R4 Ⅰ—2—4、R6 Ⅰ—2—4

【問題演習】

問題1　(R元 Ⅰ—2—5)

　次の記述の、[　]に入る値の組合せとして、最も適切なものはどれか。

　同じ長さの2つのビット列に対して、対応する位置のビットが異なっている箇所の数をそれらのハミング距離と呼ぶ。ビット列「0101011」と「0110000」のハミング距離は、表1のように考えると4であり、ビット列「1110001」と「0001110」のハミング距離は[　ア　]である。4ビットの情報ビット列「X1 X2 X3 X4」に対して、

80

「X5 X6 X7」をX5＝X2＋X3＋X4 mod 2、X6＝X1＋X3＋X4 mod 2、X7＝X1＋X2
＋X4 mod 2（mod 2は整数を2で割った余りを表す）と置き、これらを付加したビット列「X1 X2 X3 X4 X5 X6 X7」を考えると、任意の2つのビット列のハミング距離が3以上であることが知られている。このビット列「X1 X2 X3 X4 X5 X6 X7」を送信し通信を行ったときに、通信過程で高々1ビットしか通信の誤りが起こらないという仮定の下で、受信ビット列が「0100110」であったとき、表2のように考えると「1100110」が送信ビット列であることがわかる。同じ仮定の下で、受信ビット列が「1001010」であったとき、送信ビット列は[イ]であることがわかる。

（表1）　ハミング距離の計算

1つめのビット列	0	1	0	1	0	1	1
2つめのビット列	0	1	1	0	0	0	0
異なるビット位置と個数計算			1	2		3	4

（表2）　受信ビット列が「0100110」の場合

受信ビット列の正誤	送信ビット列							⇒	X1、X2、X3、X4に対応する付加ビット例		
	X1	X2	X3	X4	X5	X6	X7		X2＋X3＋X4 mod2	X1＋X3＋X4 mod2	X1＋X2＋X4 mod2
全て正しい	0	1	0	0	1	1	0		1	0	1
X1のみ誤り	1	1	0	0	同上			一致	1	1	0
X2のみ誤り	0	0	0	0	同上				0	0	0
X3のみ誤り	0	1	1	0	同上				0	1	1
X4のみ誤り	0	1	0	1	同上				0	1	0
X5のみ誤り	0	1	0	0	0	1	0		1	0	1
X6のみ誤り	同上				1	0	0		同上		
X7のみ誤り	同上				1	1	1		同上		

　　　　　ア　　　　イ
① 　5　　「1001010」
② 　5　　「0001010」
③ 　5　　「1101010」
④ 　7　　「1001010」
⑤ 　7　　「1011010」

問題2　（R6 Ⅰ—2—4）

　データをネットワークで伝送する場合には、ノイズ等の原因で一部のビットが反転する伝送誤りが発生する可能性がある。伝送誤りを検出するために、データの末尾に1ビットの符号を付加して伝送する方法を考える。付加するビットの値は、元

2章　基礎科目

のデータの中の値が「1」のビットの数が偶数であれば「0」、奇数であれば「1」とする。

例えば、元のデータが「1010100」という7ビットであるとき、値が「1」のビットは3個で奇数である。よって付加するビットは「1」であり、「10101001」という8ビットを伝送する。

この伝送誤りの検出に関する次の記述のうち、最も適切なものはどれか。

① データの中の1ビットが反転したことを検出するためには、元のデータは8ビット以下でなければならない。

② データの中の1ビットが反転したことを検出するためには、元のデータは2ビット以上でなければならない。

③ 8ビットのデータの中の1ビットが反転した場合には、どのビットが反転したかを特定できる。

④ データによっては付加するビットの値を決められないことがある。

⑤ データの中の2ビットが反転した場合には、伝送誤りを検出できない。

【解答】
問題1　⑤

1110001
0001110

2つのビット列は全ての桁で異なっている。ハミング距離は7となる。

下の表より、送信ビット列は「1011010」とわかる。

受信ビットの正誤	送信ビット								X1、X2、X3、X4に対応する付加ビット		
	X1	X2	X3	X4	X5	X6	X7	⇒	$X2+X3+X4 (\mathrm{mod}2)$	$X1+X3+X4 (\mathrm{mod}2)$	$X1+X2+X4 (\mathrm{mod}2)$
全て正しい	1	0	0	1	0	1	0		1	0	0
X1のみ誤り	0	0	0	1	0	1	0		1	1	1
X2のみ誤り	1	1	0	1	0	1	0		0	0	1
X3のみ誤り	1	0	1	1	0	1	0	一致	0	1	0
X4のみ誤り	1	0	0	0	0	1	0		0	1	1
X5のみ誤り	1	0	0	1	1	1	0		1	0	0
X6のみ誤り	1	0	0	1	0	0	0		1	0	0
X7のみ誤り	1	0	0	1	0	1	1		1	0	0

問題2　⑤

パリティビットの問題。出題では送信する8ビットに含まれるデータに1が含まれる数を偶数個にする偶数パリティ。受信者が1の数が偶数であればエラーがないと判断する。この方式だと、1ビットの誤りは検出できるが、複数ビットの誤りは

検出できない。また、どの位置のビットが誤っているかの判断はできない。付加するビットは一意に決められる。

2-9 決定表と状態遷移図　　　　　　　　　　優先度 ★★☆

その場で解ける問題が多い傾向にあります。過去に頻出でしたが、近年は出題されていません。令和7(2025)年度試験で出る可能性があります。

【ポイント】
■決定表の解読
　決定表
　　→動作条件と動作内容を一つの表にまとめたもので、単体や複数の条件に対して、どのような動作処理を行うかが一目で分かる。具体的な使い方は問題演習を参照
■状態遷移図の解読
　状態遷移図
　　→ある状態から次の状態に移る際の条件や確率などと移動先を示した図。将来のイベント発生状況などを割り出せる。

【過去問】
R3 Ⅰ—2—4

【問題演習】
問題1　（H28 Ⅰ—2—1）
ある日の天気が前日の天気によってのみ、図に示される確率で決まるものとする。このとき、次の記述のうち最も不適切なものはどれか。

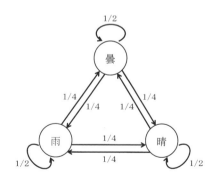

① ある日の天気が雨であれば、2日後の天気も雨である確率は3/8である
② ある日の天気が晴であれば、2日後の天気が雨である確率は5/16である
③ ある日の天気が曇であれば、2日後の天気も曇である確率は3/8である
④ ある日の天気が曇であれば、2日後の天気が晴である確率は3/16である
⑤ ある日の天気が雨であった場合、遠い将来の日の天気が雨である確率は1/3である

2章　基礎科目

問題2　(R3 Ⅰ—2—4)

西暦年号は次の(ア)若しくは(イ)のいずれかの条件を満たすときにうるう年として判定し、いずれにも当てはまらない場合はうるう年でないと判定する。

(ア)西暦年号が4で割り切れるが100で割り切れない。

(イ)西暦年号が400で割り切れる。

うるう年か否かの判定を表現している決定表として、最も適切なものはどれか。

なお、決定表の条件部での"Y"は条件が真、"N"は条件が偽であることを表し、"—"は条件の真偽に関係ない又は論理的に起こりえないことを表す。動作部での"X"は条件が全て満たされたときその行で指定した動作の実行を表し、"—"は動作を実行しないことを表す。

①

条件部				
西暦年号が4で割り切れる	N	Y	Y	Y
西暦年号が100で割り切れる	—	N	Y	Y
西暦年号が400で割り切れる	—	—	N	Y
動作部　うるう年と判定する	—	X	X	X
うるう年でないと判定する	X	—	—	—

②

条件部				
西暦年号が4で割り切れる	N	Y	Y	Y
西暦年号が100で割り切れる	—	N	Y	Y
西暦年号が400で割り切れる	—	—	N	Y
動作部　うるう年と判定する	—	X	—	X
うるう年でないと判定する	X	—	X	—

③

条件部				
西暦年号が4で割り切れる	N	Y	Y	Y
西暦年号が100で割り切れる	—	N	Y	Y
西暦年号が400で割り切れる	—	—	N	Y
動作部　うるう年と判定する	—	—	X	X
うるう年でないと判定する	X	X	—	—

④

条件部				
西暦年号が4で割り切れる	N	Y	Y	Y
西暦年号が100で割り切れる	—	N	Y	Y
西暦年号が400で割り切れる	—	—	N	Y
動作部　うるう年と判定する	—	X	—	—
うるう年でないと判定する	X	—	X	X

⑤

条件部				
西暦年号が4で割り切れる	N	Y	Y	Y
西暦年号が100で割り切れる	—	N	Y	Y

84

	西暦年号が400で割り切れる	—	—	N	Y
動作部	うるう年と判定する	—	—	—	X
	うるう年でないと判定する	X	X	X	—

【解答】

問題1　④

　状態遷移図を見ると、すべての天気において同じ天気への遷移は1/2、異なる2種類の天気への遷移はそれぞれ1/4で起こるという状態遷移の条件は同じである。この問題では、選択肢を読み、同様の条件で確率が違っているもので正誤を判断すれば済む。②と④の2日後の天気が異なる場合の確率の数字が違うので、ここを確かめればよい。なお⑤の遠い将来の確率は3つの天気の確率条件が等しいことから均等になるので1/3となる。

　②の場合で計算する。初日が晴で2日後が雨となるパターンは以下の3つ。

　　　晴→晴→雨→$1/2 \times 1/4 = 1/8$

　　　晴→曇→雨→$1/4 \times 1/4 \to 1/16$

　　　晴→雨→雨→$1/4 \times 1/2 \to 1/8$

　よって、$1/8 + 1/16 + 1/8 = 5/16$

　②の表記は正しいので④が間違いとなる

問題2　②

　（ア）の条件から西暦年号が4で割り切れる（1行目がY）と100で割り切れない（2行目がN）場合に、うるう年と判定するということで、①か②か④になる。西暦年号が400で割り切れる（3行目がY）場合にうるう年と判定するので、①か②となる。①のYNで示す部分の左から3つめの列の項目を見ると4で割り切れる（Y）、100で割り切れる（Y）、400で割り切れない（N）は（ア）の条件にも（イ）の条件にもあてはまらないがうるう年と判定しているので、不適。

2-10　計算アルゴリズム　　　　優先度 ★★★

　フローチャートに沿って値などを代入していけば、難しい問題ではありません。手順を追った作業が得意であれば、得点源にしましょう。

【ポイント】

■ユークリッド互除法

　原理

　　→自然数Aと自然数Bに対して、AをBで割った際の余りをRとすると、AとBの最大

公約数はBとRの最大公約数に等しい

【例題】

自然数A、Bに対して、AをBで割った商をQ、余りをRとすると、AとBの公約数がBとRの公約数でもあり、逆にBとRの公約数はAとBの公約数である。ユークリッドの互除法は、このことを余りが0になるまで繰り返すことによって、AとBの最大公約数を求める手法である。このアルゴリズムを次のような流れ図で表した。流れ図中の、(ア)～(ウ)に入る式又は記号の組合せとして、最も適切なものはどれか。(R5 Ⅰ─2─2)

	ア	イ	ウ
①	R＝0	R≠0	A
②	R≠0	R＝0	A
③	R＝0	R≠0	B
④	R≠0	R＝0	B
⑤	R≠0	R＝0	R

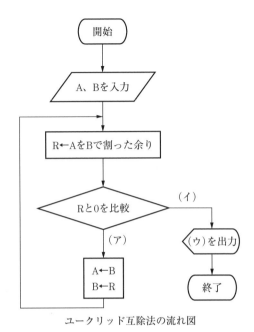

ユークリッド互除法の流れ図

【解答】

ユークリッドの互除法がよくわからない場合でも、具体的な数字を入れてみれば分かりやすくなる。例えば、A＝6、B＝4としてみると、R＝2(R≠0)。この時のAとBの最大公約数は2となっている。Rと0を比較した際に、R≠0の場合にフローチャートの下に流れる((ア)に進む)とすると、BをAに入れてAは4、RをBに入れてBは2になる。ここでA÷BをするとR＝0となる。今度は(イ)に進む(RをBに入れると0の割り算になり、成立しない)。最初のAとBの公約数は2だったが、この時点ではBが2という最大公約数になっている。よって、④が正解となる。

【過去問】

R元再 Ⅰ─2─2、R2 Ⅰ─2─5、R4 Ⅰ─2─5、R5 Ⅰ─2─2、R6 Ⅰ─2─5

【問題演習】

問題1 (R4 Ⅰ—2—5)

次の記述の、[　]に入る値の組合せとして、適切なものはどれか。

nを0又は正の整数、$a_i \in \{0, 1\}$ ($i = 0, 1, ..., n$) とする。図は2進数 $(a_n a_{n-1}...a_1 a_0)_2$ を10進数sに変換するアルゴリズムの流れ図である。

このアルゴリズムを用いて2進数 $(1011)_2$ を10進数に変換すると、sには初めに1が代入され、その後、順に2、5と更新され、最後に11となり終了する。このようにsが更新される過程を

$1 \to 2 \to 5 \to 11$

と表す。同様に、2進数 $(11001011)_2$ を10進数に変換すると、sは次のように更新される。

$1 \to 3 \to 6 \to [ア] \to [イ] \to [ウ] \to [エ] \to 203$

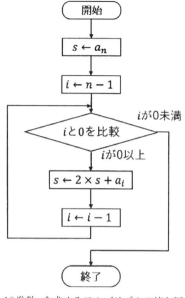

10進数sを求めるアルゴリズムの流れ図

	ア	イ	ウ	エ
①	12	25	51	102
②	13	26	50	102
③	13	26	52	101
④	13	25	50	101
⑤	12	25	50	101

問題2 (R6 Ⅰ—2—5)

拡張ユークリッド互除法の計算アルゴリズムについて説明した次の記述の[　]に入る値の組合せとして、最も適切なものはどれか。

自然数a、bに対して、その最大公約数を記号 $\gcd(a, b)$ で表す。ここでは、ユークリッド互除法と行列の計算によって、$ax + by = \gcd(a, b)$ を満たす整数x、yを計算するアルゴリズムをa = 104、b = 65 の例を使って説明する。まず、ユークリッド互除法で割り算を繰り返し、次の式を得る。

$104 \div 65 = 1$　余り39　(1)

$65 \div 39 = 1$　余り26　(2)

$39 \div 26 = 1$　余り13　(3)

2章　基礎科目

$$26 \div 13 = 2 \quad 余り0$$

したがって、$\gcd(104, 65) = \boxed{ア}$ である。

式(1)は行列を使って　$\begin{pmatrix} 65 \\ 39 \end{pmatrix} = \begin{pmatrix} 0 & 1 \\ 1 & -1 \end{pmatrix} \begin{pmatrix} 104 \\ 65 \end{pmatrix}$

式(2)は行列を使って　$\begin{pmatrix} 39 \\ 26 \end{pmatrix} = \begin{pmatrix} 0 & 1 \\ 1 & -1 \end{pmatrix} \begin{pmatrix} 65 \\ 39 \end{pmatrix}$

式(3)は行列を使って　$\begin{pmatrix} 26 \\ 13 \end{pmatrix} = \begin{pmatrix} 0 & 1 \\ 1 & -1 \end{pmatrix} \begin{pmatrix} 39 \\ 26 \end{pmatrix}$　と書けるので、

これらの式をまとめて $\begin{pmatrix} 0 & 1 \\ 1 & -1 \end{pmatrix}^3 = \begin{pmatrix} -1 & 2 \\ \boxed{イ} & \boxed{ウ} \end{pmatrix}$ であることに注意すれば、

$104 \times \boxed{イ} + 65 \times \boxed{ウ} = \boxed{ア}$　となって、$\gcd(a, b)$ が得られる。

	ア	イ	ウ
①	5	2	-3
②	5	-3	5
③	8	3	-3
④	13	2	-3
⑤	13	-3	5

【解答】

問題1　⑤

フローチャートに沿って数字を入れていく。

今、$(a_7 a_6 ... a_1 a_0) = (11001011)_2$

$n = 7$、$s = 1$、$i = 7 - 1 = 6$

→　次のsは$2 \times 1 + a_6 = 2 + 1 = 3$　→　$i = 6 - 1 = 5$

→　次のsは$2 \times 3 + a_5 = 6 + 0 = 6$　→　$i = 5 - 1 = 4$

→　次の$s = 2 \times 6 + a_4 = 12 + 0 = 12$　→　$i = 4 - 1 = 3$

→　次の$s = 2 \times 12 + a_3 = 24 + 1 = 25$　→　$i = 3 - 1 = 2$

→　次の$s = 2 \times 25 + a_2 = 50 + 0 = 50$　→　$i = 2 - 1 = 1$

→　次の$s = 2 \times 50 + a_1 = 100 + 1 = 101$　→　$i = 1 - 1 = 0$

→　次の$s = 2 \times 101 + a_0 = 202 + 1 = 203$　→　$i = 0 - 1 = -1 < 0$　なので終了

よって、アが12、イが25、ウが50、エが101となる。

問題2　④

シンプルに計算すれば求められる。

104と65の最大公約数は13($104 = 13 \times 2^3$、$65 = 13 \times 5$)である。ここで以下の行列計算を行う。

$$\begin{pmatrix} 0 & 1 \\ 1 & -1 \end{pmatrix} \begin{pmatrix} 0 & 1 \\ 1 & -1 \end{pmatrix} \begin{pmatrix} 0 & 1 \\ 1 & -1 \end{pmatrix} = \begin{pmatrix} 1 & -1 \\ -1 & 2 \end{pmatrix} \begin{pmatrix} 0 & 1 \\ 1 & -1 \end{pmatrix} = \begin{pmatrix} -1 & 2 \\ 2 & -3 \end{pmatrix}$$

なお、ユークリッド互除法から最大公約数を求めると、以下のようになる。

$104 \div 65 = 1 \cdots 39$

$65 \div 39 = 1 \cdots 26$

$39 \div 26 = 1 \cdots 13$

$26 \div 13 = 2 \cdots 0$

よって、26と13の最大公約数は13

↓

39と26の最大公約数は13

↓

65と39の最大公約数は13

↓

104と65の最大公約数は13

2章　基礎科目

解析

3-1　数値解析

優先度 ★★★

　解析分野の出題のうち、数値解析は取り組みやすい分野です。知識が乏しくても、選択肢の文章をよく読めば、選ぶべき選択肢が見えてきます。

【ポイント】

■数値解析の用語

桁落ち

　→絶対値が近い2数の加減算において、有効数字が失われる誤差が発生すること

情報落ち

　→絶対値が極端に離れる2数の加減算において、小さな数字の情報が失われること

有限要素法

　→物質や構造体を細かな要素に分け、それらの要素で数値解析した結果を基に全体の挙動を分析する手法

　→要素分割を細かくすると一般に分析結果の近似誤差は小さくなる。高次要素を用いたり、ゆがんだ要素を作らないように要素分割したり、解の変化が大きい領域の要素を細かく分割したりすれば、精度を高められる

収束判定

　→Newton法などの反復計算を行う場合に、反復計算をやめる際の判定。収束判定条件を厳しくすれば、精度は高まる。ただし、反復回数が多いと効率は悪化する

【過去問】

R元再 I—3—3、R2 I—3—3、R3 I—3—3、R4 I—3—3、R5 I—3—3

【問題演習】

問題 1　（R5 I—3—3）

数値解析に関する次の記述のうち、最も不適切なものはどれか。

① 複数の式が数学的に等価である場合は、どの式を用いて計算しても結果は等しくなる。

② 絶対値が近い2数の加減算では有効桁数が失われる桁落ち誤差を生じることがある。

③ 絶対値の極端に離れる2数の加減算では情報が失われる情報落ちが生じるこ

90

とがある。
④ 連立方程式の解は、係数行列の逆行列を必ずしも計算しなくても求めることができる。
⑤ 有限要素法において要素分割を細かくすると一般的に近似誤差は小さくなる。

問題2 (R3 Ⅰ—3—3)

線形弾性体の2次元有限要素解析に利用される(ア)〜(ウ)の要素のうち、要素内でひずみが一定であるものはどれか。

① (ア)
② (イ)
③ (ウ)
④ (ア)と(イ)
⑤ (ア)と(ウ)

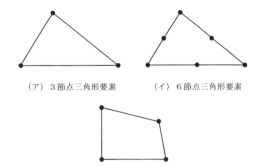

(ア) 3節点三角形要素　　(イ) 6節点三角形要素

(ウ) 4節点アイソパラメトリック四辺形要素

2次元解析に利用される有限要素

問題3 (R4 Ⅰ—3—3)

数値解析の精度を向上する方法として次のうち、最も不適切なものはどれか。
① 丸め誤差を小さくするために、計算機の浮動小数点演算を単精度から倍精度に変更した。
② 有限要素解析において、高次要素を用いて要素分割を行った。
③ 有限要素解析において、できるだけゆがんだ要素ができないように要素分割を行った。
④ Newton法などの反復計算において、反復回数が多いので収束判定条件を緩和した。
⑤ 有限要素解析において、解の変化が大きい領域の要素分割を細かくした。

【解答】

問題1　①

数値解析は有効桁の範囲内で計算するので、式が等価でも近似過程で結果が異なるケースが生じうる。

問題2　①

三角形の辺の中点に節点を加えて二次要素で表現したり、四角形を要素としたりした場合、要素内ひずみは一定にならない。

問題3 ④

数値解析で誤差を小さくする際には、演算精度を高めるような取り組みが効く。高次での解析、細かな要素分割、格子幅の短縮といった作業だ。

3-2 ニュートン・ラフソン法   優先度 ★☆☆

数値解析法の1つです。非線形方程式について、真の解の近似解を求める数値計算法です。苦手な人は飛ばしても大丈夫です。

【ポイント】

■ニュートン・ラフソン法

求め方
→関数$f(x)=0$となる解を求めるケースで用いる。

図で、x_kにおける接線を引くと、x_{k+1}は真の解x_nに近づく。これを繰り返していくと、次第に真の解に近い解が求められる

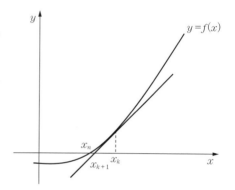

$x=x_k$と$y=f(x_k)$を通る傾き$f'(x_k)$の直線は以下のようになる。

$$y=f'(x_k)(x-x_k)+f(x_k)$$

ここで、$x=x_{k+1}$のとき、$y=0$なので

$$x_{k+1}-x_k=-\frac{f(x_k)}{f'(x_k)}$$

$$x_{k+1}=x_k-\frac{f(x_k)}{f'(x_k)}$$

$-\frac{f(x_k)}{f'(x_k)}=\Delta x$とした際に、$\|\Delta x\|<\varepsilon$となるまで$x$を計算して求める

【過去問】

R6 I—3—3

【問題演習】

問題1 （R6 Ⅰ—3—3）

図はニュートン・ラフソン法(ニュートン法)を用いて非線形方程式$f(x)=0$の近似解を得るためのフローチャートを示している。図中の(ア)及び(イ)に入れる処理の組合せとして、最も適切なものはどれか。

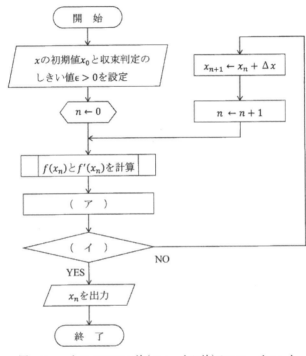

図　ニュートン-ラフソン法(ニュートン法)のフローチャート

	ア	イ
①	$\Delta x \leftarrow -f(x_n) \cdot f'(x_n)$	$|\Delta x| < \epsilon$
②	$\Delta x \leftarrow -f'(x_n)/f(x_n)$	$|\Delta x| > \epsilon$
③	$\Delta x \leftarrow -f'(x_n)/f(x_n)$	$|\Delta x| < \epsilon$
④	$\Delta x \leftarrow -f(x_n)/f'(x_n)$	$|\Delta x| > \epsilon$
⑤	$\Delta x \leftarrow -f(x_n)/f'(x_n)$	$|\Delta x| < \epsilon$

【解答】

問題1　⑤

　ニュートン・ラフソンの考え方や導関数の求め方を理解していれば、難しくない。

2章　基礎科目

3-3　ベクトル解析（div、rot、grad）

優先度 ★★★

　問題では式が示されているケースが多いので、微分ができれば計算問題として解けます。確実に得点できる領域なので、得点源にしましょう。

【ポイント】

■ div、rot、grad

　div（発散、ダイバージェンス）

　　→ベクトル関数に対するスカラー量として定義。下式のfはベクトル関数

$$divf = \frac{\partial f_x}{\partial x} + \frac{\partial f_y}{\partial y} + \frac{\partial f_z}{\partial z}$$

　rot（回転、ローテーション）

　　→ベクトル関数に対する回転の状況を定義する。下式のfはベクトル関数

$$rotf = \left(\frac{\partial f_z}{\partial y} - \frac{\partial f_y}{\partial z}, \frac{\partial f_x}{\partial z} - \frac{\partial f_z}{\partial x}, \frac{\partial f_y}{\partial x} - \frac{\partial f_x}{\partial y} \right)$$

　grad（勾配、グラディエント）

　　→関数の傾きを示すもので、スカラー関数に対するベクトル関数として定義する。下式のfはスカラー関数

$$gradf = \left(\frac{\partial f}{\partial x}, \frac{\partial f}{\partial y}, \frac{\partial f}{\partial z} \right)$$

【過去問】

　R元 I—3—1、R2 I—3—1、R2 I—3—2、R3 I—3—1

【問題演習】

問題1 （R3 I—3—1）

　3次元直交座標系(x, y, z)におけるベクトル$V = (V_x, V_y, V_z) = (y+z, x^2+y^2+z^2, z+2y)$の点$(2, 3, 1)$での回転

$$\mathbf{rot}\ V = \left(\frac{\partial V_z}{\partial y} - \frac{\partial V_y}{\partial z} \right)\boldsymbol{i} + \left(\frac{\partial V_x}{\partial z} - \frac{\partial V_z}{\partial x} \right)\boldsymbol{j} + \left(\frac{\partial V_y}{\partial x} - \frac{\partial V_x}{\partial y} \right)\boldsymbol{k}$$

として、最も適切なものはどれか。ただし、$\boldsymbol{i}$、$\boldsymbol{j}$、$\boldsymbol{k}$はそれぞれx、y、z軸方向の単位ベクトルである。

　①　7　　②　$(0, 6, 1)$　　③　4　　④　$(0, 1, 3)$　　⑤　$(4, 14, 7)$

94

問題 2 （R2 Ⅰ—3—1）

3次元直交座標系 (x, y, z) におけるベクトル $V = (V_x, V_y, V_z) = (x, x^2y + yz^2, z^3)$ の点 $(1, 3, 2)$ での発散

$$\text{div} \, \boldsymbol{V} = \frac{\partial V_x}{\partial x} + \frac{\partial V_y}{\partial y} + \frac{\partial V_z}{\partial z}$$

として、最も適切なものはどれか。

① $(-12, 0, 6)$　② 18　③ 24　④ $(1, 15, 8)$　⑤ $(1, 5, 12)$

問題 3 （R2 Ⅰ—3—2）

関数 $f(x, y) = x^2 + 2xy + 3y^2$ の $(1, 1)$ における最急勾配の大きさ $\| \text{grad} f \|$ として、最も適切なものはどれか。なお、勾配 $\text{grad} f$ は $\text{grad} f = (\partial f/\partial x, \partial f/\partial y)$ である。

① 6　② $(4, 8)$　③ 12　④ $4\sqrt{5}$　⑤ $\sqrt{2}$

【解答】

問題 1　④

$\boldsymbol{i}$ 成分、$\boldsymbol{j}$ 成分、$\boldsymbol{k}$ 成分についてそれぞれ計算すると以下のようになる。

$$\boldsymbol{i} : \frac{\partial V_z}{\partial y} - \frac{\partial V_y}{\partial z} = 2 - 2z \quad \boldsymbol{j} : \frac{\partial V_x}{\partial z} - \frac{\partial V_z}{\partial x} = 1 - 0 = 1 \quad \boldsymbol{k} : \frac{\partial V_y}{\partial x} - \frac{\partial V_x}{\partial y} = 2x - 1$$

$(x, y, z) = (2, 3, 1)$ なので、$\boldsymbol{i}$ 成分、$\boldsymbol{j}$ 成分、$\boldsymbol{k}$ 成分はそれぞれ 0、1、3

問題 2　②

$$\text{div} V = \frac{\partial V_x}{\partial x} + \frac{\partial V_y}{\partial y} + \frac{\partial V_z}{\partial z} = 1 + (x^2 + z^2) + 3z^2$$

ここで、$(x, y, z) = (1, 3, 2)$ なので、以下のようになる。

$\text{div} V = 1 + 1 + 4 + 12 = 18$

問題 3　④

$$\text{grad} f = \left(\frac{\partial f}{\partial x}, \frac{\partial f}{\partial y} \right) = (2x + 2y, 2x + 6y)$$

ここで、$(x, y) = (1, 1)$ なので、

$\text{grad} f = (4, 8)$

求めるのはこのベクトルの大きさなので、以下のようになる。

$\| \text{grad} f \| = \sqrt{4^2 + 8^2} = \sqrt{80} = 4\sqrt{5}$

3-4　ヤコビ行列

優先度　★☆☆

　覚えてしまえば難しい問題ではありませんが、他の領域で得点できそうであれば、無理に取り組まなくてもよい分野です。

2章　基礎科目

【ポイント】

■ ヤコビ行列

座標(x, y)と変数(α, β)の間には、$x = x(\alpha, \beta)$、$y = y(\alpha, \beta)$の関係があるとする。このとき、$f(x, y)$のx、yによる偏微分とα、βによる偏微分は、次の式で表現できる。

$$\begin{vmatrix} \dfrac{\partial f}{\partial \alpha} \\ \dfrac{\partial f}{\partial \beta} \end{vmatrix} = J \begin{vmatrix} \dfrac{\partial f}{\partial x} \\ \dfrac{\partial f}{\partial y} \end{vmatrix} = \begin{vmatrix} \dfrac{\partial x}{\partial \alpha} & \dfrac{\partial y}{\partial \alpha} \\ \dfrac{\partial x}{\partial \beta} & \dfrac{\partial y}{\partial \beta} \end{vmatrix} \begin{vmatrix} \dfrac{\partial f}{\partial x} \\ \dfrac{\partial f}{\partial y} \end{vmatrix}$$

このとき、$J = \begin{vmatrix} \dfrac{\partial x}{\partial \alpha} & \dfrac{\partial y}{\partial \alpha} \\ \dfrac{\partial x}{\partial \beta} & \dfrac{\partial y}{\partial \beta} \end{vmatrix}$ をヤコビ行列と呼ぶ。この行列の行列式$|J|$をヤコビアンと呼ぶ。

$$|J| = \frac{\partial x}{\partial \alpha} \frac{\partial y}{\partial \beta} - \frac{\partial y}{\partial \alpha} \frac{\partial x}{\partial \beta}$$

【過去問】

R6 I—3—1

【問題演習】

問題1　（R6 I—3—1）

変数f、gと変数x、yの間には、

$f = f(x, y)$、$g = g(x, y)$

の関係があるとする。このとき、関数$u(f, g)$のf、gによる偏微分とx、yによる偏微分は次式によって関連付けられる。

$$\begin{bmatrix} \dfrac{\partial u}{\partial x} \\ \dfrac{\partial u}{\partial y} \end{bmatrix} = [J] \begin{bmatrix} \dfrac{\partial u}{\partial f} \\ \dfrac{\partial u}{\partial g} \end{bmatrix}$$

ここで$[J]$はヤコビ行列と呼ばれ、ここでは2×2の行列となる。$[J]$として、最も適切なものはどれか。

① $\begin{bmatrix} \dfrac{\partial x}{\partial f} & \dfrac{\partial y}{\partial f} \\ \dfrac{\partial x}{\partial g} & \dfrac{\partial y}{\partial g} \end{bmatrix}$　② $\begin{bmatrix} \dfrac{\partial f}{\partial x} & \dfrac{\partial f}{\partial y} \\ \dfrac{\partial g}{\partial x} & \dfrac{\partial g}{\partial y} \end{bmatrix}$　③ $\begin{bmatrix} \dfrac{\partial u}{\partial f} & \dfrac{\partial u}{\partial g} \\ \dfrac{\partial u}{\partial x} & \dfrac{\partial u}{\partial y} \end{bmatrix}$

$$
④\begin{bmatrix} \dfrac{\partial f}{\partial x} & \dfrac{\partial g}{\partial x} \\ \dfrac{\partial f}{\partial y} & \dfrac{\partial g}{\partial y} \end{bmatrix} \qquad ⑤\begin{bmatrix} \dfrac{\partial x}{\partial f} & \dfrac{\partial x}{\partial g} \\ \dfrac{\partial y}{\partial f} & \dfrac{\partial y}{\partial g} \end{bmatrix}
$$

【解答】

問題1 　④

3-5　ベクトルの内積と外積　　　　　　　優先度　★☆☆

　ベクトルの内積と外積は求め方を知らなければ解けませんが、公式を覚えておけば点取り問題にできます。苦手な人は深追いしなくてもよい領域です。

【ポイント】

■ベクトルの内積

　ベクトル$\mathbf{v}$とベクトル$\mathbf{u}$の内積は、2つのベクトルが成す角をθとしたとき、下記のようにスカラー量で表現できる

$\boldsymbol{u}\cdot\boldsymbol{v}=|\boldsymbol{u}||\boldsymbol{v}|\cos\theta$

$u=(u_x,\ u_y,\ u_z)\quad v=(v_x,\ v_y,\ v_z)\quad$のとき、

$\boldsymbol{u}\cdot\boldsymbol{v}=u_x\cdot v_x+u_y\cdot v_y+u_z\cdot v_z$

$\boldsymbol{u}\cdot\boldsymbol{v}=\boldsymbol{v}\cdot\boldsymbol{u}\quad$交換法則は成立する

$(\boldsymbol{u}+\boldsymbol{v})\cdot\boldsymbol{w}=\boldsymbol{u}\cdot\boldsymbol{w}+\boldsymbol{v}\cdot\boldsymbol{w}\quad$分配法則も成立する

■ベクトルの外積

　ベクトル$\mathbf{v}$とベクトル$\mathbf{u}$の外積はベクトルとなり、その大きさは、2つのベクトルが成す角をθとしたとき、下記のように表現できる

$|\boldsymbol{u}\times\boldsymbol{v}|=|\boldsymbol{u}||\boldsymbol{v}|\sin\theta$

$u=(u_x,\ u_y,\ u_z)\quad v=(v_x,\ v_y,\ v_z)\quad$のとき、

$\boldsymbol{u}\times\boldsymbol{v}=(u_yv_z-u_zv_y,\ u_zv_x-u_xv_z,\ u_xv_y-u_yv_x)$

外積は分配法則は成立するが、交換法則や結合法則は成立しない。

$\boldsymbol{u}\times\boldsymbol{v}=-(\boldsymbol{v}\times\boldsymbol{u})\neq\boldsymbol{v}\times\boldsymbol{u}\quad$交換法則は成立しない

$(\boldsymbol{u}+\boldsymbol{v})\times\boldsymbol{w}=\boldsymbol{u}\times\boldsymbol{w}+\boldsymbol{v}\times\boldsymbol{w}\quad$分配法則は成立する

$(\boldsymbol{u}\times\boldsymbol{v})\times\boldsymbol{w}\neq\boldsymbol{u}\times(\boldsymbol{v}\times\boldsymbol{w})\quad$結合法則は成立しない

【過去問】

　R4 I—3—2、R6 I—3—2

2章　基礎科目

【問題演習】

問題1 （R4 Ⅰ—3—2）

3次元直交座標系における任意のベクトルa＝(a₁, a₂, a₃)とb＝(b₁, b₂, b₃)に対して必ずしも成立しない式はどれか。ただしa・b及びa×bはそれぞれベクトルaとbの内積及び外積を表す。

① $(a \times b) \cdot a = 0$ ② $a \times b = b \times a$ ③ $a \cdot b = b \cdot a$

④ $b \cdot (a \times b) = 0$ ⑤ $a \times a = 0$

【解答】

問題1 ②

外積では交換法則は成立しない。時間が許せば成分を基に①～⑤まですべて計算し、力業で求めても解ける

3-6　積分　　　　　　　　　　　　　　　　　優先度　★★☆

積分の問題は比較的解きやすい問題が多くなっています。高校や大学などで積分を学習していない人は飛ばして構いません。

【ポイント】

■不定積分の公式

以下の式は積分のなかでも基本となる式なので覚えておく

$$\int x^a dx = \frac{x^{a+1}}{a+1} + C \quad (a \neq -1)$$

■定積分

区間を決めて行う積分が定積分である。以下のように計算する。

$F'(x) = f(x)$　のとき

$$\int_a^b f(x) dx = [F(x)]_a^b = F(b) - F(a)$$

■重積分

2つの変数に対して積分を行う(問題演習を参照)

$$\iint_R f(x, y) dx dy$$

【過去問】

R元再 Ⅰ—3—4、R3 Ⅰ—3—2、R5 Ⅰ—3—2

98

【問題演習】

問題1 （H30 Ⅰ—3—1）

一次関数 $f(x) = ax + b$ について定積分 $\int_{-1}^{1} f(x)\,dx$ の計算式として、最も不適切なものはどれか。

① $\dfrac{1}{4}f(-1) + f(0) + \dfrac{1}{4}f(1)$　　② $\dfrac{1}{2}f(-1) + f(0) + \dfrac{1}{2}f(1)$

③ $\dfrac{1}{3}f(-1) + \dfrac{4}{3}f(0) + \dfrac{1}{3}f(1)$　　④ $f(-1) + f(1)$　　⑤ $2f(0)$

問題2 （R5 Ⅰ—3—2）

重積分 $\iint_{R} x\,dx\,dy$ の値は、次のどれか。ただし、領域 R を $0 \leq x \leq 1$、$0 \leq y \leq \sqrt{1 - x^2}$ とする。

① $\pi/3$　　② $1/3$　　③ $\pi/2$　　④ $\pi/4$　　⑤ $1/4$

【解答】

問題1　①

$$\int_{-1}^{1} f(x)\,dx = \left[\frac{a}{2}x^2 + bx\right]_{-1}^{1} = \frac{a}{2} + b - \left(\frac{a}{2} - b\right) = 2b$$

①〜⑤に数値を代入して計算すると以下のようになる。

①は　$-\dfrac{a}{4} + \dfrac{b}{4} + 0 + b + \dfrac{a}{4} + \dfrac{b}{4} = \dfrac{3}{2}b$

②は　$-\dfrac{a}{2} + \dfrac{b}{2} + 0 + b + \dfrac{a}{2} + \dfrac{b}{2} = 2b$

③は　$-\dfrac{a}{3} + \dfrac{b}{3} + 0 + \dfrac{4}{3}b + \dfrac{a}{3} + \dfrac{b}{3} = 2b$

④は　$-a + b + a + b = 2b$

⑤は　$2b$

よって、①が不適切。

問題2　②

示された領域は y の領域に置き換えると、$0 \leq y \leq 1$、$0 \leq x \leq \sqrt{1 - y^2}$ と表現できる（原点中心の半径1の円のうち、第1象限部分）

$$\iint_{R} x\,dx\,dy = \int_{0}^{1}\left(\int_{0}^{\sqrt{1-y^2}} x\,dx\right)dy = \int_{0}^{1}\left\{\left[\frac{1}{2}x^2\right]_{0}^{\sqrt{1-y^2}}\right\}dy = \frac{1}{2}\int_{0}^{1}(1 - y^2)\,dy$$

2章　基礎科目

$$= \frac{1}{2}\left[y - \frac{1}{3}y^3\right]_0^1 = \frac{1}{3}$$

3-7　微分と導関数　　　　　　　　　　　　　優先度　★★☆

　導関数の差分表現を扱った問題も比較的出題頻度が高い領域です。高校数学レベルの問題なので、抵抗感がなければ取り組んでおくとよいでしょう。

【ポイント】

■ 導関数の差分表現

　導関数 $f'(x) = \dfrac{\partial f}{\partial x}$ は以下のように表される。

$$f'(x) = \lim_{h \to 0} \frac{f(x+h) - f(x)}{h}$$

　なお、導関数の差分表現としては $f'(x) = \dfrac{f_i - f_{i-1}}{\Delta}$、$f'(x) = \dfrac{f_{i+1} - f_i}{\Delta}$ もある

　2回微分した場合の導関数 $f''(x) = \dfrac{\partial^2 f}{\partial x^2}$ は以下のように求められる。

$$f''(x) = \lim_{h \to 0} \frac{f'(x+h) - f'(x)}{h} = \lim_{h \to 0} \frac{\dfrac{f(x+2h) - f(x+h)}{h} - \dfrac{f(x+h) - f(x)}{h}}{h}$$

$$= \lim_{h \to 0} \frac{f(x+2h) - 2f(x+h) + f(x)}{h^2}$$

　2回微分 $f''(x)$ の差分近似は $\dfrac{f_{i+1} - 2f_i + f_{i-1}}{\Delta^2}$ と表現できる。

【過去問】

　R4 Ⅰ—3—1

【問題演習】

■ 問題1 （R4 Ⅰ—3—1）

　$x = x_i$ における導関数 $\dfrac{df}{dx}$ の差分表現として、誤っているものはどれか。ただし、添え字 i は格子点を表すインデックス、格子幅を Δ とする。

① $\dfrac{f_{i+1} - f_i}{\Delta}$　　　② $\dfrac{3f_i - 4f_{i-1} + f_{i-2}}{2\Delta}$　　　③ $\dfrac{f_{i+1} - f_{i-1}}{2\Delta}$

100

④ $\dfrac{f_{i+1}-2f_i+f_{i-1}}{\Delta^2}$ ⑤ $\dfrac{f_i-f_{i-1}}{\Delta}$

【解答】

問題1 ④

①と⑤は導関数の差分表現なので正しい。

②は $\dfrac{3f_i-4f_{i-1}+f_{i-2}}{2\Delta}=\dfrac{3(f_i-f_{i-1})-(f_{i-1}-f_{i-2})}{2\Delta}=\dfrac{3f'(x)-f'(x)}{2}=f'(x)$

③は $\dfrac{(f_{i+1}-f_i)+(f_i-f_{i-1})}{2\Delta}=\dfrac{f'(x)+f'(x)}{2}=f'(x)$

④は $\dfrac{(f_{i+1}-f_i)-(f_i-f_{i-1})}{\Delta^2}=\dfrac{f'(x)-f'(x)}{\Delta}=0$

よって、④が誤っている。

3-8 行列

優先度 ★★☆

行列計算も時々出ます。力業で行列計算を行えば解ける問題です。行列計算はⅠ−2の
情報・論理でも活用できる場合があるので、目を通しておくことを勧めます。

【ポイント】

■ 行列の積

2×2の行列同士の積

　→以下のように計算する

$$A=\begin{pmatrix} a11 & a12 \\ a21 & a22 \end{pmatrix} \quad B=\begin{pmatrix} b11 & b12 \\ b21 & b22 \end{pmatrix}$$

$$A\cdot B=\begin{pmatrix} a11b11+a12b21 & a11b12+a12b22 \\ a21b11+a22b21 & a21b12+a22b22 \end{pmatrix}$$

逆行列

　→ある行列Aと行列Bの積が単位行列E(i行i列が1で他が0の正方行列)になるとき、

　　行列BをAの逆行列と呼び、B＝A^{-1}と表記する

3×3の行列同士の積

→3×3の行列Aと行列Bを下記とする

行列A

行列B

$$\begin{bmatrix} a11 & a12 & a13 \\ a21 & a22 & a23 \\ a31 & a32 & a33 \end{bmatrix} \quad \begin{bmatrix} b11 & b12 & b13 \\ b21 & b22 & b23 \\ b31 & b32 & b33 \end{bmatrix}$$

2章　基礎科目

このとき、行列Aと行列Bの積は以下のようになる

$$\begin{bmatrix} a11 \times b11 + a12 \times b21 + a13 \times b31 & a11 \times b12 + a12 \times b22 + a13 \times b32 & a11 \times b13 + a12 \times b23 + a13 \times b33 \\ a21 \times b11 + a22 \times b21 + a23 \times b31 & a21 \times b12 + a22 \times b22 + a23 \times b32 & a21 \times b13 + a22 \times b23 + a23 \times b33 \\ a31 \times b11 + a32 \times b21 + a33 \times b31 & a31 \times b12 + a32 \times b22 + a33 \times b32 & a31 \times b13 + a32 \times b23 + a33 \times b33 \end{bmatrix}$$

これが、単位行列Eとなれば、BはAの逆行列である

$$E = \begin{bmatrix} 1 & 0 & 0 \\ 0 & 1 & 0 \\ 0 & 0 & 1 \end{bmatrix}$$

【過去問】

R5 I—3—1

【問題演習】

問題 1 （R5 I—3—1）

行列 $\mathbf{A} = \begin{pmatrix} 1 & 0 & 0 \\ a & 1 & 0 \\ b & c & 1 \end{pmatrix}$ の逆行列として、適切なものはどれか。

① $\begin{pmatrix} 1 & 0 & 0 \\ -a & 1 & 0 \\ ac+b & -c & 1 \end{pmatrix}$ 　② $\begin{pmatrix} 1 & 0 & 0 \\ a & 1 & 0 \\ ac-b & c & 1 \end{pmatrix}$ 　③ $\begin{pmatrix} 1 & c & b \\ 0 & 1 & a \\ 0 & 0 & 1 \end{pmatrix}$

④ $\begin{pmatrix} 1 & 0 & 0 \\ -a & 1 & 0 \\ ac-b & -c & 1 \end{pmatrix}$ 　⑤ $\begin{pmatrix} 1 & 0 & 0 \\ a & 1 & 0 \\ ac+b & c & 1 \end{pmatrix}$

【解答】

問題 1 　④

シンプルに行列計算して確かめればよい。

3-9　応力計算

優先度　★★☆

ヤング率やひずみ、伸びの計算問題は出題頻度が高い分野です。建設分野であれば、構造力学が得意な人も多いでしょう。

【ポイント】

■応力の計算

棒の軸方向に力が加わった際の応力 σ について、以下の計算式を覚えておく。

$$\sigma = \frac{P}{S} = E\frac{\Delta L}{L} = E\varepsilon$$

P：棒に加わる力　S：断面積　E：ヤング率（縦弾性係数）
L：棒の長さ　ΔL：棒の伸び　ε：歪み

上記の応力が作用する際に棒全体に蓄えられるエネルギーは以下の式から求められる。

$$U = \frac{1}{2}P\Delta L$$

■ 線膨張率と伸びの関係

線膨張率 α、温度上昇 T のときの長さ L の棒の伸び ΔL は下記で表現できる

$$\Delta L = \alpha \times L \times T$$

【過去問】

R元 I—3—5、R3 I—3—4、R5 I—3—4

【問題演習】

問題1　（R5 I—3—4）

長さ2.4[m]、断面積1.2×10^2[mm^2]の線形弾性体からなる棒の上端を固定し、下端を2.0[kN]の力で軸方向下向きに引っ張ったとき、この棒に生じる伸びの値はどれか。ただし、この線形弾性体のヤング率は2.0×10^2[GPa]とする。なお、自重による影響は考慮しないものとする。

① 0.010[mm]　② 0.020[mm]　③ 0.050[mm]
④ 0.10[mm]　⑤ 0.20[mm]

問題2　（R3 I—3—4）

図に示すように断面積0.1m^2、長さ2.0mの線形弾性体の棒の両端が固定壁に固定されている。この線形弾性体の縦弾性係数を2.0×10^3MPa、線膨張率を1.0×10^{-4}K^{-1}とする。最初に棒の温度は一様に10℃で棒の応力はゼロであっ

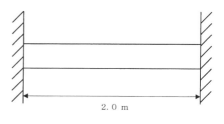

た。その後、棒の温度が一様に30℃となったときに棒に生じる応力として、最も適切なものはどれか。

① 2.0MPaの引張応力　② 4.0MPaの引張応力　③ 4.0MPaの圧縮応力
④ 8.0MPaの引張応力　⑤ 8.0MPaの圧縮応力

【解答】
問題1　⑤

$$\sigma = \frac{P}{S} = E\frac{\Delta L}{L} \text{なので} \Delta L = \frac{PL}{ES}$$

よって、伸びの値は、

$$\frac{2.0 \times 10^3 \text{N} \times 2.4\text{m}}{2.0 \times 10^{11} \text{N/m}^2 \times 1.2 \times 10^2 \times 10^{-6} \text{m}^2} = 2 \times 10^{-4}(\text{m}) = 0.2(\text{mm})$$

問題2　③

棒の伸びは次式で求められる。

$$\Delta L = 1.0 \times 10^{-4} \text{K}^{-1} \times 2.0\text{m} \times (30-10)\text{℃} = 4 \times 10^{-3}\text{m}$$

棒に生じる応力 σ は　　$\sigma = E \times \dfrac{\Delta L}{L} = 2.0 \times 10^3 \text{MPa} \times \dfrac{4 \times 10^{-3}\text{m}}{2.0\text{m}} = 4\text{MPa}$

伸びようとするのに対して両端固定なので応力は圧縮方向に作用している。

3-10　ばねに蓄えられるエネルギー　　　優先度　★☆☆

ばねの問題は出題確率が高めです。パターンはエネルギーに関する問題か固有振動数に関する問題です。力学を理解していれば易しめの問題が多いです。

【ポイント】

■ ばねに作用する力と蓄えられるエネルギー

ばねに作用する力とエネルギーは以下のように表現できる。

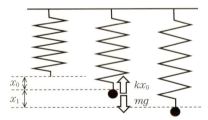

質量mの重りをばね定数kのばねにぶら下げて、つり合いの位置がx_0となった際の関係式は以下のとおり。重力加速度をgとする。

$$kx_0 = mg$$

ここで釣り合いの位置は$x_0 = \dfrac{mg}{k}$

ばねが最も大きな振幅（x_0からx_1離れた位置）となった際にばねに蓄えられたエネルギーは以下のようになる。

$$U = \frac{1}{2}kx^2 = \frac{1}{2}k(x_0+x_1)^2 = \frac{1}{2}k\left(\frac{mg}{k}+x_1\right)^2$$

【過去問】

R3 Ⅰ—3—5

【問題演習】

問題1 (R3 Ⅰ—3—5)

上端が固定されてつり下げられたばね定数 k のばねがある。このばねの下端に質量 m の質点がつり下げられ、平衡位置（つり下げられた質点が静止しているときの位置、すなわち、つり合い位置）を中心に振幅 a で調和振動（単振動）している。質点が最も下の位置にきたとき、ばねに蓄えられているエネルギーとして、最も適切なものはどれか。ただし、重力加速度を g とする。

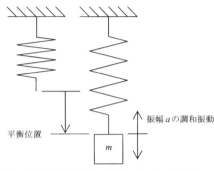

図 上端が固定されたばねがつり下げられている状態とそのばねに質量mの質点がつり下げられた状態

① 0　　② $\frac{1}{2}ka^2$

③ $\frac{1}{2}ka^2 - mga$　　④ $\frac{1}{2}k\left(\frac{mg}{k}+a\right)^2$　　⑤ $\frac{1}{2}ka^2 + mga$

【解答】

問題1　④

つり合いの位置を x_0 とすると以下の式が成立する。

$$kx_0 = mg \qquad x_0 = \frac{mg}{k}$$

よって、ばねに蓄えられたエネルギーは以下のように求められる。

$$U = \frac{1}{2}kx^2 = \frac{1}{2}k(x_0+a)^2 = \frac{1}{2}k\left(\frac{mg}{k}+a\right)^2$$

3-11　固有振動数　　　　優先度 ★★★

固有振動数を問う出題も頻度が高い分野です。ただし、パターンのバリエーションが多いので、力学が苦手であれば、選択しなくてもよいでしょう。

2章 基礎科目

【ポイント】
■ 固有振動数

固有振動
→自由に振動した際に物体の長さや質量、弾性といった性質によって決まる振動が固有振動で、揺れ始めると外力がなくても振動が続く。ばねや振り子が代表的な振動系である

固有振動数
→技術士試験で頻出のばねの系では、質量mの物体がばね定数kのばねで振動している際の固有振動数fは、以下の式で求められる。

$$f = \frac{1}{2\pi}\sqrt{\frac{k}{m}}$$

■ 固有角振動数ωと固有振動数fの関係

$2\pi f = \omega$

★ばねの系の固有振動数の大小比較を簡単にイメージするには下記のように考えるとよい
・揺れが大きい＝周期が長い＝振動数が小さい＝重りが重い、ばね定数が小さい
・揺れが小さい＝周期が短い＝振動数が大きい＝重りが軽い、ばね定数が大きい
　上の固有振動数の式におけるルート（平方根）内の式と結びつけると分かりやすい

【過去問】
R元再 I―3―5、R2 I―3―5、R4 I―3―6、R6 I―3―5

【問題演習】
問題1 （R4 I―3―6）

図(a)に示すような上下に張力Tで張られた糸の中央に物体が取り付けられた系の振動を考える。糸の長さは$2L$、物体の質量はmである。図(a)の拡大図に示すように、物体の横方向の変位をxとし、そのときの糸の傾きをθとすると、復元力は$2T\sin\theta$と表され、運動方程式よりこの系の固有振動数f_aを求めることができる。同様に、図(b)に示すような上下に張力Tで張られた長さ$4L$の糸の中央に質量$2m$の物体が取り付けられた系があり、この系の固有振動数をf_bとする。f_aとf_bの比として適切なものはどれ

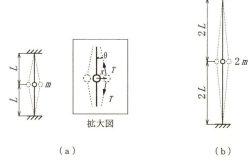

張られた糸に物体が取り付けられた2つの系

か。ただし、どちらの系でも、糸の質量、及び物体の大きさは無視できるものとする。また、物体の鉛直方向の変位はなく、振動している際の張力変動は無視することができ、変位xと傾きθは微小なものとみなしてよい。

① $f_a:f_b=1:1$　② $f_a:f_b=1:\sqrt{2}$　③ $f_a:f_b=1:2$
④ $f_a:f_b=\sqrt{2}:1$　⑤ $f_a:f_b=2:1$

問題2　(R2 Ⅰ-3-5)

図に示すように、1つの質点がばねで固定端に結合されているばね質点系A、B、Cがある。図中のばねのばね定数kはすべて同じであり、質点の質量mはすべて同じである。ばね質点系Aは質点が水平に単振動する系、Bは斜め45度に単振動する系、Cは垂直に単振動する系である。ばね質点系A、B、Cの固有振動数をf_A、f_B、f_Cとしたとき、これらの大小関係として、最も適切なものはどれか。ただし、質点に摩擦は作用しないものとし、ばねの質量については考慮しないものとする。

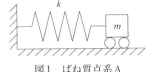

図1　ばね質点系A

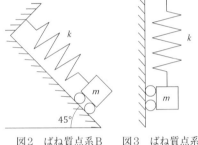

図2　ばね質点系B　　図3　ばね質点系C

① $f_A=f_B=f_C$　② $f_A>f_B>f_C$
③ $f_A<f_B<f_C$　④ $f_A=f_C>f_B$　⑤ $f_A=f_C<f_B$

問題3　(R6 Ⅰ-3-5)

図に示すように、2つのばねと1つの質点からなるばね質点系a、b、cがある。図中のばねのばね定数はすべて同じkであり、また、図中の質点の質量はすべて同じmである。最小の固有振動数を有するばね質点系として、最も適切なものはどれか。

① aのみ
② bのみ
③ cのみ
④ aとb
⑤ bとc

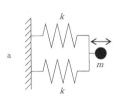

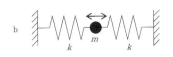

図　3種類のばね質点系

2章　基礎科目

【解答】
問題1　⑤

　質量mの物体に作用する力に着目した運動方程式は以下のようになる。
$$ma = 2T\sin\theta \quad (a\text{は}m\text{に作用する加速度})$$
ここでθは微小なので、以下の式が成立する。
$$\sin\theta \cong \frac{x}{L}$$
よって、最初の運動方程式は以下のようになり、この系aを距離に比例するばねの力を示す系とみなすと、そのばね定数k_aは以下のようになる。
$$ma = 2T\sin\theta = \frac{2T}{L}x \qquad k_a = \frac{2T}{L}$$
$$f_a = \frac{1}{2\pi}\sqrt{\frac{k_a}{m}} = \frac{1}{2\pi}\sqrt{\frac{2T}{mL}}$$
f_bではLが2倍、mが2倍になるので、以下のようになる。
$$f_b = \frac{1}{2\pi}\sqrt{\frac{2T}{(2m)\times(2L)}} = \frac{1}{2\pi}\sqrt{\frac{2T}{4mL}} = \frac{1}{4\pi}\sqrt{\frac{2T}{mL}}$$
よって、$f_a : f_b = 2 : 1$

問題2　①

　固有振動数はばね定数と質点の質量で定まるので、この問題ではすべての系で同じ固有振動数となる。

問題3　③

　図示された系でのばね定数が求められれば、固有振動数を比べられる。ばね定数は、各系での運動方程式を考えれば容易に計算できる。
　並列の場合(それぞれのばね定数をk_1、k_2とし、伸びは同じなのでx_1とする)、各ばねに作用する力を合わせると、以下の式が成立する。
$$F = k_1 x_1 + k_2 x_1 = (k_1 + k_2)x_1 = Kx_1 \quad \text{よって、} K = k_1 + k_2$$
　この問題ではk_1、k_2ともkなので、$K = 2k$
　ばねの間に質点がある場合(それぞれのばね定数をk_1、k_2とし、伸びは同じなのでx_1とする)、それぞれのばねに加わる力を合わせると以下のようになる。
$$F = k_1 x_1 + k_2 x_1 = Kx_1 \quad \text{よって、} K = k_1 + k_2$$
　この問題ではk_1、k_2ともkなので、$K = 2k$
　直列の場合(それぞれのばね定数をk_1、k_2、伸びをx_1、x_2とすると)、各ばねに作用する力は同じFなので、以下の式が成立する。
$$F = k_1 x_1 \quad F = k_2 x_2$$
　合成ばね係数をKとすると、以下の式が成立する。

108

$$F = K(x_1 + x_2) = K\left(\frac{F}{k_1} + \frac{F}{k_2}\right)$$

よって、以下のように合成ばね係数が求められる。

$$\frac{1}{K} = \frac{1}{k_1} + \frac{1}{k_2}$$

この問題ではk_1、k_2がいずれも同じkなので、$K = \dfrac{k}{2}$

　固有振動数はばね定数の平方根に比例するので、ばね定数が小さいほど固有振動数が小さくなる。よって、直列の場合が最も固有振動数が小さくなる。

2章　基礎科目

材料・化学・バイオ

4-1　原子表記と同位体

優先度 ★★★

　化学の分野では、原子や同位体の性質などに関する問いが頻出です。同位体は数年に1回の頻度で出ているので、しっかり押さえておきましょう。

【ポイント】

■原子について

　同位体

　　→同じ原子番号を持つが、中性子数が異なるもの

　　→陽子の数も電子の数も等しい

　　→化学的性質は同じである

　　→放射性同位体は医療や遺跡の年代測定などに利用される

　　→放射性同位体には、放射線を出して別の元素になるものもある

　元素表記

　　→原子番号(陽子の数)を左下＋質量数(陽子の数＋中性子の数)を左上に表記する

　　　$^{40}_{20}Ca$

　　上のカルシウムの場合、陽子数は20、中性子数は40－20＝20個、電子の数は陽子の数と同じく20となる。

【過去問】

　R元 I—4—2、R3 I—4—1、R5 I—4—1

【問題演習】

問題1　(R元 I—4—2)

　同位体に関する次の(ア)～(オ)の記述について、それぞれの正誤の組合せとして、最も適切なものはどれか。

(ア)陽子の数は等しいが、電子の数は異なる。

(イ)質量数が異なるので、化学的性質も異なる。

(ウ)原子核中に含まれる中性子の数が異なる。

(エ)放射線を出す同位体は、医療、遺跡の年代測定などに利用されている。

(オ)放射線を出す同位体は、放射線を出して別の原子に変わるものがある。

110

	ア	イ	ウ	エ	オ
①	正	正	誤	誤	誤
②	正	正	正	正	誤
③	誤	誤	正	誤	誤
④	誤	正	誤	正	正
⑤	誤	誤	正	正	正

問題2 （R5 Ⅰ—4—1）

原子に関する次の記述のうち、適切なものはどれか。ただし、いずれの元素も電荷がない状態とする。

① $^{40}_{20}Ca$と$^{40}_{18}Ar$の中性子の数は等しい。

② $^{35}_{17}Cl$と$^{37}_{17}Cl$の中性子の数は等しい。

③ $^{35}_{17}Cl$と$^{37}_{17}Cl$の電子の数は等しい。

④ $^{40}_{20}Ca$と$^{40}_{18}Ar$は互いに同位体である。

⑤ $^{35}_{17}Cl$と$^{37}_{17}Cl$は互いに同素体である。

【解答】

問題1　⑤

同位体は陽子も電子の数も等しい、異なるのは中性子数である。同位体は化学的性質は変わらない。よって、（ア）と（イ）が不適切。

問題2　③

①はCaの中性子数は$40-20=20$、Arの中性子数は$40-18=22$。②は$^{35}_{17}Cl$の中性子数が18で$^{37}_{17}Cl$の中性子数が20。④は元素が異なるので同位体ではない。同素体とは、同一元素単体で原子配列や結合様式が異なるものをいう。同じ炭素で黒鉛とダイヤモンドは同素体である。⑤の2つは同位体である。選択肢は③以外は全て誤りである。

4-2　金属の結晶構造

優先度　★★☆

金属の結晶構造も高い頻度で出題されています。金属原子名とその結晶構造、結晶構造ごとの配位数、格子の辺と原子直径の関係などを理解します。

【ポイント】

■ 結晶構造

体心立方構造

　→単位格子となる立方体の中心と各頂点に原子の中心が配置された構造

2章　基礎科目

面心立方構造

→単位格子となる立方体の各面の中心と頂点に原子の中心が配置された構造

六方最密充填構造

→正六角柱にある12カ所の頂点と2つの六角形底面に原子の中心があり、正六角柱の内側に3つの原子を持つ構造。単位格子はこれを縦に3等分した菱形柱となる

上記の3つの構造とその特徴をまとめると、下表のようになる。

構造の種別	代表的な元素	単位格子中の原子数	配位数	原子半径	充填率
体心立方	Na、K（アルカリ金属）や α-Fe、Cr	2	8	格子1辺の長さをLとすると $(\sqrt{3}/4)$L	68%
面心立方	Al、Cu、Ni、Ag、Pt、Auなど	4	12	格子1辺の長さをLとすると $(\sqrt{2}/4)$L	74%
六方最密充填	Mg、Ti、Co、Znなど	2	12	六角柱の長辺の長さをLとすると $(\sqrt{6}/8)$L	74%

配位数とは1つの原子と最も近接する原子数

【過去問】

R2 I―4―4、R5 I―4―3、R6 I―4―3

【問題演習】

問題1　（R5 I―4―3）

金属材料に関する次の記述の、[　]に入る語句の組合せとして、最も適切なものはどれか。

常温での固体の純鉄（Fe）の結晶構造は[ア]構造であり、α-Feと呼ばれ、磁性は[イ]を示す。その他、常温で[イ]を示す金属として[ウ]がある。純鉄をある温度まで加熱すると、γ-Feへ相変態し、それに伴い[エ]する。

	ア	イ	ウ	エ
①	体心立方	強磁性	コバルト	膨張
②	面心立方	強磁性	クロム	膨張
③	体心立方	強磁性	コバルト	収縮
④	面心立方	常磁性	クロム	収縮
⑤	体心立方	常磁性	コバルト	膨張

問題2　（R2 I―4―4）

アルミニウムの結晶構造に関する次の記述の、[　]に入る数値や数式の組合せとして、最も適切なものはどれか。

112

アルミニウムの結晶は、室温・大気圧下において面心立方構造を持っている。その一つの単位胞は[ア]個の原子を含み、配位数が[イ]である。単位胞となる立方体の一辺の長さをa[cm]、アルミニウム原子の半径をR[cm]とすると、[ウ]の関係が成り立つ。

	ア	イ	ウ
①	2	12	$a = 4R/\sqrt{3}$
②	2	8	$a = 4R/\sqrt{3}$
③	4	12	$a = 4R/\sqrt{3}$
④	4	8	$a = 2\sqrt{2}R$
⑤	4	12	$a = 2\sqrt{2}R$

問題3 （R6 Ⅰ—4—3）

材料の結晶構造に関する次の記述の、[   ]に入る語句の組合せとして、最も適切なものはどれか。

結晶は、単位構造の並進操作によって空間全体を埋めつくした構造を持っている。室温・大気圧下において、単体物質の結晶構造は、FeやNaでは[ア]構造、AlやCuでは[イ]構造、TiやZnでは[ウ]構造である。単位構造の中に属している原子の数は、[ア]構造では[エ]個、[イ]構造では4個、[ウ]構造では2個である。

	ア	イ	ウ	エ
①	面心立方	六方最密充填	体心立方	4
②	面心立方	体心立方	六方最密充填	2
③	体心立方	面心立方	六方最密充填	2
④	体心立方	六方最密充填	面心立方	4
⑤	六方最密充填	面心立方	体心立方	3

【解答】

問題1 ③

鉄は常温で体心立方構造だが、加熱するとさらに緻密な面心立方構造となり収縮する。常温で強磁性体となるのは、鉄、コバルト、ニッケルなどである。

問題2 ⑤

単位格子の1辺の長さは図のように求められる。

（Al原子の中心を通るように切断した面＝面心立方格子の1面）

面心立方構造の単位胞（単位格子）内の原子数は4で、配位数は12となる。

113

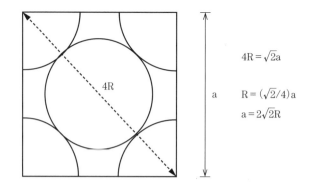

問題3 ③

　FeやNaは体心立方構造、AlやCuは面心立方構造、TiやZnは六方最密充填構造である。アルカリ金属など軟らかい金属は結晶構造が密ではない体心立方構造になっている。体心立方構造の単位格子中の原子数は2個である。

4-3 合金　　　　　　　　　　　　　　　　　　　　　　　優先度 ★★☆

　合金やメッキの問題も時々出題されます。重量や物質量の割合を換算させる問題はそれほど難しくないので、試験当日解けそうであれば取り組みましょう。

【ポイント】

■ 合金の成分割合

　物質量

　　→重さを原子量(分子量)で除して求める。単位はmol。合金の問題では、各材料の重さや物質量の割合を割り出せるようにしておく

【過去問】

　R元 I—4—3、R4 I—4—3

【問題演習】

問題1　(R元 I—4—3)

　質量分率がアルミニウム95.5[%]、銅4.50[%]の合金組成を物質量分率で示す場合、アルミニウムの物質量分率[%]及び銅の物質量分率[%]の組合せとして、最も適切なものはどれか。ただし、アルミニウム及び銅の原子量は、27.0及び63.5である。

　　　アルミニウム　　銅
　① 　　95.0　　　　4.96

② 96.0　　　3.96
③ 97.0　　　2.96
④ 98.0　　　1.96
⑤ 99.0　　　0.96

問題2 （R4 Ⅰ—4—3）

金属材料に関する次の記述の、［　　］に入る語句及び数値の組合せとして、適切なものはどれか。

ニッケルは、［ ア ］に分類される金属であり、ニッケル合金やニッケルめっき鋼板などの製造に使われている。

幅0.50m、長さ1.0m、厚さ0.60mmの鋼板に、ニッケルで厚さ10μmの片面めっきを施すには、［ イ ］kgのニッケルが必要である。このニッケルめっき鋼板におけるニッケルの質量百分率は、［ ウ ］%である。ただし、鋼板、ニッケルの密度は、それぞれ、$7.9×10^3$kg/m³、$8.9×10^3$kg/m³とする。

	ア	イ	ウ
①	レアメタル	$4.5×10^{-2}$	1.8
②	ベースメタル	$4.5×10^{-2}$	0.18
③	レアメタル	$4.5×10^{-2}$	0.18
④	ベースメタル	$8.9×10^{-2}$	0.18
⑤	レアメタル	$8.9×10^{-2}$	1.8

【解答】

問題1　④

合金の重量を100gとして考え、アルミと銅の物質量をそれぞれ求めてみる。

アルミ：95.5/27＝3.54　　銅：4.5/63.5＝0.07

合計：3.54＋0.07＝3.61

よって、物質量分率でみると、アルミは(3.54/3.61)×100%＝98.0%

問題2　①

レアメタルであるニッケルによるめっきの重量は下記で求められる。

$0.5×1.0×10×10^{-6}$(m³)$×8.9×10^3$(kg/m³)$＝4.45×10^{-2}$(kg)

ニッケルめっきを施す前の鋼板の重量は下記から求められる。

$0.5×1.0×0.6×10^{-3}$(m³)$×7.9×10^3$(kg/m³)$＝2.37$(kg)

よって合金に占めるニッケルの質量百分率は下記から求められる。

$4.45×10^{-2}/(2.37＋4.45×10^{-2})×100＝1.8$(%)

2章　基礎科目

4-4　ハロゲン

優先度 ★☆☆

　ハロゲンは時々出題されます。令和6(2024)年度試験で出題されたので、令和7年度試験での出題確率は低いでしょう。

【ポイント】

■ ハロゲン

　ハロゲンの種類

　　→フッ素(F)、塩素(Cl)、臭素(Br)、ヨウ素(I)

　　→酸化力の強さは$F_2 > Cl_2 > Br_2 > I_2$となる

　　→原子の電気陰性度の大きさは$F > Cl > Br > I$となる

　　→ハロゲン化水素の水溶液の酸としての強さは、$HI > HBr > HCl \gg HF$となる

　　→ハロゲン化水素の沸点の大きさは$HF > HI > HBr > HCl$となる。HFは水素結合があるため沸点が高くなる

【過去問】

　H元 I—4—1、R6 I—4—1

【問題演習】

問題1　(R6 I—4—1)

　ハロゲンに関する次の(ア)～(エ)の記述について、正しいものの組合せとして、最も適切なものはどれか。

(ア)ハロゲン原子の電気陰性度は、大きいものからF、Cl、Br、Iの順である。

(イ)ハロゲン分子の酸化力は、強いものからF_2、Cl_2、Br_2、I_2の順である。

(ウ)同濃度のハロゲン化水素の水溶液に含まれる水素イオンの濃度は、高いものからHF、HCl、HBr、HIの順である。

(エ)ハロゲン化水素の沸点は、高いものからHF、HCl、HBr、HIの順である。

　①　ア、イ　　②　ア、ウ　　③　イ、ウ　　④　イ、エ　　⑤　ウ、エ

【解答】

問題1　①

　ハロゲン化水素水溶液の酸の強さ(水素イオン濃度の高さ)は$HI > HBr > HCl > HF$の順である。沸点は$HF > HI > HBr > HCl$の順となる。

4-5 腐食と物質特性

優先度 ★★★

金属の腐食か力学的特性のいずれかが、ほぼ毎年出ています。令和6（2024）年度に出題されなかったので、令和7年度は出題確率が高まっています。

【ポイント】
■腐食
金属の腐食

→腐食は金属の劣化現象の1つ。周辺の環境との関係で化学反応を起こして、溶けたり、腐食生成物を生じたりさせる現象で、元の素材表面を逐次減量させていく。

→腐食は全体的に生じる場合と局部的に生じる場合がある

→金属表面において腐食に抵抗するように生じる酸化被膜を「不働態皮膜」と呼ぶ。不働態皮膜を形成しやすい金属として、アルミ、クロム、チタンなどがある

→さびにくい合金の代表格がステンレス鋼で、これは鉄を主成分とし、クロムやニッケルを含有させた合金である。クロムの含有量に規定がある

→腐食は材料の使用条件や温度、湿度などの環境に依存する

■力学的特性
ひずみと応力

→材料を引っ張った際に生じる伸びと材料の長さの比がひずみである。一軸引張試験で材料の引っ張り特性を確認する際には、ひずみと応力の関係を図化する。材料に加わる力を変形前の断面積で除したものが公称応力で、伸びをもとの材料の長さで除したものが公称ひずみとなる

弾性

→材料を引っ張った場合に加えた力と伸びの関係が線形になる領域を弾性領域と呼ぶ

→材料の弾性領域ではフックの法則が成立する。応力 σ とヤング率E、ひずみ ε で以下の式となる。温度上昇とともに、ヤング率は小さくなる

$$\sigma = E\varepsilon$$

■電気特性など
鉄と銅とアルミ

→鉄、銅、アルミといった利用度の高い金属における各種特性を比較した表は右のとおり

	密度 (g/cm^3)	電気抵抗率 $(\Omega \cdot m)$	融点 $(℃)$
鉄	7.9程度	1×10^{-7}程度	1535
銅	8.9程度	1.7×10^{-8}程度	1085
アルミニウム	2.7程度	2.6×10^{-8}程度	660

【過去問】
R2 I—4—3、R3 I—4—3、R4 I—4—4、R5 I—4—4

2章　基礎科目

【問題演習】

問題1 （R5 Ⅰ—4—4）

金属材料の腐食に関する次の記述のうち、適切なものはどれか。

①　アルミニウムは表面に酸化物皮膜を形成することで不働態化する。

②　耐食性のよいステンレス鋼は、鉄に銅を5％以上含有させた合金鋼と定義される。

③　腐食の速度は、材料の使用環境温度には依存しない。

④　腐食は、局所的に生じることはなく、全体で均一に生じる。

⑤　腐食とは、力学的作用によって表面が逐次減量する現象である。

問題2 （R4 Ⅰ—4—4）

材料の力学特性試験に関する次の記述の、[　]に入る語句の組合せとして、適切なものはどれか。

材料の弾塑性挙動を、試験片の両端を均一に引っ張る一軸引張試験機を用いて測定したとき、試験機から一次的に計測できるものは荷重と変位である。荷重を[ア]の試験片の断面積で除すことで[イ]が得られ、変位を[ア]の試験片の長さで除すことで[ウ]が得られる。[イ]—[ウ]曲線において、試験開始の初期に現れる直線領域を[エ]変形領域と呼ぶ。

	ア	イ	ウ	エ
①	変形前	公称応力	公称ひずみ	弾性
②	変形後	真応力	公称ひずみ	弾性
③	変形前	公称応力	真ひずみ	塑性
④	変形後	真応力	真ひずみ	塑性
⑤	変形前	公称応力	公称ひずみ	塑性

問題3 （R3 Ⅰ—4—3）

金属の変形に関する次の記述について、[　]に入る語句及び数値の組合せとして、最も適切なものはどれか。

金属が比較的小さい引張応力を受ける場合、応力（σ）とひずみ（ε）は次の式で表される比例関係にある。

$$\sigma = E\varepsilon$$

これは[ア]の法則として知られており、比例定数Eを[イ]という。常温での[イ]は、マグネシウムでは[ウ]GPa、タングステンでは[エ]GPaである。温度が高くなると[イ]は、[オ]なる。

※応力とは単位面積当たりの力を示す。

118

	ア	イ	ウ	エ	オ
①	フック	ヤング率	45	407	大きく
②	フック	ヤング率	45	407	小さく
③	フック	ポアソン比	407	45	小さく
④	ブラッグ	ポアソン比	407	45	大きく
⑤	ブラッグ	ヤング率	407	45	小さく

問題4 （R2 I—4—3）

鉄、銅、アルミニウムの密度、電気抵抗率、融点について、次の(ア)～(オ)の大小関係の組合せとして、最も適切なものはどれか。ただし、密度及び電気抵抗率は20[℃]での値、融点は1気圧での値で比較するものとする。

(ア)：鉄＞銅＞アルミニウム
(イ)：鉄＞アルミニウム＞銅
(ウ)：銅＞鉄＞アルミニウム
(エ)：銅＞アルミニウム＞鉄
(オ)：アルミニウム＞鉄＞銅

	密度	電気抵抗率	融点
①	(ア)	(ウ)	(オ)
②	(ア)	(エ)	(オ)
③	(イ)	(エ)	(ア)
④	(ウ)	(イ)	(ア)
⑤	(ウ)	(イ)	(オ)

【解答】

問題1 ①

ステンレス鋼は鉄にクロムやニッケルを含有させた合金である。腐食は温度や湿度などの環境条件に左右されるほか、環境条件や部材の状態などに応じて、局部的に発生することがある。腐食とは化学的あるいは電気化学的作用による現象である。

問題2 ①

荷重を変形前の断面積で除したものが公称応力で、変形量を変形前の長さで除したものが公称ひずみとなる。応力とひずみが直線関係にある部分は弾性変形領域である。

問題3 ②

フックの法則によって、応力はヤング率とひずみの積で計算できる。常温での剛性はタングステンの方がマグネシウムよりも大きい。温度が高くなるとヤング率は小さくなる。

問題4 ④

鉄と銅とアルミニウムの比較では、電気抵抗が小さいのは銅、融点が高いのが鉄、密度が低いのがアルミと覚えておくとよい。

2章　基礎科目

4-6　酸と塩基

優先度　★★☆

　酸性水溶液やアルカリ性水溶液のpHの違いや中和反応などに関する問題は、2、3年に1回程度の頻度で出題されています。しっかり押さえておきましょう。

【ポイント】

■ 酸と塩基

酸

→水素イオン(H^+)を与える分子やイオン。主な酸性水溶液について、その強度で分類すると以下のようになる

　・強酸：硫酸、硝酸、塩酸

　・弱酸：酢酸、炭酸、硫化水素、フェノール

→弱酸の酸性の強さの覚え方に「スカタンフェノール」がある。スルホン酸、カルボン酸(酢酸を含む)、炭酸、フェノールの順に酸性が強いという意味である

塩基

→水素イオンH^+を受け取る分子やイオン。塩基が水に溶けた主なアルカリ性水溶液を、その強度で分類すると以下のようになる

　・強塩基：水酸化カリウム、水酸化ナトリウム、水酸化カルシウム

　・弱塩基：アンモニア、水酸化銅(II)

【過去問】

　R元再 I—4—2、R4 I—4—1

【問題演習】

問題1　(R4 I—4—1)

　次の記述のうち、最も不適切なものはどれか。ただし、いずれも常温・常圧下であるものとする。

① 酢酸は弱酸であり、炭酸の酸性度は酢酸より弱く、フェノールの酸性度は炭酸よりさらに弱い。

② 塩酸及び酢酸の0.1mol/L水溶液は同一のpHを示す。

③ 水酸化ナトリウム、水酸化カリウム、水酸化カルシウム、水酸化バリウムは水に溶けて強塩基性を示す。

④ 炭酸カルシウムに希塩酸を加えると、二酸化炭素を発生する。

⑤ 塩化アンモニウムと水酸化カルシウムの混合物を加熱すると、アンモニアを発生する。

120

問題2 （R元再 I—4—2）

次の物質a〜cを、酸としての強さ(酸性度)の強い順に左から並べたとして、最も適切なものはどれか。

a フェノール、b 酢酸、c 塩酸

① a-b-c ② b-a-c ③ c-b-a

④ b-c-a ⑤ c-a-b

【解答】

問題1 ②

弱酸の酸性度は酢酸＞炭酸＞フェノールの順になるので①は正しい。塩酸と酢酸では電離度が異なるので、同じ0.1mol/Lの溶液でもpHは異なる。③〜⑤は正しい。

問題2 ③

酸性が強い順に塩酸＞酢酸(カルボン酸の1つ)＞フェノールとなる。

4-7 酸化還元反応　　　　優先度 ★★☆

酸化数を問う問題や反応が酸化還元反応か否かを問う問題が、近年、何度か出題されています。高校化学のレベルです。おさらいしておきましょう。

【ポイント】

■ 酸化と還元

定義

→2つの物質の間で酸素原子や水素原子、電子のやり取りがある反応

→まとめると下の表のようになる。物質によって酸化される反応と還元される反応があり、これらが同時に進むので酸化還元反応と呼ぶ

	酸素の授受	水素の授受	電子の授受
酸化される	受け取る	与える	与える
還元される	与える	受け取る	受け取る

■ 酸化数の求め方

酸化数

→物質が持つ電子のやり取りを示すもの

→酸化還元反応は酸化数の変化の有無で判断できる。各原子の酸化数の数え方を下記にまとめる

酸化数の数え方

→単体で構成する物質の原子の酸化数は0(例：Ca→0、H_2のH→0)

→単原子のイオンの酸化数はそのイオンの電荷数(Cu^{2+}→+2)

2章　基礎科目

→化合物中の酸素原子の酸化数は-2（過酸化物は例外で-1）

（$MgO \rightarrow Mg$が$+2$、Oが-2）

→化合物中の水素原子の酸化数は$+1$（$CH_4 \rightarrow C$が-4、Hが$+1$）

→電荷を持たない化合物を構成する各原子の酸化数の和は0

→複数原子で構成するイオンを構成する各原子の酸化数の和はイオンの価数（$CO_3{}^{2-}$
→Cは$-2 \times 3 + 2$で$+4$）

【過去問】

R3 I—4—2、R4 I—4—2

【問題演習】

問題1　（R4 I—4—2）

次の物質のうち、下線を付けた原子の酸化数が最小なものはどれか。

① $H_2\underline{S}$　　② $\underline{Mn}$　　③ $\underline{Mn}O_4{}^-$　　④ $\underline{N}H_3$　　⑤ $H\underline{N}O_3$

問題2　（R3 I—4—2）

次の化学反応のうち、酸化還元反応でないものはどれか。

①　$2Na + 2H_2O \rightarrow 2NaOH + H_2$

②　$NaClO + 2HCl \rightarrow NaCl + H_2O + Cl_2$

③　$3H_2 + N_2 \rightarrow 2NH_3$

④　$2NaCl + CaCO_3 \rightarrow Na_2CO_3 + CaCl_2$

⑤　$NH_3 + 2O_2 \rightarrow HNO_3 + H_2O$

【解答】

問題1　④

それぞれ下線の原子の酸化数を求めると以下のようになる。①：-2　②：0
③：$+7$　④：-3　⑤：$+5$

問題2　④

①：Naの酸化数が変化している。②：Clの酸化数が変化している。③：Nの酸化数が変化している。④：酸化数が変化していない。⑤：Nの酸化数が変化している。単体の物質が反応式中に入っていると、酸化還元反応になるケースが多いので、どうしても苦手な人はこうした方法を手掛かりにする。

4-8　物質の用途と生成方法　　　　優先度　★★☆

工業製品に利用されている元素や工業製品に利用される材料の生成方法について問う出

題も数年に1回程度の頻度で出題されています。

【ポイント】

■ 物質の用途

リチウムイオン二次電池正極材

→正極にコバルト(Co)やニッケル(Ni)、マンガン(Mn)などを用いたリチウム遷移金
属酸化物を使用している

光ファイバー

→ケイ素(Si)

ジュラルミン

→アルミニウム(Al)と銅(Cu)、マグネシウム(Mg)などの合金

永久磁石

→永久磁石の代表格であるネオジム磁石はネオジム(Nd)、鉄(Fe)、ホウ素(B)から成る

■ 鉄の精錬

鉄鉱石から銑鉄を取り出す反応

→Feについて見ると、酸化数が減るので還元反応となっている

$$Fe_2O_3 + 3CO \rightarrow 2Fe + 3CO_2$$

【過去問】

R元再 I—4—4、R3 I—4—4

【問題演習】

問題1 (R元再 I—4—4)

下記の部品及び材料とそれらに含まれる主な元素の組合せとして、最も適切なも
のはどれか。

	リチウムイオン二次電池正極材	光ファイバー	ジュラルミン	永久磁石
①	Co	Si	Cu	Zn
②	C	Zn	Fe	Cu
③	C	Zn	Fe	Si
④	Co	Si	Cu	Fe
⑤	Co	Cu	Si	Fe

問題2 (R3 I—4—4)

鉄の製錬に関する次の記述の、[ ]に入る語句及び数値の組合せとして、最も
適切なものはどれか。

123

2章　基礎科目

　地殻中に存在する元素を存在比（wt%）の大きい順に並べると、鉄は、酸素、ケイ素、［　ア　］についで4番目となる。鉄の製錬は、鉄鉱石（Fe_2O_3）、石灰石、コークスを主要な原料として［　イ　］で行われる。

　［　イ　］において、鉄鉱石をコークスで［　ウ　］することにより銑鉄（Fe）を得ることができる。この方法で銑鉄を1000kg製造するのに必要な鉄鉱石は、最低［　エ　］kgである。ただし、酸素及び鉄の原子量は16及び56とし、鉄鉱石及び銑鉄中に不純物を含まないものとして計算すること。

	ア	イ	ウ	エ
①	アルミニウム	高炉	還元	1429
②	アルミニウム	電炉	還元	2857
③	アルミニウム	高炉	酸化	2857
④	銅	電炉	酸化	2857
⑤	銅	高炉	還元	1429

【解答】

問題1　④

　【ポイント】の物質の用途を参照。

問題2　①

　地殻中の元素は酸素、ケイ素、アルミニウム、鉄の順に多い。

　鉄鉱石Fe_2O_3（分子量：160）から酸素を取り出す（還元すると）2Fe（112）が取り出せる。銑鉄（Fe）1000kgを得るために必要な鉄鉱石は下記の比から求められる。なお、鉄鉱石から鉄を製錬する際に使う炉は高炉である。

　鉄鉱石の量x：1000kg＝160：112

　　　x＝1000×160÷112＝1429kg

4-9　DNA　優先度 ★★★

　DNA関連の出題は、ほぼ毎年あり、内容も類似の項目が繰り返し出題されています。過去問を解いておけば、類題に当たる可能性は高いでしょう。

【ポイント】

■ 塩基組成

　ATGC

　　→DNAの二重らせんは、アデニン（A）とチミン（T）、グアニン（G）、シトシン（C）の4種の塩基で構成されている。また、AとT、GとCは同じ鎖と相補鎖において対になっている。例えばGが25%を占める鎖に対する相補鎖ではCが25%を占めている

124

■ 突然変異

ナンセンス（突然）変異

→アミノ酸のコドン（mRNA（メッセンジャーRNA）の連続した3つの塩基配列）を終止コドン（タンパク質の合成を停止させるコドン）に変える変異

劣性（潜性）の突然変異

→数世代後の世代にはほとんど発現せず、その後次第に遺伝的な障害が蓄積して発現する変異。2本の相同染色体上の特定遺伝子の両方に変異が必要である

優性（顕性）の突然変異

→1、2世代後に発現しやすい変異。2本の相同染色体上の特定遺伝子の片方に変異があると発現する

フレームシフト

→塩基の挿入や欠失が起こると、その後のコドンの読み枠がずれるフレームシフトが起こるので、アミノ酸配列が大きく変わる可能性が高い

■ 組み換えDNA技術

概要

→生物のゲノムから目的のDNA切片を取り出し、これを複製して塩基配列を決めて別の生物に導入、機能させる技術

→組換えDNA技術で大腸菌によるインスリン合成に成功し、1980年代には大量生産できるようになった

→ある遺伝子の翻訳領域が、1つの組織から調製したゲノムライブラリーには存在するのに、その同じ組織からつくったcDNA（相補的DNA）ライブラリーには存在しない場合がある。一部のDNA配列から合成されたmRNAは不安定という部分を改善する効果をcDNAは持つ

→DNA断片はゲル電気泳動によって陽極に向かって移動する。分子量が小さいものほど速く移動し、陽極の近くに現れる

→ポリメラーゼ連鎖反応（PCR）では、ポリメラーゼが新たに合成した全DNA分子が次回の複製の鋳型となるため、n回の反復増幅過程によって最初の鋳型二本鎖DNAは2^n倍に複製される。

■ DNAの変性

DNAの変性の特徴

→DNA二重らせんの2本の鎖は、相補的塩基対間の水素結合によって形成されている。これは、弱い結合なので、熱や強アルカリで処理をすると変性して一本鎖になる。ただし、それぞれの鎖の基本構造を形成しているヌクレオチド間のホスホジエステル結合は壊れない。

→DNA分子の半分が変性する温度を融解温度という。G（グアニン）とC（シトシン）の

125

2章　基礎科目

含量が多いほど高くなる

→熱変性したDNAをゆっくり冷却すると、再び二重らせん構造に戻る

■PCR

PCR（ポリメラーゼ連鎖反応）法

→通常、DNAの熱変性、プライマーのアニーリング、伸長反応の3段階から成る

→細胞や血液サンプルからDNAを高感度で増幅することができるため、遺伝子診断や微生物検査、動物や植物の系統調査等に用いられている

→DNAの熱変性では、2本鎖DNAの水素結合を切断して1本鎖DNAに解離させるために加熱を行う

→アニーリングは熱変性で1本鎖となったDNAにプライマーを結合させる過程。アニーリング温度が高いほど1本鎖DNAに対するプライマーの特異的なアニーリングが起こりやすくなるが、増幅しにくくなる。

→伸長反応の時間は増幅したい配列の長さによって変える必要がある。増幅したい配列が長くなれば、その分伸長反応時間を長くする

→PCR法で増幅したDNAには、プライマーの塩基配列が含まれる

→耐熱性の高いDNAポリメラーゼが、PCR法に適している

■生物の元素組成

概要

→地球表面に存在する非生物の元素組成とは著しく異なる。地殻に存在する約100種類の元素のうち、生物を構成するのはごくわずかな元素である

→水は細菌細胞の重量の約70％を占める

→細胞を構成する総原子数の99％を主要4元素（水素、酸素、窒素、炭素）が占める

→生物を構成する元素の組成比は全ての生物でよく似ており、生物体中の総原子数の60％以上が水素原子である

→細胞内の主な有機小分子は、糖、アミノ酸、脂肪酸、ヌクレオチドである

→動物細胞を構成する有機化合物中で最も重量比が大きいのはタンパク質である

【過去問】

R元 I—4—5、R元再 I—4—6、R2 I—4—6、R3 I—4—6、R4 I—4—6、R5 I—4—6、R6 I—4—5

【問題演習】

問題1 （R6 I—4—5）

DNAに関する次の記述のうち、最も不適切なものはどれか。

① DNAの塩基は、アデニン、シトシン、グアニン、ウラシルである。

② 互いに逆平行に並ぶ2本のDNA鎖を結び付けているのは、塩基間の水素結合である。

③ DNAポリメラーゼによる新生鎖の合成では、鋳型となる一本鎖DNAが必要であり、新生鎖は合成により5′から3′方向に伸長する。

④ DNAの塩基はすべて二重らせん構造の内側にあり、糖とリン酸よりなる主鎖は外側に出ている。

⑤ 脊椎動物の細胞では、DNAのメチル化は遺伝子発現パターンを子孫細胞に引き継ぐ機構となる。

問題2 （R4 Ⅰ—4—6）

ある二本鎖DNAの一方のポリヌクレオチド鎖の塩基組成を調べたところ、グアニン(G)が25%、アデニン(A)が15%であった。このとき、同じ側の鎖、又は相補鎖に関する次の記述のうち、最も適切なものはどれか。

① 同じ側の鎖では、シトシン(C)とチミン(T)の和が40%である。

② 同じ側の鎖では、グアニン(G)とシトシン(C)の和が90%である。

③ 相補鎖では、チミン(T)が25%である。

④ 相補鎖では、シトシン(C)とチミン(T)の和が50%である。

⑤ 相補鎖では、グアニン(G)とアデニン(A)の和が60%である。

問題3 （R3 Ⅰ—4—6）

DNAの構造的な変化によって生じる突然変異を遺伝子突然変異という。遺伝子突然変異では、1つの塩基の変化でも形質発現に影響を及ぼすことが多く、置換、挿入、欠失などの種類がある。遺伝子突然変異に関する次の記述のうち、最も適切なものはどれか。

① 1塩基の置換により遺伝子の途中のコドンが終止コドンに変わると、タンパク質の合成がそこで終了するため、正常なタンパク質の合成ができなくなる。この遺伝子突然変異を中立突然変異という。

② 遺伝子に1塩基の挿入が起こると、その後のコドンの読み枠がずれるフレームシフトが起こるので、アミノ酸配列が大きく変わる可能性が高い。

③ 鎌状赤血球貧血症は、1塩基の欠失により赤血球中のヘモグロビンの1つのアミノ酸がグルタミン酸からバリンに置換されたために生じた遺伝子突然変異である。

④ 高等動植物において突然変異による形質が潜性(劣性)であった場合、突然変異による形質が発現するためには、2本の相同染色体上の特定遺伝子の片方に変異が起こればよい。

2章　基礎科目

⑤　遺伝子突然変異はX線や紫外線、あるいは化学物質などの外界からの影響では起こりにくい。

問題4　（R元再 Ⅰ—4—6）

組換えDNA技術の進歩はバイオテクノロジーを革命的に変化させ、ある生物のゲノムから目的のDNA断片を取り出して、このDNAを複製し、塩基配列を決め、別の生物に導入して機能させることを可能にした。組換えDNA技術に関する次の記述のうち、最も適切なものはどれか。

①　組換えDNA技術により、大腸菌によるインスリン合成に成功したのは1990年代後半である。

②　ポリメラーゼ連鎖反応（PCR）では、ポリメラーゼが新たに合成した全DNA分子が次回の複製の鋳型となるため、30回の反復増幅過程によって最初の鋳型二本鎖DNAは30倍に複製される。

③　ある遺伝子の翻訳領域が、1つの組織から調製したゲノムライブラリーには存在するのに、その同じ組織からつくったcDNAライブラリーには存在しない場合がある。

④　6塩基の配列を識別する制限酵素EcoRIでゲノムDNAを切断すると、生じるDNA断片は正確に4^6塩基対の長さになる。

⑤　DNAの断片はゲル電気泳動によって陰極に向かって移動し、大きさにしたがって分離される。

問題5　（R5 Ⅰ—4—6）

PCR（ポリメラーゼ連鎖反応）法は、細胞や血液サンプルからDNAを高感度で増幅することができるため、遺伝子診断や微生物検査、動物や植物の系統調査等に用いられている。PCR法は通常、(1)DNAの熱変性、(2)プライマーのアニーリング、(3)伸長反応の3段階からなっている。PCR法に関する記述のうち、最も適切なものはどれか。

①　アニーリング温度を上げすぎると、1本鎖DNAに対するプライマーの非特異的なアニーリングが起こりやすくなる。

②　伸長反応の時間は増幅したい配列の長さによって変える必要があり、増幅したい配列が長くなるにつれて伸長反応時間は短くする。

③　PCR法により増幅したDNAには、プライマーの塩基配列は含まれない。

④　耐熱性の低いDNAポリメラーゼが、PCR法に適している。

⑤　DNAの熱変性では、2本鎖DNAの水素結合を切断して1本鎖DNAに解離させるために加熱を行う。

128

問題6 （R元 I―4―5）

DNAの変性に関する次の記述の、[　　]に入る語句の組合せとして、最も適切なものはどれか。

DNA二重らせんの2本の鎖は、相補的塩基対間の[ア]によって形成されているが、熱や強アルカリで処理をすると、変性して一本鎖になる。しかし、それぞれの鎖の基本構造を形成している[イ]間の[ウ]は壊れない。DNA分子の半分が変性する温度を融解温度といい、グアニンと[エ]の含量が多いほど高くなる。熱変性したDNAをゆっくり冷却すると、再び二重らせん構造に戻る。

ア／イ／ウ／エ

① ジスルフィド結合／グルコース／水素結合／ウラシル
② ジスルフィド結合／ヌクレオチド／ホスホジエステル結合／シトシン
③ 水素結合／グルコース／ジスルフィド結合／ウラシル
④ 水素結合／ヌクレオチド／ホスホジエステル結合／シトシン
⑤ ホスホジエステル結合／ヌクレオチド／ジスルフィド結合／シトシン

問題7 （H30 I―4―5）

生物の元素組成は地球表面に存在する非生物の元素組成とは著しく異なっている。すなわち、地殻に存在する約100種類の元素のうち、生物を構成するのはごくわずかな元素である。細胞の化学組成に関する次の記述のうち、最も不適切なものはどれか

① 水は細菌細胞の重量の約70％を占める
② 細胞を構成する総原子数の99％を主要4元素（水素、酸素、窒素、炭素）が占める。
③ 生物を構成する元素の組成比はすべての生物でよく似ており、生物体中の総原子数の60％以上が水素原子である。
④ 細胞内の主な有機小分子は、糖、アミノ酸、脂肪酸、ヌクレオチドである。
⑤ 核酸は動物細胞を構成する有機化合物の中で最も重量比が大きい。

【解答】

問題1 ①

DNAの二重らせんは、グアニン（G）とアデニン（A）、シトシン（C）、チミン（T）の4種の塩基で構成されている。

問題2 ⑤

同じ側の鎖でグアニン（G）25％、アデニン（A）15％であったであれば、同じ側のシトシン（C）とチミン（T）の合計は60％になる。また相補鎖のシトシン（C）は25％、

2章　基礎科目

チミン（T）は15％となり、シトシン（C）とチミン（T）の合計は40％、グアニン（G）と
アデニン（A）の合計は60％になる。

問題3　②

　終止コドンに変えるのはナンセンス変位。2本の相同染色体上の特定遺伝子の片
方の変位で生じるのは顕性の変位。鎌状赤血球貧血症は、1塩基の置換によってお
こる遺伝子突然変異である。赤血球中のヘモグロビンの1つのアミノ酸がグルタミ
ン酸からバリンに置換される。遺伝子突然変異は放射線や化学物質の影響でも生じ
る

問題4　③

問題5　⑤

　温度を高くすると、1本鎖DNAに対するプライマーの特異的なアニーリングが起
こりやすくなる。増幅したい配列が長いほど、伸長反応時間は長くなる。PCR法で
増幅したDNAには、プライマーの塩基配列も含まれる。耐熱性の高いDNAポリメ
ラーゼが、PCR法に適する。

問題6　④

　二重らせんの2本の鎖は、相補的塩基対間の水素結合で形成されている。熱や強
アルカリで処理をすると、変性して一本鎖になるが、それぞれの鎖の基本構造を形
成しているヌクレオチド間のホスホジエステル結合は壊れない。DNA分子の半分
が変性する温度を融解温度といい、グアニンとシトシンの含量が多いほど高くなる。

問題7　⑤

　動物細胞と構成する有機化合物の中で最も重量比が大きいのはタンパク質である。

4-10　タンパク質　　　　　優先度　★★★

　タンパク質の問題も頻出です。こちらも、類似の問題が繰り返し出題されているので、
過去問の数をこなせば、解答できる可能性は高いでしょう。

【ポイント】

■ タンパク質

　特徴

　　　→タンパク質を構成するアミノ酸は、ほとんどがL体（D体、L体とは光学異性体）であ
　　　　る

　　　→タンパク質はアミノ酸がペプチド結合で結合した高分子である。ペプチド結合は、
　　　　共有結合である

　　　→グリシン、アラニン、フェニルアラニン、ロイシン、バリンなどの非極性アミノ酸
　　　　（疎水性アミノ酸）は、タンパク質の内側に配置される傾向にある

130

→タンパク質のアミノ酸配列は、核酸の塩基配列によって規定される

→タンパク質は、静電相互作用、水素結合、疎水性相互作用などの非共有結合が、その構造の安定化に寄与する。なおタンパク質の安定性に寄与するジスルフィド結合は共有結合である

■アミノ酸

特徴

→20種類存在する

→アミノ酸は分子内にアミノ基とカルボキシ基を持つ化合物

→アミノ酸の α-炭素原子には、アミノ基とカルボキシ基、そしてアミノ酸の種類によって異なる側鎖(R基)が結合

→グリシン、アラニン、フェニルアラニン、ロイシン、バリンは疎水性アミノ酸

→アミノ酸の性質は側鎖の構造や性質によって左右される

コドン

→mRNA(メッセンジャーRNA)の塩基(U(ウラシル)、C(シトシン)、A(アデニン)、G(グアニン)のいずれか)の連続した3個の配列で規定される。つまり、コドンは 4^3 =64通りあるが、20種類のアミノ酸に振分けられる。つまり、1種類のアミノ酸に対していくつものコドンが存在する

■酵素

性質

→ほとんどの酵素の主成分はタンパク質である

→酵素は、活性化エネルギーを低下させて、生体内の化学反応を促進させる生体触媒

→唾液中のアミラーゼはでんぷんを分解し、胃液中のペプシンはタンパク質、すい臓で合成されるリパーゼは脂肪を分解する

【過去問】

R元 I—4—6、R元再 I—4—5、R3 I—4—5、R4 I—4—5、R5 I—4—5、R6 I—4—6

【問題演習】

問題1 (R6 I—4—6)

タンパク質の性質に関する次の記述のうち、最も適切なものはどれか。

① フェニルアラニン、ロイシン、バリンなどの非極性アミノ酸の側鎖は、タンパク質の表面に分布していることが多い。

② タンパク質を構成するアミノ酸は、ほとんどがD体である。

③ タンパク質は、20種類のアミノ酸がペプチド結合という非共有結合によって結合した高分子である。

2章　基礎科目

④　タンパク質のアミノ酸配列は、核酸の塩基配列によって規定される。

⑤　タンパク質の安定性には、静電相互作用、水素結合、疎水性相互作用、ジスルフィド結合などの非共有結合が重要である。

問題2　(R5 Ⅰ—4—5)

タンパク質に関する次の記述の、[　　]に入る語句の組合せとして、最も適切なものはどれか。

タンパク質は[ア]が[イ]結合によって連結した高分子化合物であり、生体内で様々な働きをしている。タンパク質を主成分とする[ウ]は、生体内の化学反応を促進させる生体触媒であり、アミラーゼは[エ]を加水分解する。

	ア	イ	ウ	エ
①	グルコース	イオン	酵素	デンプン
②	グルコース	ペプチド	抗体	セルロース
③	アミノ酸	ペプチド	酵素	デンプン
④	アミノ酸	ペプチド	抗体	セルロース
⑤	アミノ酸	イオン	酵素	デンプン

問題3　(R3 Ⅰ—4—5)

アミノ酸に関する次の記述の、[　　]に入る語句の組合せとして、最も適切なものはどれか。

一部の特殊なものを除き、天然のタンパク質を加水分解して得られるアミノ酸は20種類である。アミノ酸のα-炭素原子には、アミノ基と[ア]、そしてアミノ酸の種類によって異なる側鎖（R基）が結合している。R基に脂肪族炭化水素鎖や芳香族炭化水素鎖を持つイソロイシンやフェニルアラニンは[イ]性アミノ酸である。システインやメチオニンのR基には[ウ]が含まれており、そのためタンパク質中では2個のシステイン側鎖の間に共有結合ができることがある。

	ア	イ	ウ
①	カルボキシ基	疎水	硫黄(S)
②	ヒドロキシ基	疎水	硫黄(S)
③	カルボキシ基	親水	硫黄(S)
④	カルボキシ基	親水	窒素(N)
⑤	ヒドロキシ基	親水	窒素(N)

問題4　(R元再 Ⅰ—4—5)

タンパク質を構成するアミノ酸は20種類あるが、アミノ酸1個に対してDNAを

132

構成する塩基3つが1組となって1つのコドンを形成して対応し、コドンの並び方、すなわちDNA塩基の並び方がアミノ酸の並び方を規定することにより、遺伝子がタンパク質の構造と機能を決定する。しかしながら、DNAの塩基は4種類あることから、可能なコドンは4×4×4＝64通りとなり、アミノ酸の数20をはるかに上回る。この一見して矛盾しているような現象の説明として、最も適切なものはどれか。

① コドン塩基配列の1つめの塩基は、タンパク質の合成の際にはほとんどの場合、遺伝情報としての意味をもたない。

② 生物の進化に伴い、1種類のアミノ酸に対して1種類のコドンが対応するように、64−20＝44のコドンはタンパク質合成の鋳型に使われる遺伝子には存在しなくなった。

③ 64−20＝44のコドンのほとんどは20種類のアミノ酸に振分けられ、1種類のアミノ酸に対していくつものコドンが存在する。

④ 64のコドンは、DNAからRNAが合成される過程において配列が変化し、1種類のアミノ酸に対して1種類のコドンに収束する。

⑤ 基本となるアミノ酸は20種類であるが、生体内では種々の修飾体が存在するので、64−20＝44のコドンがそれらの修飾体に使われる。

問題5 （R元 Ⅰ—4—6）

タンパク質に関する次の記述の、[　　]に入る語句の組合せとして、最も適切なものはどれか。

タンパク質を構成するアミノ酸は[ア]種類あり、アミノ酸の性質は、[イ]の構造や物理化学的性質によって決まる。タンパク質に含まれるそれぞれのアミノ酸は、隣接するアミノ酸と[ウ]をしている。タンパク質には、等電点と呼ばれる正味の電荷が0となるpHがあるが、タンパク質が等電点よりも高いpHの水溶液中に存在すると、タンパク質は[エ]に帯電する。

	ア	イ	ウ	エ
①	15	側鎖	ペプチド結合	正
②	15	アミノ基	エステル結合	負
③	20	側鎖	ペプチド結合	負
④	20	側鎖	エステル結合	正
⑤	20	アミノ基	ペプチド結合	正

問題6 （R4 Ⅰ—4—5）

酵素に関する次の記述のうち、最も適切なものはどれか。

① 酵素を構成するフェニルアラニン、ロイシン、バリン、トリプトファンなど

2章　基礎科目

の非極性アミノ酸の側鎖は、酵素の外表面に存在する傾向がある。

② 至適温度が20℃以下、あるいは100℃以上の酵素は存在しない。

③ 酵素は、アミノ酸がペプチド結合によって結合したタンパク質を主成分とする無機触媒である。

④ 酵素は、活性化エネルギーを増加させる触媒の働きを持っている。

⑤ リパーゼは、高級脂肪酸トリグリセリドのエステル結合を加水分解する酵素である。

【解答】

問題1　④

フェニルアラニン、ロイシン、バリンなどの非極性アミノ酸の側鎖は内側に分布していることが多い。タンパク質を構成するアミノ酸は、ほとんどがL体。ペプチド結合は共有結合。ジスルフィド結合も共有結合である。

問題2　③

タンパク質はアミノ酸がペプチド結合した高分子化合物。タンパク質が主成分となる酵素は生体内の化学反応を促進させる生体触媒で、その1つのアミラーゼはでんぷんを分解する。

問題3　①

アミノ酸の α-炭素原子には、アミノ基とカルボキシ基、そしてアミノ酸の種類によって異なる側鎖（R基）が結合。システインやメチオニンのR基には硫黄を含む。

問題4　③

$64-20＝44$ のコドンのほとんどは20種類のアミノ酸に振分けられ、1種類のアミノ酸に対して複数のコドンが存在する。

問題5　③

アミノ酸の性質は、側鎖の構造や物理化学的性質によって決まる。等電点よりも高いpHの水溶液ではタンパク質は負に帯電する。

問題6　⑤

酵素は生体触媒である。酵素は、活性化エネルギーを低下させて反応速度を上げる役割を持つ。

環境・エネルギー・技術

5-1　生物多様性

優先度　★★★

　生物多様性の出題は数年に1度程度ですが、比較的常識的な問題が多いので、過去問を
解いておき、類題が出たら得点できるようにしておきましょう。

【ポイント】

■生物多様性

生物多様性国家戦略2023-2030
- →2030年に向けて生態系の健全性の回復、自然を活用した社会課題の解決、ネイチャーポジティブ経済の実現、生活・消費活動における生物多様性の価値の認識と行動、生物多様性に係る取り組みを支える基盤整備と国際連携の推進を掲げる。陸と海の30%以上を健全な生態系として効果的に保全する「30by30目標」を掲げる

日本の状況
- →少子高齢化や人口減少で農林業者の減少などによって里地里山の管理の担い手が不足し、生物多様性の損失要因になっている
- →国内の生物種は固有種の比率が高く、爬虫類の約6割、両生類の約8割が固有種
- →他の地域から導入された生物が、地域固有の生物相や生態系を改変し、在来種に大きな影響を与えている。ペットの遺棄や災害時の逸走も影響を及ぼすリスクである
- →マイクロプラスチックを含む海洋プラスチックごみも生態系への影響が懸念される
- →温暖な気候に生育するタケ類の分布の北上や、南方系チョウ類の個体数増加及び分布域の北上、海水温上昇によるサンゴの白化などが確認されている

生物多様性の保全
- →移入種(外来種)は在来生物種や生態系に様々な影響を及ぼし、在来種の駆逐を招きかねない

侵略的外来種
- →地域の自然環境に大きな影響を与え、生物多様性を脅かす恐れのある外来種

特定外来生物
- →生態系、人の生命・身体、農林水産物へ被害を及ぼすものやその恐れがあるものから指定。輸入、放出、飼育、譲渡しなどが禁じられ、必要に応じて防除(捕獲、採取、殺処分など)される

135

2章　基礎科目

【過去問】

　R2 Ⅰ—5—2、R5 Ⅰ—5—1

【問題演習】

問題1　（R5 Ⅰ—5—1）

　生物多様性国家戦略2023-2030に記載された、日本における生物多様性に関する次の記述のうち、最も不適切なものはどれか。

① 我が国に生息・生育する生物種は固有種の比率が高いことが特徴で、爬虫類の約6割、両生類の約8割が固有種となっている。

② 高度経済成長期以降、急速で規模の大きな開発・改変によって、自然性の高い森林、草原、農地、湿原、干潟等の規模や質が著しく縮小したが、近年では大規模な開発・改変による生物多様性への圧力は低下している。

③ 里地里山は、奥山自然地域と都市地域との中間に位置し、生物多様性保全上重要な地域であるが、農地、水路・ため池、農用林などの利用拡大等により、里地里山を構成する野生生物の生息・生育地が減少した。

④ 国外や国内の他の地域から導入された生物が、地域固有の生物相や生態系を改変し、在来種に大きな影響を与えている。

⑤ 温暖な気候に生育するタケ類の分布の北上や、南方系チョウ類の個体数増加及び分布域の北上が確認されている。

問題2　（R2 Ⅰ—5—2）

生物多様性の保全に関する次の記述のうち、最も不適切なものはどれか。

① 生物多様性の保全及び持続可能な利用に悪影響を及ぼすおそれのある遺伝子組換え生物の移送、取扱い、利用の手続等について、国際的な枠組みに関する議定書が採択されている。

② 移入種（外来種）は在来の生物種や生態系に様々な影響を及ぼし、なかには在来種の駆逐を招くような重大な影響を与えるものもある。

③ 移入種問題は、生物多様性の保全上、最も重要な課題の1つとされているが、我が国では動物愛護の観点から、移入種の駆除の対策は禁止されている。

④ 生物多様性条約は、1992年にリオデジャネイロで開催された国連環境開発会議において署名のため開放され、所定の要件を満たしたことから、翌年、発効した。

⑤ 生物多様性条約の目的は、生物の多様性の保全、その構成要素の持続可能な利用及び遺伝資源の利用から生ずる利益の公正かつ衡平な配分を実現することである。

【解答】

問題1　③

農地、水路・ため池などの利用が減り、里地里山を成す野生生物の生息・生育地が減少した。

問題2　③

特定外来生物に関しては、捕獲や採取、殺処分といった対策が認められている。

5-2　気候変動

優先度　★★★

気候変動に関する問題は頻出です。令和7（2025）年度の試験で取り上げられる可能性は高いと考えられ、しっかり押さえておきたい部分になります。

【ポイント】

■気候変動

現況

→人間の影響が大気、海洋及び陸域を温暖化させてきたことには疑う余地がない。

→2011～2020年における世界平均気温は、工業化以前の近似値とされる1850～1900年の値よりも約1℃高い。

→気候変動による影響として、気象や気候の極端現象の増加、生物多様性の喪失、土地・森林の劣化、海洋の酸性化、海面水位上昇などがある。

→気候変動に対する生態系及び人間の脆弱性は、社会経済的開発の形態などによって、地域間及び地域内で大幅に異なる。

→世界全体の正味の人為的な温室効果ガス排出量について、2010～2019年の期間の年間平均値は過去のどの10年の値よりも高い。

緩和策と適応策

→緩和策とは温室効果ガスの排出抑制や森林などの吸収作用を保全・強化して温暖化の防止を図る施策、適応策とは地球温暖化がもたらす現在や将来の気候変動の影響に対処する施策

【過去問】

R元再 I―5―1、R3 I―5―1、R4 I―5―1

【問題演習】

問題1　（R4 I―5―1）

気候変動に関する政府間パネル（IPCC）第6次評価報告書第1～3作業部会報告書政策決定者向け要約の内容に関する次の記述のうち、不適切なものはどれか。

2章　基礎科目

① 人間の影響が大気、海洋及び陸域を温暖化させてきたことには疑う余地がない。

② 2011～2020年における世界平均気温は、工業化以前の状態の近似値とされる1850～1900年の値よりも約3℃高かった。

③ 気候変動による影響として、気象や気候の極端現象の増加、生物多様性の喪失、土地・森林の劣化、海洋の酸性化、海面水位上昇などが挙げられる。

④ 気候変動に対する生態系及び人間の脆弱性は、社会経済的開発の形態などによって、地域間及び地域内で大幅に異なる。

⑤ 世界全体の正味の人為的な温室効果ガス排出量について、2010～2019年の期間の年間平均値は過去のどの10年の値よりも高かった。

問題2 （R3 Ⅰ—5—1）

気候変動に対する様々な主体における取組に関する次の記述のうち、最も不適切なものはどれか。

① RE100は、企業が自らの事業の使用電力を100%再生可能エネルギーで賄うことを目指す国際的なイニシアティブであり、2020年時点で日本を含めて各国の企業が参加している。

② 温室効果ガスであるフロン類については、オゾン層保護の観点から特定フロンから代替フロンへの転換が進められてきており、地球温暖化対策としても十分な効果を発揮している。

③ 各国の中央銀行総裁及び財務大臣からなる金融安定理事会の作業部会である気候関連財務情報開示タスクフォース（TCFD）は、投資家等に適切な投資判断を促すため気候関連財務情報の開示を企業等へ促すことを目的としており、2020年時点において日本国内でも200以上の機関が賛同を表明している。

④ 2050年までに温室効果ガス又は二酸化炭素の排出量を実質ゼロにすることを目指す旨を表明した地方自治体が増えており、これらの自治体を日本政府は「ゼロカーボンシティ」と位置付けている。

⑤ ZEH（ゼッチ）及びZEH-M（ゼッチ・マンション）とは、建物外皮の断熱性能等を大幅に向上させるとともに、高効率な設備システムの導入により、室内環境の質を維持しつつ大幅な省エネルギーを実現したうえで、再生可能エネルギーを導入することにより、一次エネルギー消費量の収支をゼロとすることを目指した戸建住宅やマンション等の集合住宅のことであり、政府はこれらの新築・改修を支援している。

問題3 （R元再 Ⅰ—5—1）

気候変動に関する次の記述の、[　　]に入る語句の組合せとして、最も適切なものはどれか。

気候変動の影響に対処するには、温室効果ガスの排出の抑制等を図る「[　ア　]」に取り組むことが当然必要ですが、既に現れている影響や中長期的に避けられない影響による被害を回避・軽減する「[　イ　]」もまた不可欠なものです。気候変動による影響は様々な分野・領域に及ぶため関係者が多く、さらに気候変動の影響が地域ごとに異なることから、[　イ　]策を講じるに当たっては、関係者間の連携、施策の分野横断的な視点及び地域特性に応じた取組が必要です。気候変動の影響によって気象災害リスクが増加するとの予測があり、こうした気象災害へ対処していくことも「[　イ　]」ですが、その手法には様々なものがあり、[　ウ　]を活用した防災・減災（Eco-DRR）もそのひとつです。具体的には、遊水効果を持つ湿原の保全・再生や、多様で健全な森林の整備による森林の国土保全機能の維持などが挙げられます。これは[　イ　]の取組であると同時に、[　エ　]の保全にも資する取組でもあります。[　イ　]策を講じるに当たっては、複数の効果をもたらすよう施策を推進することが重要とされています。

（環境省「令和元年版 環境・循環型社会・生物多様性白書」より抜粋）

	ア	イ	ウ	エ
①	緩和	適応	生態系	生物多様性
②	削減	対応	生態系	地域資源
③	緩和	適応	地域人材	地域資源
④	緩和	対応	生態系	生物多様性
⑤	削減	対応	地域人材	地域資源

【解答】

問題1　②

2011〜2020年における世界平均気温は、工業化以前の近似値とされる1850〜1900年の値よりも約1℃高い。

問題2　②

代替フロンは温室効果があり、地球温暖化への影響を持つので、温暖化への影響がより低いグリーン冷媒の開発や導入の推進が求められている。

問題3　①

温室効果ガスの排出抑制を図るのが緩和策で、被害の軽減を図るのが適応策である。生態系を活用した防災・減災をEco-DRRという。

2章　基礎科目

5-3　大気汚染、廃棄物、公害　　優先度 ★★★

　大気汚染や廃棄物、公害などに関する話題も出題されています。出題確率は高いので、一通り学習しておきましょう。

【ポイント】

■ 汚染物質など

PM2.5（微小粒子状物質）

→大気中に浮遊する2.5μm以下の微粒子。肺の奥まで入り、呼吸器系や循環器系へのリスクが懸念されている

窒素酸化物と硫黄酸化物

→二酸化硫黄は、硫黄分を含む石炭や石油などの燃焼によって生じ、呼吸器疾患や酸性雨の原因となる。二酸化窒素は、物質の燃焼時に発生する一酸化窒素が、大気中で酸化されて生成される物質で、呼吸器疾患の原因となる

一酸化炭素

→有機物の不完全燃焼によって発生し、血液中のヘモグロビンと結合することで酸素運搬機能を阻害する

光化学オキシダント

→工場や自動車から排出される窒素酸化物や揮発性有機化合物などが、太陽光により光化学反応を起こして生成される酸化性物質の総称

ダイオキシン

→ものの焼却過程で生じる物質。ごみ焼却施設でもダイオキシン類対策においては、炉内の温度管理や滞留時間確保等による完全燃焼、及びダイオキシン類の再合成を防ぐために排ガスを200℃以下に急冷するといったことが実施されている

マイクロプラスチック

→一般に5mm以下の微細なプラスチック類のことを指す。マイクロプラスチックによる海洋生態系への影響が懸念されている。

■ 廃棄物

産業廃棄物

→事業活動で発生したもので、法令で20種を定めている。汚泥や廃油、廃プラスチック類、金属くず、ガラスくず・コンクリートくず・陶磁器くず、がれき類などがある

一般廃棄物

→産業廃棄物以外の廃棄物。家庭などで発生する廃棄物や事業で発生する廃棄物のうち、産業廃棄物以外の廃棄物。産業廃棄物と一般廃棄物（ごみ）の量を比べると、産

140

業廃棄物の方が約10倍の重量になっている。令和4年版の環境・循環型社会・生物多様性白書によると、産業廃棄物の排出量(2019年度)が3.86億トン、一般廃棄物(ごみ、2020年度)が4167万トンとなっている

特別管理産業廃棄物

→産業廃棄物のうち、爆発性、毒性、感染性その他の人の健康又は生活環境に係る被害を生ずるおそれがあるもの。一般廃棄物の場合は特別管理一般廃棄物となる

3R(スリーアール)

→リデュース(発生抑制)、リユース(再使用)、リサイクル(再生利用)を指す。環境負荷が小さい順にリデュース、リユース、リサイクルとなるので、この優先順位で対策を講じることが好ましい

■各種法令

建設リサイクル法

→特定建設資材(コンクリート、アスファルト・コンクリート、木材)を用いた建築物などの解体工事やその施工に特定建設資材を使用する新築工事など一定規模以上の建設工事について、その受注者などに分別解体や再資源化などを義務付ける

家電リサイクル法

→一般家庭や事務所から排出されたエアコン、テレビ、冷蔵庫・冷凍庫、洗濯機・衣類乾燥機など特定家庭用機器廃棄物から、有用な部品や材料をリサイクルし、廃棄物を減量し、資源の有効利用を推進する

循環型社会形成推進基本法

→「大量生産・大量消費・大量廃棄」型の経済社会から脱却し、生産から流通、消費、廃棄に至るまで物質の効率的な利用やリサイクルを進め、資源消費を抑制し、環境負荷の少ない「循環型社会」を形成する狙いがある

■各種条約など

バーゼル条約

→有害廃棄物の発生抑制や国内処理の原則を掲げる

→「特定有害廃棄物等」を輸出しようとする場合に、輸出相手国の同意や経済産業大臣の承認、環境大臣による確認などが必要

ラムサール条約

→ラムサール条約は国際的に重要な湿地とそこに生息・生育する動植物の保全を促進するためのもの

ワシントン条約

→絶滅のおそれのある野生動植物の種の国際取引を規制することによって、当該種を保護するもの

2章　基礎科目

　　モントリオール議定書

　　　→オゾン層破壊物質を特定し、その消費・生産などを規制するもの

　　名古屋議定書

　　　→遺伝資源の取得の機会の提供及び提供された遺伝資源の利用から生ずる利益の公正

　　　かつ衡平な配分を定めた

【過去問】

R元 I—5—1、R元再 I—5—2、R2 I—5—1、R3 I—5—2、R4 1—5—2、R5 I—5—2、
R6 I—5—1、R6 I—5—2

【問題演習】

問題1　（R3 1—5—2）

　環境保全のための対策技術に関する次の記述のうち、最も不適切なものはどれか。

① ごみ焼却施設におけるダイオキシン類対策においては、炉内の温度管理や滞留時間確保等による完全燃焼、及びダイオキシン類の再合成を防ぐために排ガスを200℃以下に急冷するなどが有効である。

② 屋上緑化や壁面緑化は、建物表面温度の上昇を抑えることで気温上昇を抑制するとともに、居室内への熱の侵入を低減し、空調エネルギー消費を削減することができる。

③ 産業廃棄物の管理型処分場では、環境保全対策として遮水工や浸出水処理設備を設けることなどが義務付けられている。

④ 掘削せずに土壌の汚染物質を除去する「原位置浄化」技術には化学的作用や生物学的作用等を用いた様々な技術があるが、実際に土壌汚染対策法に基づいて実施された対策措置においては掘削除去の実績が多い状況である。

⑤ 下水処理の工程は一次処理から三次処理に分類できるが、活性汚泥法などによる生物処理は一般的に一次処理に分類される。

問題2　（R5 I—5—2）

　大気汚染物質に関する次の記述のうち、最も不適切なものはどれか。

① 二酸化硫黄は、硫黄分を含む石炭や石油などの燃焼によって生じ、呼吸器疾患や酸性雨の原因となる。

② 二酸化窒素は、物質の燃焼時に発生する一酸化窒素が、大気中で酸化されて生成される物質で、呼吸器疾患の原因となる。

③ 一酸化炭素は、有機物の不完全燃焼によって発生し、血液中のヘモグロビンと結合することで酸素運搬機能を阻害する。

142

④ 光化学オキシダントは、工場や自動車から排出される窒素酸化物や揮発性有機化合物などが、太陽光により光化学反応を起こして生成される酸化性物質の総称である。
⑤ PM2.5は、粒径10μm以下の浮遊粒子状物質のうち、肺胞に最も付着しやすい粒径2.5μm付近の大きさを有するものである。

問題3 (R4 I―5―2)

廃棄物に関する次の記述のうち、不適切なものはどれか。
① 一般廃棄物と産業廃棄物の近年の総排出量を比較すると、一般廃棄物の方が多くなっている。
② 特別管理産業廃棄物とは、産業廃棄物のうち、爆発性、毒性、感染性その他の人の健康又は生活環境に係る被害を生ずるおそれがあるものである。
③ バイオマスとは、生物由来の有機性資源のうち化石資源を除いたもので、廃棄物系バイオマスには、建設発生木材や食品廃棄物、下水汚泥などが含まれる。
④ RPFとは、廃棄物由来の紙、プラスチックなどを主原料とした固形燃料のことである。
⑤ 2020年東京オリンピック競技大会・東京パラリンピック競技大会のメダルは、使用済小型家電由来の金属を用いて製作された。

問題4 (R6 I―5―2)

下図は、2020年度における産業廃棄物の処理の流れを概算値で表したものである。排出量374百万トンの78%強に当たる293百万トンが、中間処理されて減量化されたのち、再生利用若しくは最終処分されている。残る22%弱は直接再生利用されるか直接最終処分されている。次の記述のうち、最も不適切なものはどれか。

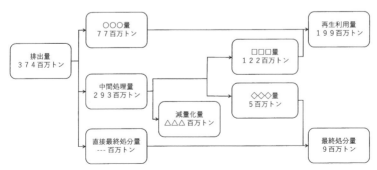

図 産業廃棄物の処理の流れ(2020年度)
出典：令和5年版 環境・循環型社会・生物多様性白書を一部改変

2章　基礎科目

① 直接再生利用された量は77百万トンで、再生利用量のおよそ40％である。

② 中間処理後に再生利用された量は122百万トンで、中間処理量のおよそ40％である。

③ 中間処理により減量化された量は166百万トンで、排出量のおよそ45％である。

④ 直接最終処分された量は4百万トンで、排出量のおよそ1％である。

⑤ 再生利用量は排出量のおよそ20％で、最終処分量のおよそ22倍である。

問題5　（R2 Ⅰ—5—1）

　プラスチックごみ及びその資源循環に関する（ア）～（オ）の記述について、それぞれの正誤の組合せとして、最も適切なものはどれか。

（ア）近年、マイクロプラスチックによる海洋生態系への影響が懸念されており、世界的な課題となっているが、マイクロプラスチックとは一般に5mm以下の微細なプラスチック類のことを指している。

（イ）海洋プラスチックごみは世界中において発生しているが、特に先進国から発生しているものが多いと言われている。

（ウ）中国が廃プラスチック等の輸入禁止措置を行う直前の2017年において、日本国内で約900万トンの廃プラスチックが排出されそのうち約250万トンがリサイクルされているが、海外に輸出され海外でリサイクルされたものは250万トンの半数以下であった。

（エ）2019年6月に政府により策定された「プラスチック資源循環戦略」においては、基本的な対応の方向性を「3R＋Renewable」として、プラスチック利用の削減、再使用、再生利用の他に、紙やバイオマスプラスチックなどの再生可能資源による代替を、その方向性に含めている。

（オ）陸域で発生したごみが河川等を通じて海域に流出されることから、陸域での不法投棄やポイ捨て撲滅の徹底や清掃活動の推進などもプラスチックごみによる海洋汚染防止において重要な対策となる。

	ア	イ	ウ	エ	オ
①	正	正	誤	正	誤
②	正	誤	誤	正	正
③	正	正	正	誤	誤
④	誤	誤	正	正	正
⑤	誤	正	誤	誤	正

問題6 （R元再 I―5―2）

廃棄物処理・リサイクルに関する我が国の法律及び国際条約に関する次の記述のうち、最も適切なものはどれか。

① 家電リサイクル法（特定家庭用機器再商品化法）では、エアコン、テレビ、洗濯機、冷蔵庫など一般家庭や事務所から排出された家電製品について、小売業者に消費者からの引取り及び引き取った廃家電の製造者等への引渡しを義務付けている。

② バーゼル条約（有害廃棄物の国境を越える移動及びその処分の規制に関するバーゼル条約）は、開発途上国から先進国へ有害廃棄物が輸出され、環境汚染を引き起こした事件を契機に採択されたものであるが、リサイクルが目的であれば、国境を越えて有害廃棄物を取引することは規制されてはいない。

③ 容器包装リサイクル法（容器包装に係る分別収集及び再商品化の促進等に関する法律）では、PETボトル、スチール缶、アルミ缶の3品目のみについて、リサイクル（分別収集及び再商品化）のためのすべての費用を、商品を販売した事業者が負担することを義務付けている。

④ 建設リサイクル法（建設工事に係る資材の再資源化等に関する法律）では、特定建設資材を用いた建築物等に係る解体工事又はその施工に特定建設資材を使用する新築工事等の建設工事のすべてに対して、その発注者に対し、分別解体等及び再資源化等を行うことを義務付けている。

⑤ 循環型社会形成推進基本法は、焼却するごみの量を減らすことを目的にしており、3Rの中でもリサイクルを最優先とする社会の構築を目指した法律である。

問題7 （R6 I―5―1）

環境問題に関連する条約や議定書について、名称（略称）と概要の組合せとして、最も不適切なものはどれか。

名称（略称）／概要

① ラムサール条約／国際的に重要な森林及びその動植物の保全

② ワシントン条約／絶滅のおそれのある野生動植物の種の国際取引を規制することによって、当該種を保護

③ モントリオール議定書／オゾン層破壊物質を特定し、その消費・生産等を規制

④ バーゼル条約／有害廃棄物の国境を越える移動及びその処分の規制

⑤ 名古屋議定書／遺伝資源の取得の機会の提供及び提供された遺伝資源の利用から生ずる利益の公正かつ衡平な配分

2章　基礎科目

【解答】

問題1　⑤

活性汚泥法などによる生物処理は一般的に二次処理に分類される。

問題2　⑤

PM2.5は、粒径2.5μm以下のものを指す。

問題3　①

一般廃棄物と産業廃棄物の量を比べると、産業廃棄物の方が多い。

問題4　⑤

図から数字を読み取る問題になっているので、細かい内容が分からなくても解ける。再生利用量は排出量のおよそ53％（199百万トン÷374百万トン×100％）になっている。

問題5　②

海洋プラスチックごみは主に途上国で発生している。廃プラスチックについては、2017年の中国の輸出規制以降は同国への輸出はほとんどなくなったが、それまではリサイクルされる廃プラスチックの半分以上が海外に輸出されていた。現在は大幅に減少している。

問題6　①

バーゼル条約では、リサイクル目的でも国境を越えた有害廃棄物の取引を規制している。容器包装リサイクル法では、アルミ缶、スチール缶は既に市場で取り引きされているので、再商品化義務の対象とはなっていない。建設リサイクル法では、一定規模以上の工事について、分別解体等や再資源化などを受注者などに義務付けている。3R(リデュース、リユース、リサイクル)の中で最優先すべきは、環境負荷が最も小さくなるリデュース。

問題7　①

ラムサール条約は国際的に重要な湿地とそこに生息・生育する動植物の保全を促進するためのもの。各締約国がその領域内にある国際的に重要な湿地を1カ所以上指定して登録するとともに、湿地の保全と賢明な利用促進のために講じるべき措置を規定する。

5-4　エネルギー　　　　優先度　★★★

エネルギーに関する問題は頻出です。特に再生可能エネルギーなどに関する問題は数字を含めて学習しておくことをお勧めします。

146

【ポイント】

■ 再生可能エネルギー

種別

→再生可能エネルギーと区分されているのは、水力、太陽光、風力、地熱、バイオマスなどで、水力はカテゴリーとして別にカウントされることもあるので、問題文などを注意して確認する。なお、未活用エネルギーというカテゴリーもある。ここには、廃棄物エネルギー利用や廃棄物エネルギー回収などが含まれる

→政府の総合エネルギー統計では、再生可能エネルギー（水力を除く）、水力発電（揚水除く）、未活用エネルギーの合計値の一次エネルギー国内供給に占める比率は15%程度（23年度）。このうち、再生可能エネルギー（水力を除く）は増加が続いており、23年度の速報値では8.2%に及ぶ

→日本の総発電電力量のうち、水力を除く再生可能エネルギーの占める割合は増加傾向。2018年度に9%程度。2023年度で15%程度

太陽光パネル

→太陽電池の国内出荷量に占める国内生産品の割合は、低下傾向にあり、国内における国内産のシェアは22年時点で1割程度。世界シェアは1%未満

→事業用太陽光発電のシステム費用は低下傾向にあり、10kW以上の平均値（単純平均）は、2012年の約42万円/kWから2020年には約25万円/kWとなった

■ 既存燃料

石油

→日本の原油輸入の中東依存度は約9割で、諸外国と比べて高い水準にある。輸入量が多い上位2か国はサウジアラビアとアラブ首長国連邦。その輸入では、ホルムズ海峡という地政学的リスクの高いエリアの通行も課題となっている

燃料としての効率など

→資源エネルギー庁エネルギー源別標準発熱量表によると、各種燃料について単位質量当たりの標準発熱量を大きい順に並べると、輸入LNG（液化天然ガス）＞原油＞輸入一般炭＞廃材（絶乾）となる

→家庭部門における世帯当たり年間エネルギー種別 CO_2 排出量は、2022年時点で電気＞都市ガス＞灯油＞LPガスの順。ただし、都市ガスと灯油は比較的近い数値になっている。

【過去問】

R元 I—5—3、R元 I—5—4、R元再 I—5—3、R元再 I—5—4、R2 I—5—3、R2 I—5—4、R3 I—5—3、R3 I—5—4、R4 I—5—3、R5 I 5—3、R6 I—5—3、R6 I—5—4

2章 基礎科目

【問題演習】

問題1　(R6 Ⅰ—5—3)

下の図は、全国での世帯当たり年間エネルギー種別CO_2排出量の推移を示している。A～Dに該当するエネルギーの組合せとして、適切なものはどれか。ただし、全国での世帯当たり年間エネルギー種別CO_2排出量は、環境省令和4年度家庭部門のCO_2排出実態統計調査(確報値)(令和6年3月)によるものとする。

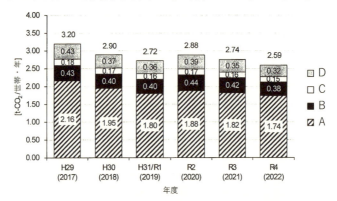

図　世帯当たり年間エネルギー種別CO_2排出量の推移(全国)

	A	B	C	D
①	電気	都市ガス	灯油	LPガス
②	電気	都市ガス	LPガス	灯油
③	都市ガス	電気	LPガス	灯油
④	都市ガス	電気	灯油	LPガス
⑤	灯油	電気	都市ガス	LPガス

問題2　(R6 Ⅰ—5—4)

政府の総合エネルギー統計(2022年度)において、我が国の一次エネルギー供給量に占める再生可能エネルギー(水力を除く)、水力発電(揚水除く)、未活用エネルギーの合計値の比率として、最も適切なものはどれか。ただし、未活用エネルギーとは、廃棄物エネルギー利用、廃棄エネルギー回収など、エネルギー源が一旦使用された後、通常は廃棄、放散される部分を有効に活用するエネルギー源である。

① 0.5%　② 2%　③ 7%　④ 14%　⑤ 28%

問題3　(R5 Ⅰ—5—3)

日本のエネルギーに関する次の記述のうち、最も不適切なものはどれか。

① 日本の太陽光発電導入量、太陽電池の国内出荷量に占める国内生産品の割合

は、いずれも2009年度以降2020年度まで毎年拡大している。

② 2020年度の日本の原油輸入の中東依存度は90%を上回り、諸外国と比べて高い水準にあり、特に輸入量が多い上位2か国はサウジアラビアとアラブ首長国連邦である。

③ 2020年度の日本に対するLNGの輸入供給源は、中東以外の地域が80%以上を占めており、特に2012年度から豪州が最大のLNG輸入先となっている。

④ 2020年末時点での日本の風力発電の導入量は4百万kWを上回り、再エネの中でも相対的にコストの低い風力発電の導入を推進するため、電力会社の系統受入容量の拡大などの対策が行われている。

⑤ 環境適合性に優れ、安定的な発電が可能なベースロード電源である地熱発電は、日本が世界第3位の資源量を有する電源として注目を集めている。

問題4 (R3 Ⅰ—5—3)

エネルギー情勢に関する次の記述の、[   ]に入る数値の組合せとして、最も適切なものはどれか。

日本の総発電電力量のうち、水力を除く再生可能エネルギーの占める割合は年々増加し、2018年度時点で約[ア]%である。特に、太陽光発電の導入量が近年着実に増加しているが、その理由の1つとして、そのシステム費用の低下が挙げられる。実際、国内に設置された事業用太陽光発電のシステム費用はすべての規模で毎年低下傾向にあり、10kW以上の平均値（単純平均）は、2012年の約42万円/kWから2020年には約[イ]万円/kWまで低下している。一方、太陽光発電や風力発電の出力は、天候等の気象環境に依存する。例えば、風力発電で利用する風のエネルギーは、風速の[ウ]乗に比例する。

	ア	イ	ウ
①	9	25	3
②	14	25	3
③	14	15	3
④	9	25	2
⑤	14	15	2

問題5 (R4 Ⅰ—5—3)

石油情勢に関する次の記述の、[   ]に入る数値及び語句の組合せとして、適切なものはどれか。

日本で消費されている原油はそのほとんどを輸入に頼っているが、エネルギー白書2021によれば輸入原油の中東地域への依存度（数量ベース）は2019年度で約

2章　基礎科目

［ ア ］％と高く、その大半は同地域における地政学的リスクが大きい［ イ ］海峡を経由して運ばれている。また、同年における最大の輸入相手国は［ ウ ］である。石油及び石油製品の輸入金額が、日本の総輸入金額に占める割合は、2019年度には約［ エ ］％である。

	ア	イ	ウ	エ
①	90	ホルムズ	サウジアラビア	10
②	90	マラッカ	クウェート	32
③	90	ホルムズ	クウェート	10
④	67	マラッカ	クウェート	10
⑤	67	ホルムズ	サウジアラビア	32

問題6　（R元再 Ⅰ—5—3）

(A)原油、(B)輸入一般炭、(C)輸入LNG（液化天然ガス）、(D)廃材（絶乾）を単位質量当たりの標準発熱量が大きい順に並べたとして、最も適切なものはどれか。ただし、標準発熱量は資源エネルギー庁エネルギー源別標準発熱量表による。

① A＞B＞C＞D　　② B＞A＞D＞C　　③ C＞A＞B＞D
④ C＞B＞D＞A　　⑤ D＞C＞B＞A

【解答】

問題1　②

環境省が公表する家庭部門のCO₂排出実態統計調査からの出題。世帯当たり年間エネルギー種別CO_2排出量は、電気＞都市ガス＞灯油＞LPガスの順となっている。都市ガスと灯油は比較的近い数値で、特に電気についてはCO_2排出量が減少傾向にある。

問題2　④

政府の総合エネルギー統計（2022年度）によると、我が国の一次エネルギー供給量に占める再生可能エネルギー（水力を除く）、水力発電（揚水除く）、未活用エネルギーの合計値の比率は14％程度である。このうち、再生可能エネルギー（水力を除く）は増加が続いている。

問題3　①

国産の太陽光パネルは2000年頃に世界シェア50％に達していたが、05年以降、中国産などに押される格好でシェアを落とすようになった。国内でも国内産のシェアは低下傾向が続いており、22年時点で1割程度となっている。

問題4　①

日本の総発電電力量のうち、水力を除く再生可能エネルギーの占める割合は増加

150

傾向にある。2018年度で9％程度であった（23年度では約15％となっている）。事業用太陽光発電のシステム費用は低下傾向にあり、2020年に10kW以上の平均値は25万円／kW程度である。パネル価格は長期的に低下傾向にあるが、工事費は近年増加傾向にある。風力発電の出力は風速の3乗に比例する。

問題5　①

石油資源の中東依存度は約9割と高い状況で推移している。主な輸入先はサウジアラビアやUAE（アラブ首長国連邦）。ホルムズ海峡という地政学的リスクの大きいエリアからの輸入に依存している。2019年度の輸入総額に占める石油と石油製品の輸入額の割合は1割程度となっている。

問題6　③

資源エネルギー庁が公表するエネルギー源別標準発熱量・炭素排出係数の解説によると、単位質量当たりの標準発熱量が大きいのは、(C)輸入LNG（液化天然ガス）＞(A)原油＞(B)輸入一般炭＞(D)廃材（絶乾）の順となる。

5-5　科学技術とリスク　　　　　　優先度 ★★★

科学技術とリスクの関わりを問う問題も時々出題されています。よく読めば解答できる設問が多いので、出題された場合は得点源にしやすいでしょう。

【ポイント】

■ リスクとの関わり

リスク評価

→リスクの大きさを科学的に評価する作業。その結果とともに技術的可能性や費用対効果などを考慮してリスク管理が行われる

リスクコミュニケーション

→リスクコミュニケーションとは、リスクに関する、個人、機関、集団間での情報及び意見の相互交換

→リスクコミュニケーションでは、科学的に評価されたリスクと人が認識するリスクの間に往々にして隔たりがあることを前提としている

→リスクコミュニケーションに当たっては、リスク評価に至った過程を開示して分かりやすく説明することが重要

レギュラトリーサイエンス

→科学技術の成果を人と社会に役立てることを目的に、根拠に基づく的確な予測、評価、判断を行い、科学技術の成果を人と社会との調和の上で最も望ましい姿に調整させるための科学

→科学技術の成果を支える信頼性と波及効果を予測及び評価し、リスクに対して科学

2章　基礎科目

　　　的な根拠を与えるもの
　　→リスク管理に関わる法や規制の社会的合意の形成を支援することを目的としている

【過去問】

　R元再 I—5—6、R4 I—5—5、R5 I—5—5

【問題演習】

問題1 （R5 I—5—5）

　労働者や消費者の安全に関連する次の（ア）〜（オ）の日本の出来事を年代の古い順から並べたものとして、適切なものはどれか。

（ア）職場における労働者の安全と健康の確保などを図るために、労働安全衛生法が制定された。

（イ）製造物の欠陥による被害者の保護を図るために、製造物責任法が制定された。

（ウ）年少者や女子の労働時間制限などを図るために、工場法が制定された。

（エ）健全なる産業の振興と労働者の幸福増進などを図るために、第1回の全国安全週間が実施された。

（オ）工業標準化法（現在の産業標準化法）が制定され、日本工業規格（JIS、現在の日本産業規格）が定められることになった。

　① 　ウ—エ—オ—ア—イ　　② 　ウ—オ—エ—ア—イ
　③ 　エ—ウ—オ—イ—ア　　④ 　エ—オ—ウ—イ—ア
　⑤ 　オ—ウ—ア—エ—イ

問題2 （R4 I—5—5）

　科学技術とリスクの関わりについての次の記述のうち、不適切なものはどれか。

　① 　リスク評価は、リスクの大きさを科学的に評価する作業であり、その結果とともに技術的可能性や費用対効果などを考慮してリスク管理が行われる。

　② 　レギュラトリーサイエンスは、リスク管理に関わる法や規制の社会的合意の形成を支援することを目的としており、科学技術と社会との調和を実現する上で重要である。

　③ 　リスクコミュニケーションとは、リスクに関する、個人、機関、集団間での情報及び意見の相互交換である。

　④ 　リスクコミュニケーションでは、科学的に評価されたリスクと人が認識するリスクの間に往々にして隔たりがあることを前提としている。

　⑤ 　リスクコミュニケーションに当たっては、リスク情報の受信者を混乱させないために、リスク評価に至った過程の開示を避けることが重要である。

問題3 （R元再 Ⅰ—5—6）

科学技術とリスクの関わりについての次の記述のうち、最も不適切なものはどれか。

① リスク評価は、リスクの大きさを科学的に評価する作業であり、その結果とともに技術的可能性や費用対効果などを考慮してリスク管理が行われる。

② リスクコミュニケーションとは、リスクに関する、個人、機関、集団間での情報及び意見の相互交換である。

③ リスクコミュニケーションでは、科学的に評価されたリスクと人が認識するリスクの間に隔たりはないことを前提としている。

④ レギュラトリーサイエンスは、科学技術の成果を支える信頼性と波及効果を予測及び評価し、リスクに対して科学的な根拠を与えるものである。

⑤ レギュラトリーサイエンスは、リスク管理に関わる法や規制の社会的合意の形成を支援することを目的としており、科学技術と社会の調和を実現する上で重要である。

【解答】

問題1 ①

（ア）労働安全衛生法の制定は1972年、（イ）製造物責任法の制定は1994年、（ウ）工場法の制定は1911年、（エ）第1回の全国安全週間は1928年に実施、（オ）工業標準化法の制定は1949年。

問題2 ⑤

リスクコミュニケーションに当たっては、リスク評価に至った過程について、できる限り開示して分かりやすく説明することが重要である。

問題3 ③

リスクコミュニケーションでは、科学的に評価されたリスクと人が認識するリスクの間に隔たりがあることを前提としている。

5-6 技術史

優先度 ★☆☆

科学技術の出来事を順に並べる出題はほぼ毎年続いています。ただし、取り上げられる出来事が多く、準備が大変です。得意な人向けです。

【ポイント】

■ 時系列で見る主な技術

過去に出題された主な出来事

→下記に主な出来事とその年次を示す。なお、開発時期など年次については代表的な

2章　基礎科目

年次とされているものも含む。おおまかな時期として捉えておくとよい

→1700年代

ダニエル・ベルヌーイが流体力学に関する「ベルヌーイの定理」を発表(1738年)

ジェームズ・ワットによる蒸気機関の改良(1769年)

アントワーヌ・ラヴォワジェが燃焼を酸素の作用とする一般的な燃焼理論を発表(1777年)

ジェンナーによる種痘法の開発(1796年)

→1800年代

フリードリヒ・ヴェーラーによる尿素の人工的合成(1828年)

ジョージ・スティーヴンソンが実用的な蒸気機関車であるロケット号を製作(1829年)

ヘンリー・ベッセマーによる転炉法の開発(1856年)

チャールズ・ダーウィンが生物進化についての著書『種の起源』を出版(1859年)

メンデレーエフによる元素の周期律の発表(1869年)

アレクサンダー・グラハム・ベルによる電話の発明(1876年)

ハインリッヒ・ルドルフ・ヘルツによる電磁波の存在の実験的な確認(1888年)

志賀潔による赤痢菌の発見(1897年)

マリー及びピエール・キュリーによるラジウム及びポロニウムの発見(1898年)

→1900年代

ド・フォレストによる三極真空管の発明(1907年)

アルフレッド・ヴェーゲナーが地球の大陸移動説を発表(1912年)

フリッツ・ハーバーによるアンモニアの工業的合成(1913年)

アルベルト・アインシュタインによる一般相対性理論の発表(1915年)

本多光太郎による強力磁石鋼KS鋼の開発(1917年)

ウォーレス・カロザースによるナイロンの開発(1935年)

オットー・ハーンによる原子核分裂の発見(1938年)

ブラッテン、バーディーン、ショックレーによるトランジスタの発明(1948年)

福井謙一によるフロンティア軌道理論の発表(1952年)

【過去問】

R元 I—5—5、R元再 I—5—5、R2 I—5—6、R3 I—5—5、R4 I—5—6、R5 I—5—6、
R6 I—5—5、R6 I—5—6

【問題演習】

問題1 （R6 Ⅰ—5—5）

18世紀後半からイギリスで産業革命を引き起こす原動力となり、現代工業化社会の基盤を形成したのは、自動織機や蒸気機関などの新技術だった。これら産業革命期の技術発展に関する次の記述のうち、最も不適切なものはどれか。

① 一見革命的に見える新技術も、多くは既存の技術をもとにして改良を積み重ねることで達成されたものである。

② 新技術のアイデアには、からくり人形や自動人形などの娯楽製品から転用されたものもある。

③ 新技術の開発は、そのほとんどがヨーロッパ各地の大学研究者によって主導され、産学協同の格好の例となっている。

④ 新技術の発展により、手工業的な作業場は機械で重装備された大工場に置き換えられていった。

⑤ 新技術は生産効率を高めたが、反面で安い労働力を求める産業資本の成長を促し、工場での長時間労働や児童労働などの社会問題化を招いた。

問題2 （R6 Ⅰ—5—6）

次の（ア）〜（オ）の科学史・技術史上の著名な業績を、年代の古い順から並べたものとして、最も適切なものはどれか。

（ア）ダニエル・ベルヌーイが流体力学に関する「ベルヌーイの定理」を発表した。

（イ）アントワーヌ・ラヴォワジエが燃焼を酸素の作用とする一般的な燃焼理論を発表した。

（ウ）チャールズ・ダーウィンが生物進化についての著書『種の起源』を出版した。

（エ）アルフレッド・ヴェーゲナーが地球の大陸移動説を発表した。

（オ）ジョージ・スティーヴンソンが実用的な蒸気機関車であるロケット号を製作した。

① アーイーウーエーオ　　② アーイーオーウーエ

③ イーアーウーオーエ　　④ エーアーイーオーウ

⑤ エーイーアーウーオ

問題3 （R5 Ⅰ—5—6）

科学と技術の関わりは多様であり、科学的な発見の刺激により技術的な応用がもたらされることもあれば、革新的な技術が科学的な発見を可能にすることもある。こうした関係についての次の記述のうち、不適切なものはどれか。

① 望遠鏡が発明されたのちに土星の環が確認された。

2章　基礎科目

②　量子力学が誕生したのちにトランジスターが発明された。

③　電磁波の存在が確認されたのちにレーダーが開発された。

④　原子核分裂が発見されたのちに原子力発電の利用が始まった。

⑤　ウイルスが発見されたのちにワクチン接種が始まった。

問題4　（R4 I—5—6）

次の（ア）～（オ）の科学史・技術史上の著名な業績を、年代の古い順から並べたものとして、適切なものはどれか。

（ア）ヘンリー・ベッセマーによる転炉法の開発

（イ）本多光太郎による強力磁石鋼KS鋼の開発

（ウ）ウォーレス・カロザースによるナイロンの開発

（エ）フリードリヒ・ヴェーラーによる尿素の人工的合成

（オ）志賀潔による赤痢菌の発見

 ①　ア—エ—イ—オ—ウ　　②　ア—エ—オ—イ—ウ

 ③　エ—ア—オ—イ—ウ　　④　エ—オ—ア—ウ—イ

 ⑤　オ—エ—ア—ウ—イ

問題5　（R3 I—5—5）

次の（ア）～（オ）の、社会に大きな影響を与えた科学技術の成果を、年代の古い順から並べたものとして、最も適切なものはどれか。

（ア）フリッツ・ハーバーによるアンモニアの工業的合成の基礎の確立

（イ）オットー・ハーンによる原子核分裂の発見

（ウ）アレクサンダー・グラハム・ベルによる電話の発明

（エ）ハインリッヒ・ルドルフ・ヘルツによる電磁波の存在の実験的な確認

（オ）ジェームズ・ワットによる蒸気機関の改良

 ①　ア—オ—ウ—エ—イ　　②　ウ—エ—オ—イ—ア

 ③　ウ—オ—ア—エ—イ　　④　オ—ウ—エ—ア—イ

 ⑤　オ—エ—ウ—イ—ア

問題6　（R2 I—5—6）

次の（ア）～（オ）の科学史・技術史上の著名な業績を、古い順から並べたものとして、最も適切なものはどれか。

（ア）マリー及びピエール・キュリーによるラジウム及びポロニウムの発見

（イ）ジェンナーによる種痘法の開発

（ウ）ブラッテン、バーディーン、ショックレーによるトランジスタの発明

(エ)メンデレーエフによる元素の周期律の発表

(オ)ド・フォレストによる三極真空管の発明

① イ—エ—ア—オ—ウ　　② イ—エ—オ—ウ—ア

③ イ—オ—エ—ア—ウ　　④ エ—イ—オ—ア—ウ

⑤ エ—オ—イ—ア—ウ

問題7　(R元再 Ⅰ—5—5)

　次の(ア)～(オ)の科学史及び技術史上の著名な業績を、年代の古い順に左から並べたとして、最も適切なものはどれか。

(ア)ジェームズ・ワットによるワット式蒸気機関の発明

(イ)チャールズ・ダーウィン、アルフレッド・ラッセル・ウォレスによる進化の自然選択説の発表

(ウ)福井謙一によるフロンティア軌道理論の発表

(エ)周期彗星(ハレー彗星)の発見

(オ)アルベルト・アインシュタインによる一般相対性理論の発表

① ア—イ—エ—ウ—オ　　② エ—ア—イ—ウ—オ

③ ア—エ—オ—イ—ウ　　④ エ—ア—イ—オ—ウ

⑤ ア—イ—エ—オ—ウ

【解答】

問題1　③

　最初の産業革命の進展を主導してきたのは、大学に学んでいない人材である。

問題2　②

　(ア)ダニエル・ベルヌーイが流体力学に関する「ベルヌーイの定理」を発表(1738年)、(イ)アントワーヌ・ラヴォワジェが燃焼を酸素の作用とする一般的な燃焼理論を発表(1777年)、(ウ)チャールズ・ダーウィンが生物進化についての著書『種の起源』を出版(1859年)、(エ)アルフレッド・ヴェーゲナーが地球の大陸移動説を発表(1912年)、(オ)ジョージ・スティーヴンソンが実用的な蒸気機関車であるロケット号を製作(1829年)。よって、(ア)→(イ)→(オ)→(ウ)→(エ)。

問題3　⑤

　ジェンナーによる種痘の発明が天然痘ワクチンの開発に結び付いたが、ウイルスの発見は、ワクチンの開発よりも後の出来事である。

問題4　③

　(ア)ヘンリー・ベッセマーによる転炉法の開発(1856年)、(イ)本多光太郎による強力磁石鋼KS鋼の開発(1917年)、(ウ)ウォーレス・カロザースによるナイロンの

157

2章　基礎科目

開発(1935年)、(エ)フリードリヒ・ヴェーラーによる尿素の人工的合成(1828年)、(オ)志賀潔による赤痢菌の発見(1897年)。よって、(エ)→(ア)→(オ)→(イ)→(ウ)。

問題5　④

　(ア)フリッツ・ハーバーによるアンモニアの工業的合成の基礎の確立(1913年)、(イ)オットー・ハーンによる原子核分裂の発見(1938年)、(ウ)アレクサンダー・グラハム・ベルによる電話の発明(1876年)、(エ)ハインリッヒ・ルドルフ・ヘルツによる電磁波の存在の実験的な確認(1888年)、(オ)ジェームズ・ワットによる蒸気機関の改良(1769年)。よって、(オ)→(ウ)→(エ)→(ア)→(イ)。

問題6　①

　(ア)マリー及びピエール・キュリーによるラジウム及びポロニウムの発見(1898年)、(イ)ジェンナーによる種痘法の開発(1796年)、(ウ)ブラッテン、バーディーン、ショックレーによるトランジスタの発明(1948年)、(エ)メンデレーエフによる元素の周期律の発表(1869年)、(オ)ド・フォレストによる三極真空管の発明(1907年)。よって、(イ)→(エ)→(ア)→(オ)→(ウ)。

問題7　④

　(ア)ジェームズ・ワットによるワット式蒸気機関の発明(1769年)、(イ)チャールズ・ダーウィン、アルフレッド・ラッセル・ウォレスによる進化の自然選択説の発表、チャールズ・ダーウィンによる『種の起源』の出版は1859年、(ウ)福井謙一によるフロンティア軌道理論の発表(1952年)、(エ)周期彗星(ハレー彗星)の発見はエドモンド・ハレーが1705年に発表した、(オ)アルベルト・アインシュタインによる一般相対性理論の発表(1915年)。よって、(エ)→(ア)→(イ)→(オ)→(ウ)。

3章

適性科目

技術士法	1-1
技術士倫理綱領	1-2
CPD・資質能力	1-3
知的財産	1-4
著作権とAI	1-5
公益通報者保護法	1-6
製造物責任法	1-7
SDGs	1-8
気候変動	1-9
技術流出	1-10
ハラスメント・ダイバーシティ	1-11
個人情報保護法	1-12
組織の社会的責任	1-13
リスク管理	1-14
安全・事故	1-15
標準・規格	1-16
環境関連法令	1-17

3章　適性科目

1-1　技術士法

優先度　★★★

　技術士法の問題は毎年出ています。大半は第4章にある「技術士等の義務」からの問いになります。ポイントを押さえておけば確実に得点できます。

【ポイント】

■ 技術士法

　技術士法そのもので問われるのは、下記に記す第4章の「技術士等の義務」の規定が大半である。条文のポイントをしっかり押さえておく。「義務」と「責務」の違い、「技術士」と「技術士補」の違いなどを理解しておくことが重要。

　信用失墜行為の禁止（第44条）
　　→技術士又は技術士補は、技術士若しくは技術士補の信用を傷つけ、又は技術士及び技術士補全体の不名誉となるような行為をしてはならない

　技術士等の秘密保持義務（第45条）
　　→技術士又は技術士補は、正当の理由がなく、その業務に関して知り得た秘密を漏らし、又は盗用してはならない。技術士又は技術士補でなくなった後においても、同様とする

　技術士等の公益確保の責務（第45条の2）
　　→技術士又は技術士補は、その業務を行うに当たっては、公共の安全、環境の保全その他の公益を害することのないよう努めなければならない

　技術士の名称表示の場合の義務（第46条）
　　→技術士は、その業務に関して技術士の名称を表示するときは、その登録を受けた技術部門を明示してするものとし、登録を受けていない技術部門を表示してはならない

　技術士補の業務の制限等（第47条）
　　→技術士補は、第2条第1項に規定する業務について技術士を補助する場合を除くほか、技術士補の名称を表示して当該業務を行ってはならない。
　　→前条の規定は、技術士補がその補助する技術士の業務に関してする技術士補の名称の表示について準用する

　技術士の資質向上の責務（第47条の2）
　　→技術士は、常に、その業務に関して有する知識及び技能の水準を向上させ、その他その資質の向上を図るよう努めなければならない

【過去問】

　R元 Ⅱ—1、R元再 Ⅱ—1、R元再 Ⅱ—2、R2 Ⅱ—1、R3 Ⅱ—1、R4 Ⅱ—1、R5 Ⅱ—1、R6 Ⅱ—1

【問題演習】

問題1 （R元 Ⅱ—1）

技術士法第4章に関する次の記述の、[　　]に入る語句の組合せとして、最も適切なものはどれか。

（信用失墜行為の禁止）

第44条　技術士又は技術士補は、技術士若しくは技術士補の信用を傷つけ、又は技術士及び技術士補全体の不名誉となるような行為をしてはならない。

（技術士等の秘密保持[ア]）

第45条　技術士又は技術士補は、正当の理由がなく、その業務に関して知り得た秘密を漏らし、又は盗用してはならない。技術士又は技術士補でなくなった後においても、同様とする。

（技術士等の[イ]確保の[ウ]）

第45条の2　技術士又は技術士補は、その業務を行うに当たっては、公共の安全、環境の保全その他の[イ]を害することのないよう努めなければならない。

（技術士の名称表示の場合の[ア]）

第46条　技術士は、その業務に関して技術士の名称を表示するときは、その登録を受けた[エ]を明示してするものとし、登録を受けていない[エ]を表示してはならない。

（技術士補の業務の[オ]等）

第47条　技術士補は、第2条第1項に規定する業務について技術士を補助する場合を除くほか、技術士補の名称を表示して当該業務を行ってはならない。

2　前条の規定は、技術士補がその補助する技術士の業務に関してする技術士補の名称の表示について[カ]する。

（技術士の[キ]向上の[ウ]）

第47条の2　技術士は、常に、その業務に関して有する知識及び技能の水準を向上させ、その他その[キ]の向上を図るよう努めなければならない。

	ア	イ	ウ	エ	オ	カ	キ
①	義務	公益	責務	技術部門	制限	準用	能力
②	責務	安全	義務	専門部門	制約	適用	能力
③	義務	公益	責務	技術部門	制約	適用	資質
④	責務	安全	義務	専門部門	制約	準用	資質
⑤	義務	公益	責務	技術部門	制限	準用	資質

3章　適性科目

問題2　（R元再　Ⅱ—1）

次の技術士第一次試験適性科目に関する次の記述の、[　　]に入る語句の組合せとして、最も適切なものはどれか。

適性科目試験の目的は、法及び倫理という[　ア　]を遵守する適性を測ることにある。

技術士第一次試験の適性科目は、技術士法施行規則に規定されており、技術士法施行規則では「法第四章の規定の遵守に関する適性に関するものとする」と明記されている。この法第四章は、形式としては[　イ　]であるが、[　ウ　]としての性格を備えている。

	ア	イ	ウ
①	社会規範	倫理規範	法規範
②	行動規範	法規範	倫理規範
③	社会規範	法規範	倫理規範
④	行動規範	倫理規範	行動規範
⑤	社会規範	行動規範	倫理規範

問題3　（R4　Ⅱ—1）

技術士及び技術士補は、技術士法第4章（技術士等の義務）の規定の遵守を求められている。次に掲げる記述について、第4章の規定に照らして、正しいものは○、誤っているものは×として、適切な組合せはどれか。

（ア）　技術士等の秘密保持義務は、所属する組織の業務についてであり、退職後においてまでその制約を受けるものではない。

（イ）　技術は日々変化、進歩している。技術士は、名称表示している専門技術業務領域について能力開発することによって、業務領域を拡大することができる。

（ウ）　技術士等は、顧客から受けた業務を誠実に実施する義務を負っている。顧客の指示が如何なるものであっても、指示通りに実施しなければならない。

（エ）　技術士は、その業務に関して技術士の名称を表示するときは、その登録を受けた技術部門を明示してするものとし、登録を受けていない技術部門を表示してはならない。

（オ）　技術士等は、その業務を行うに当たっては、公共の安全、環境の保全その他の公益を害することのないよう努めなければならないが、顧客の利益を害する場合は守秘義務を優先する必要がある。

（カ）　企業に所属している技術士補は、顧客がその専門分野の能力を認めた場合は、技術士補の名称を表示して技術士に代わって主体的に業務を行ってよい。

（キ）　技術士は、その登録を受けた技術部門に関しては、十分な知識及び技能を有

しているので、その登録部門以外に関する知識及び技能の水準を重点的に向上させるよう努めなければならない。

	ア	イ	ウ	エ	オ	カ	キ
①	×	○	×	×	○	×	○
②	×	×	×	○	×	○	×
③	○	×	○	×	○	×	○
④	×	○	×	○	×	×	×
⑤	○	×	×	○	×	○	×

問題4 （R5 Ⅱ—1）

技術士法第4章（技術士等の義務）の規定において技術士等に求められている義務・責務に関わる（ア）～（エ）の説明について、正しいものは○、誤っているものは×として、適切な組合せはどれか。

（ア）　業務遂行の過程で与えられる情報や知見は、発注者や雇用主の財産であり、技術士等は守秘の義務を負っているが、依頼者からの情報を基に独自で調査して得られた情報はその限りではない。

（イ）　情報の意図的隠蔽は社会との良好な関係を損なうことを認識し、たとえその情報が自分自身や所属する組織に不利であっても公開に努める必要がある。

（ウ）　公衆の安全を確保するうえで必要不可欠と判断した情報については、所属する組織にその情報を速やかに公開するように働きかける。それでも事態が改善されない場合においては守秘義務を優先する。

（エ）　技術士等の判断が依頼者に覆された場合、依頼者の主張が安全性に対し懸念を生じる可能性があるときでも、予想される可能性について発言する必要はない。

	ア	イ	ウ	エ
①	○	×	○	×
②	○	○	×	×
③	×	○	×	×
④	×	×	○	○
⑤	×	×	○	×

【解答】

問題1　⑤

技術士法の穴埋め問題では、「秘密保持」と「名称表示の場合」は「義務」、「公益確保」と「資質向上」は「責務」と覚えておくとよい。また、技術士補には業務上の「制

3章　適性科目

限」があることも押さえておく。令和6年度の試験でもほぼ同じ内容の出題があった。

問題2　③

技術士補の適性科目の試験では法と倫理という社会規範を遵守する適性を確認する。また、技術士法の第4章の形式は法規範であるものの、倫理規範としての性格を持っている。

問題3　④

守秘義務に関する問いでは、守秘義務と公益性の重要度を比較するような選択肢がよく出題される。この場合は公益性が守秘義務よりも優先される旨を理解しておくと、選択肢の正誤を判断しやすくなる。また、技術士や技術士補でなくなった場合や退職した場合でも守秘義務は継続する旨も覚えておきたい。

問題4　③

（ア）技術士等は守秘の義務を負っているが、依頼者からの情報を基に独自で調査して得られた情報はその限りではないとの部分がおかしい。依頼者からの情報を基にしている以上守秘義務に沿って丁寧に対応する必要がある。（ウ）公衆の安全を確保するうえで必要不可欠と判断した情報については、事態が改善されない場合は守秘義務を優先するのではなく、公益を優先する。（エ）依頼者の主張が安全性に対し懸念を生じる可能性がある場合は、予想される可能性について発言しなければならない。よって、（ア）、（ウ）、（エ）の記述は正しくない。

1-2　技術士倫理綱領　　　　　　　　　　　優先度　★★☆

技術士倫理綱領自体を問う出題実績は限られますが、令和5（2023）年に改定されているので、当面は出題確率が高そうです。

【ポイント】

■ 技術士倫理綱領

安全・健康・福利の優先

　→技術士は公衆の安全、健康及び福利を最優先する

（1）技術士は業務において、公衆の安全、健康及び福利を守ることを最優先に対処する

（2）技術士は業務の履行が公衆の安全、健康や福利を損なう可能性がある場合には、適切にリスクを評価し、履行の妥当性を客観的に検証する

（3）技術士は業務の履行により公衆の安全、健康や福利が損なわれると判断した場合には、関係者に代替案を提案し、適切な解決を図る

持続可能な社会の実現

→技術士は地球環境の保全等、将来世代にわたって持続可能な社会の実現に貢献する

(1) 技術士は持続可能な社会の実現に向けて解決すべき環境・経済・社会の諸課題に積極的に取り組む

(2) 技術士は業務の履行が環境・経済・社会に与える負の影響を可能な限り低減する

信用の保持

→技術士は品位の向上、信用の保持に努め、専門職にふさわしく行動する

(1) 技術士は、技術士全体の信用や名誉を傷つけることのないよう、自覚して行動する

(2) 技術士は業務において、欺瞞的、恣意的な行為をしない

(3) 技術士は利害関係者との間で契約に基づく報酬以外の利益を授受しない

有能性の重視

→技術士は自分や協業者の力量が及ぶ範囲で確信の持てる業務に携わる

(1) 技術士はその名称を表示するときは、登録を受けた技術部門を明示する

(2) 技術士はいかなる業務でも、事前に必要な調査、学習、研究を行う

(3) 技術士は業務の履行に必要な場合、適切な力量を有する他の技術士や専門家の助力・協業を求める

真実性の確保

→技術士は報告、説明又は発表を客観的で事実に基づいた情報を用いて行う

(1) 技術士は雇用者又は依頼者に対して、業務の実施内容・結果を的確に説明する

(2) 技術士は論文、報告書、発表等で成果を報告する際に、捏造・改ざん・盗用や誇張した表現等をしない

(3) 技術士は技術的な問題の議論に際し、専門的な見識の範囲で適切に意見を表明する

公正かつ誠実な履行

→技術士は公正な分析と判断に基づき、託された業務を誠実に履行する

(1) 技術士は履行している業務の目的、実施計画、進捗、想定される結果等について、適宜説明するとともに応分の責任をもつ

(2) 技術士は業務の履行に当たり、法令はもとより、契約事項、組織内規則を遵守する

(3) 技術士は業務の履行において予想される利益相反の事態については、回避に努めるとともに、関係者にその情報を開示、説明する

秘密情報の保護

→技術士は業務上知り得た秘密情報を適切に管理し、定められた範囲でのみ使用する

(1) 技術士は業務上知り得た秘密情報を、漏洩や改ざん等が生じないよう、適切に管理する

3章　適性科目

(2) 技術士はこれらの秘密情報を法令及び契約に定められた範囲でのみ使用し、正当な理由なく開示又は転用しない

法令等の遵守

→技術士は、業務に関わる国・地域の法令等を遵守し、文化を尊重する

(1) 技術士は業務に関わる国・地域の法令や各種基準・規格、及び国際条約や議定書、国際規格等を遵守する

(2) 技術士は業務に関わる国・地域の社会慣行、生活様式、宗教等の文化を尊重する

相互の尊重

→技術士は業務上の関係者と相互に信頼し、相手の立場を尊重して協力する

(1) 技術士は共に働く者の安全、健康及び人権を守り、多様性を尊重する

(2) 技術士は公正かつ自由な競争の維持に努める

(3) 技術士は他の技術士又は技術者の名誉を傷つけ、業務上の権利を侵害したり、業務を妨げたりしない

継続研鑽と人材育成

→技術士は専門分野の力量及び技術と社会が接する領域の知識を常に高めるとともに、人材育成に努める

(1) 技術士は常に新しい情報に接し、専門分野に係る知識、及び資質能力を向上させる

(2) 技術士は専門分野以外の領域に対する理解を深め、専門分野の拡張、視野の拡大を図る

(3) 技術士は社会に貢献する技術者の育成に努める

【過去問】

R元再　Ⅱ—4、R6　Ⅱ—11

【問題演習】

問題1　（R6　Ⅱ—11）

　2023年3月に改定された「技術士倫理綱領」（公益社団法人日本技術士会）では、「技術士は、科学技術の利用が社会や環境に重大な影響を与えることを十分に認識し、業務の履行を通して安全で持続可能な社会の実現など、公益の確保に貢献する。」とされている。この改定に当たって基本綱領の下に、実践すべき具体的な行動を示す指針が列記された。なお、「技術者倫理綱領」の理解向上のために、「技術士倫理綱領への手引き」には技術士のあるべき姿が具体的に示されている。次の記述のうち、「技術士倫理綱領」で指針として記載されているものの数はどれか。

（ア）　技術士は、業務の履行が公衆の安全、健康や福利を損なう可能性がある場合

166

には、適切にリスクを評価し、履行の妥当性を客観的に検証する。

（イ）　技術士は、業務の履行が環境・経済・社会に与える負の影響を可能な限り低減する。

（ウ）　技術士は、業務上知り得た秘密情報を、漏洩や改ざん等が生じないよう、適切に管理する。

（エ）　技術士は、業務に関わる国・地域の社会慣行、生活様式、宗教等の文化を尊重する。

（オ）　技術士は、社会に貢献する技術者の育成に努める。

① 1　② 2　③ 3　④ 4　⑤ 5

【解答】
問題1　⑤

（ア）〜（オ）は全て「技術士倫理綱領」で指針として記載されている。

1-3　CPD・資質能力　　　優先度 ★★★

技術者の継続研鑽や技術士の資質能力に関する問題も頻出です。難問は出ないので、しっかり準備して得点源にしましょう。

【ポイント】
■CPD（継続研鑽）

資格を取得して終わりではなく、継続して研鑽を積み、技術士法で規定するような資質向上を図らなければならない。

記録

→日本技術士会は、大臣通知及び技術士法施行規則の改正に沿って、技術士登録簿に技術士CPD実績を記載する。このほか、一定以上のCPD実績のある技術士に対して、証明書の発行や技術士の名簿の公表、技術士（CPD認定）の認定等を行う公的な仕組みとして「技術士CPD活動実績の管理及び活用の仕組み」を構築している

制約

→CPDに適切に取り組んでもらうために、各種学会や団体などは、積極的に支援するほか、その質や量について確認する仕組みを設け、資格継続に制約を課すケースもある

■技術士に求められる能力

技術士として求められる資質能力（コンピテンシー）は以下の8項目。

専門的学識

→技術士が専門とする技術分野（技術部門）の業務に必要な、技術部門全般にわたる専

門知識及び選択科目に関する専門知識を理解し応用すること

→技術士の業務に必要な、我が国固有の法令等の制度及び社会・自然条件等に関する専門知識を理解し応用すること

問題解決

→業務遂行上直面する複合的な問題に対して、これらの内容を明確にし、必要に応じてデータ・情報技術を活用して定義し、調査し、これらの背景に潜在する問題発生要因や制約要因を抽出し分析すること

→複合的な問題に関して、多角的な視点を考慮し、ステークホルダーの意見を取り入れながら、相反する要求事項(必要性、機能性、技術的実現性、安全性、経済性等)、それらによって及ぼされる影響の重要度を考慮した上で、複数の選択肢を提起し、これらを踏まえた解決策を合理的に提案し、又は改善すること

マネジメント

→業務の計画・実行・検証・是正(変更)等の過程において、品質、コスト、納期及び生産性とリスク対応に関する要求事項、又は成果物(製品、システム、施設、プロジェクト、サービス等)に係る要求事項の特性(必要性、機能性、技術的実現性、安全性、経済性等)を満たすことを目的として、人員・設備・金銭・情報等の資源を配分すること

評価

→業務遂行上の各段階における結果、最終的に得られる成果やその波及効果を評価し、次段階や別の業務の改善に資すること

コミュニケーション

→業務履行上、情報技術を活用し、口頭や文書等の方法を通じて、雇用者、上司や同僚、クライアントやユーザー等多様な関係者との間で、明確かつ包摂的な意思疎通を図り、協働すること

→海外における業務に携わる際は、一定の語学力による業務上必要な意思疎通に加え、現地の社会的文化的多様性を理解し関係者との間で可能な限り協調すること

リーダーシップ

→業務遂行にあたり、明確なデザインと現場感覚を持ち、多様な関係者の利害等を調整し取りまとめることに努めること

→海外における業務に携わる際は、多様な価値観や能力を有する現地関係者とともに、プロジェクト等の事業や業務の遂行に努めること

技術者倫理

→業務遂行にあたり、公衆の安全、健康及び福利を最優先に考慮した上で、社会、経済及び環境に対する影響を予見し、地球環境の保全等、次世代にわたる社会の持続可能な成果の達成を目指し、技術士としての使命、社会的地位及び職責を自覚し、

倫理的に行動すること

→業務履行上、関係法令等の制度が求めている事項を遵守し、文化的価値を尊重すること

→業務履行上行う決定に際して、自らの業務及び責任の範囲を明確にし、これらの責任を負うこと

継続研さん

→CPD活動を行い、コンピテンシーを維持・向上させ、新しい技術とともに絶えず変化し続ける仕事の性質に適応する能力を高めること

【過去問】

R元 Ⅱ—2、R4 Ⅱ—15、R5 Ⅱ—5、R6 Ⅱ—15

【問題演習】

問題1 (R6 Ⅱ—15)

技術士や技術者の継続的な資質向上のための取組をCPD (Continuing Professional Development)と呼ぶが、次の記述のうち、適切なものの数はどれか。

(ア) 技術士は常にCPDによって、業務に関する知識及び技能の水準を向上させる努力をすることが求められている。

(イ) 技術士CPD活動の登録において、実施したCPDの内容などに関する第三者からの問合せに対しては、記録とともに証拠となるものを提示し、技術士本人の責任において説明できるようにしておかなければならない。

(ウ) 2021年の文部科学省省令改正により、技術士登録簿に「資質向上の取組状況」欄が新たに設けられた。この改正に沿い日本技術士会は、技術士登録簿に技術士CPD実績を記載するほかCPD実績のある技術士に対して、技術士(CPD認定)の認定、認定証の発行、名簿の公表、等を実施している。

(エ) 技術提供サービスを行うコンサルティング企業に勤務し、現在の知識を適用した通常の業務として自身の技術分野に相当する業務を遂行しているのであれば、それ自体がCPDの要件をすべて満たしている。

(オ) CPDへの適切な取組を促すため、それぞれの学協会は積極的な支援を行うとともに質や量のチェックシステムを導入して、資格継続に制約を課している場合がある。

① 5　　② 4　　③ 3　　④ 2　　⑤ 1

問題2 (R5 Ⅱ—5)

技術の高度化、統合化や経済社会のグローバル化等に伴い、技術者に求められる

3章　適性科目

資質能力はますます高度化、多様化し、国際的な同等性を備えることも重要になっている。技術者が業務を履行するために、技術ごとの専門的な業務の性格・内容、業務上の立場は様々であるものの、（遅くとも）35歳程度の技術者が、技術士資格の取得を通じて、実務経験に基づく専門的学識及び高等の専門的応用能力を有し、かつ、豊かな創造性を持って複合的な問題を明確にして解決できる技術者（技術士）として活躍することが期待される。2021年6月にIEA（International Engineering Alliance；国際エンジニアリング連合）により「GA&PCの改訂（第4版）」が行われ、国際連合による持続可能な開発目標（SDGs）や多様性、包摂性等、より複雑性を増す世界の動向への対応や、データ・情報技術、新興技術の活用やイノベーションへの対応等が新たに盛り込まれた。

「GA&PCの改訂（第4版）」を踏まえ、「技術士に求められる資質能力（コンピテンシー）」（令和5年1月　文部科学省科学技術・学術審議会 技術士分科会）に挙げられているキーワードのうち誤ったものの数はどれか。

※GA&PC；「修了生としての知識・能力と専門職としてのコンピテンシー」

※GA；Graduate Attributes、PC；Professional Competencies

(ア)	専門的学識	(イ)	問題解決	(ウ)	マネジメント
(エ)	評価	(オ)	コミュニケーション	(カ)	リーダーシップ
(キ)	技術者倫理	(ク)	継続研さん		

① 0　　② 1　　③ 2　　④ 3　　⑤ 4

問題3 （R4 Ⅱ—15）

CPD（Continuing Professional Development）は、技術者が自らの技術力や研究能力向上のために自分の能力を継続的に磨く活動を指し、継続教育、継続学習、継続研鑽などを意味する。CPDに関する次の（ア）～（エ）の記述について、正しいものは○、誤っているものは×として、適切な組合せはどれか。

(ア)　CPDへの適切な取組を促すため、それぞれの学協会は積極的な支援を行うとともに、質や量のチェックシステムを導入して、資格継続に制約を課している場合がある。

(イ)　技術士のCPD活動の形態区分には、参加型（講演会、企業内研修、学協会活動）、発信型（論文・報告文、講師・技術指導、図書執筆、技術協力）、実務型（資格取得、業務成果）、自己学習型（多様な自己学習）がある。

(ウ)　技術者はCPDへの取組を記録し、その内容について証明可能な状態にしておく必要があるとされているので、記録や内容の証明がないものは実施の事実があったとしてもCPDとして有効と認められない場合がある。

(エ)　技術提供サービスを行うコンサルティング企業に勤務し、日常の業務として

170

自身の技術分野に相当する業務を遂行しているのであれば、それ自体がCPDの要件をすべて満足している。

	ア	イ	ウ	エ
①	○	○	○	○
②	×	○	×	○
③	○	×	○	○
④	○	×	○	×
⑤	○	○	○	×

【解答】

問題1　②

（エ）に示す現在の知識で通常業務をこなすだけでは、CPDの全要件は満たさない。技術士では、参加型、発信型、自己学習型など実務型（成果の明確なもの）以外の研鑽にも取り組むよう求められている。

問題2　①

（ア）～（ク）までの全てが技術士のコンピテンシーの項目として正しい。

問題3　⑤

日常業務で自身の技術分野に相当する業務を遂行するだけでは、CPDの全要件を満たせないので（エ）の記述は誤り。

1-4　知的財産　　　　　　　　　　　　　　　　　優先度　★★★

知的財産に関する問題は毎年ほぼ出題されます。産業財産権や知的財産権、著作権などに関する重要事項を押さえておけば得点確率が高い分野です。

【ポイント】

■ 産業財産権

知的財産権のうち、産業財産権は以下の4つである。

特許権

　→発明（自然法則を利用した技術的思想の創作のうち高度のもの）を保護するもの。発見そのものや技術水準の低い創作は保護されない。また、金融保険制度・課税方法など人為的取り決めや計算方法・暗号など自然法則の利用がないものは保護の対象外。技術の進歩を促し、産業の発展に寄与させる目的がある

実用新案権

　→自然法則を利用した技術的思想の創作であって、物品の形状、構造又は組合せに係るものを保護するもの。技術的思想の創作として高度である必要はない

意匠権
　→物品の形状、模様若しくは色彩又はこれらの結合、建築物の形状等又は画像であって視覚を通じて美感を起こさせるものを保護するもの

商標権
　→人の知覚によって認識することができるもののうち、文字、図形、記号、立体的形状もしくは色彩又はこれらの結合、音その他政令で定めるもので、業として商品を生産し、証明しもしくは譲渡する者がその商品について使用するもの、または業として役務を提供しもしくは証明する者がその役務について使用するものを保護対象とする

　→従来、商標法の保護対象は、文字や図形、立体的形状等に限られていたが、平成26（2014）年公布の法改正によって、商標の定義が見直され、「動き」「ホログラム」「音」「位置」「色彩」などが商標法の保護対象として認められるようになった

■ 知的財産権

知的財産権は知的創造物についての権利と営業上の標識についての権利に区分される。

知的創造物についての権利など
　→特許権、実用新案権、意匠権、著作権（文芸、学術、美術、音楽、プログラムなどの精神的作品を保護）、回路配置利用権（半導体集積回路の回路配置の利用を保護）、育成者権（植物の新品種を保護）、営業秘密（ノウハウや顧客リストの盗用など不正競争行為を規制）

営業上の標識についての権利など
　→商標権、商号（商号を保護）、商品等表示（周知・著名な商標などの不正使用を規制）、地理的表示（品質、社会的評価その他の確立した特性が産地と結びついている産品の名称を保護）

■ 著作権法

著作物の公正な利用に留意しつつ、著作権者などの権利の保護を図って、新たな創作活動を促して文化の発展に寄与することを目的とする。一方で、著作権の制限を設けて、科学技術の発展などを後押しするような規定もある。

著作権が制限される例外
　→私的利用のための複製
　→引用や転載。報道や批評、研究など引用の目的上正当な範囲内での引用は許可なく実施できる。また、国や地方公共団体などが住民などに周知させる目的で発行される広報資料などについては、転載を禁止する旨が記されていない限り、刊行物に転載できる
　→教科用図書や試験問題としての複製。学校教育の目的の場合、必要と認められる範囲で教科書やデジタル教科書への掲載は認められる。ただし、著作権者への通知や

補償金の支払いは必要となる

→思想や感情の享受を目的としない利用は著作権上の例外となる。技術の開発や実用化のための試験に供する場合や情報解析の用に供する場合、人の知覚による認識を伴うことなく利用に供する場合などが当たる。生成AIによる学習や3Dプリンターの開発の用途で利用するような場合は、著作権が制限される

【過去問】

R元 Ⅱ—5、R元再 Ⅱ—8、R2 Ⅱ—5、R3 Ⅱ—13、R4 Ⅱ—9、R5 Ⅱ—4

【問題演習】

問題1 （R5 Ⅱ—4）

ものづくりに携わる技術者にとって、知的財産を理解することは非常に大事なことである。知的財産の特徴の1つとして、「もの」とは異なり「財産的価値を有する情報」であることが挙げられる。これらの情報は、容易に模倣されるという特質を持っており、しかも利用されることにより消費されるということがないため、多くの者が同時に利用することができる。こうしたことから知的財産権制度は、創作者の権利を保護するため、元来自由利用できる情報を、社会が必要とする限度で自由を制限する制度ということができる。

次の（ア）〜（オ）のうち、知的財産権における産業財産権に含まれるものを○、含まれないものを×として、適切な組合せはどれか。

（ア）　特許権（発明の保護）

（イ）　実用新案権（物品の形状等の考案の保護）

（ウ）　意匠権（物品のデザインの保護）

（エ）　商標権（商品・サービスに使用するマークの保護）

（オ）　著作権（文芸、学術、美術、音楽、プログラム等の精神的作品の保護）

	ア	イ	ウ	エ	オ
①	○	○	○	○	○
②	○	○	○	○	×
③	○	○	○	×	○
④	○	○	×	○	○
⑤	○	×	○	○	○

問題2 （R4 Ⅱ—9）

知的財産を理解することは、ものづくりに携わる技術者にとって非常に大事なことである。知的財産の特徴の1つとして「財産的価値を有する情報」であることが挙

3章　適性科目

げられる。情報は、容易に模倣されるという特質を持っており、しかも利用されることにより消費されるということがないため、多くの者が同時に利用することができる。こうしたことから知的財産権制度は、創作者の権利を保護するため、元来自由利用できる情報を、社会が必要とする限度で自由を制限する制度ということができる。

　次の（ア）～（オ）のうち、知的財産権のなかの知的創作物についての権利等に含まれるものを○、含まれないものを×として、正しい組合せはどれか。

（ア）　特許権（特許法）　　　（イ）　実用新案権（実用新案法）
（ウ）　意匠権（意匠法）　　　（エ）　著作権（著作権法）
（オ）　営業秘密（不正競争防止法）

	ア	イ	ウ	エ	オ
①	○	×	○	○	○
②	○	○	×	○	○
③	○	○	○	×	○
④	○	○	○	○	×
⑤	○	○	○	○	○

問題3　（R元再　Ⅱ—8）

　ものづくりに携わる技術者にとって、特許法を理解することは非常に大事なことである。特許法の第1条には、「この法律は、発明の保護及び利用を図ることにより、発明を奨励し、もって産業の発達に寄与することを目的とする」とある。発明や考案は、目に見えない思想、アイディアなので、家や車のような有体物のように、目に見える形でだれかがそれを占有し、支配できるというものではない。したがって、制度により適切に保護がなされなければ、発明者は、自分の発明を他人に盗まれないように、秘密にしておこうとすることになる。しかしそれでは、発明者自身もそれを有効に利用することができないばかりでなく、他の人が同じものを発明しようとして無駄な研究、投資をすることとなってしまう。そこで、特許制度は、こういったことが起こらぬよう、発明者には一定期間、一定の条件のもとに特許権という独占的な権利を与えて発明の保護を図る一方、その発明を公開して利用を図ることにより新しい技術を人類共通の財産としていくことを定めて、これにより技術の進歩を促進し、産業の発達に寄与しようというものである。

　特許の要件に関する次の（ア）～（エ）の記述について、正しいものは○、誤っているものは×として、最も適切な組合せはどれか。

（ア）　「発明」とは、自然法則を利用した技術的思想の創作のうち高度なものであること

174

(イ) 公の秩序、善良の風俗又は公衆の衛生を害するおそれがないこと
(ウ) 産業上利用できる発明であること
(エ) 国内外の刊行物等で発表されていること

	ア	イ	ウ	エ
①	×	○	○	×
②	○	×	○	○
③	×	○	×	○
④	○	○	○	×
⑤	○	○	×	×

問題4　(R2 Ⅱ—5)

　ものづくりに携わる技術者にとって、知的財産を理解することは非常に大事なことである。知的財産の特徴の1つとして、「もの」とは異なり「財産的価値を有する情報」であることが挙げられる。情報は、容易に模倣されるという特質を持っており、しかも利用されることにより消費されるということがないため、多くの者が同時に利用することができる。こうしたことから知的財産権制度は、創作者の権利を保護するため、元来自由利用できる情報を、社会が必要とする限度で自由を制限する制度ということができる。

　次の(ア)～(コ)の知的財産権のうち、産業財産権に含まれないものの数はどれか。

(ア) 特許権(発明の保護)
(イ) 実用新案権(物品の形状等の考案の保護)
(ウ) 意匠権(物品のデザインの保護)
(エ) 著作権(文芸、学術等の作品の保護)
(オ) 回路配置利用権(半導体集積回路の回路配置利用の保護)
(カ) 育成者権(植物の新品種の保護)
(キ) 営業秘密(ノウハウや顧客リストの盗用など不正競争行為を規制)
(ク) 商標権(商品・サービスで使用するマークの保護)
(ケ) 商号(商号の保護)
(コ) 商品等表示(不正競争防止法)

　　① 4　　② 5　　③ 6　　④ 7　　⑤ 8

【解答】

問題1　②

　産業財産権は、特許権、実用新案権、意匠権、商標権の4つ。

3章　適性科目

問題2　⑤

（ア）～（オ）の全てが知的創造物についての権利である。

問題3　④

特許の要件に刊行物での発表は入っていない。

問題4　③

産業財産権は特許権、実用新案権、意匠権、商標権である。

1-5　著作権とAI　　　　優先度 ★★☆

　生成AIの活用が広がるにつれて、著作権とのトレードオフが社会的な課題となっています。著作物の適切な利用に関する出題も今後、続くでしょう。

【ポイント】

■AIと著作権

　AIと著作権の関係は、開発・学習段階と生成・利用段階で整理される。

開発・学習段階

→AI開発のための情報解析のように、著作物に表現された思想または感情の享受を目的としない利用行為は、原則として著作権者の許諾なく行うことが可能

→著作物の録音、録画その他の利用に係る技術の開発や実用化のための試験の用に供する場合や、情報解析の用に供する場合などが上記に示すような思想または感情の享受を目的としない利用に該当する

生成・利用段階

→既存の著作物との類似性や依拠性が認められない場合は、既存の著作物の著作権侵害とはならない。しかし、「類似性」や「依拠性」が認められた場合には、権利者から利用許諾を得るか、許諾不要な権利制限規定が適用されるかしなければ、著作権侵害となる。例えば、私的な鑑賞のための画像生成などは権利制限規定（私的使用のための複製）に該当するので、著作権者の許諾なく行うことが可能となる

■人間中心のAI社会原則

　2019年に統合イノベーション戦略推進会議で決定された「人間中心のAI社会原則」では、下記が定められている。

社会原則

→以下の7つの原則がある。「人間中心の原則」「教育・リテラシーの原則」「プライバシー確保の原則」「セキュリティ確保の原則」「公正競争確保の原則」「公平性、説明責任および透明性の原則」「イノベーションの原則」

AI開発利用原則

→開発者や事業者が定め、遵守すべきもの。また、2019年に制定されたAI利活用ガ

176

イドラインでは、以下のような原則が挙がっている。「適正利用の原則」「適正学習の原則」「連携の原則」「安全の原則」「セキュリティの原則」「プライバシーの原則」「尊厳・自律の原則」「公平性の原則」「透明性の原則」「アカウンタビリティの原則」

【過去問】

R元再 Ⅱ—9、R3 Ⅱ—6、R6 Ⅱ—3

【問題演習】

問題1 （R6 Ⅱ—3）

　知的財産権の一種である著作権については、著作権法が定められている。この法律の目的は、「著作物等に関し著作者の権利及びこれに隣接する権利を定め、これらの文化的所産の公正な利用に留意しつつ、著作者等の権利の保護を図り、文化の発展に寄与すること」である。

　著作権法は、昨今の情報通信技術の進展等の時代の変化に対応して、「著作物に表現された思想又は感情の享受を目的としない利用」について、その必要と認められる限度において、利用できることとした「柔軟な権利制限規定」が整備されるなど、権利保護と著作物の利用の円滑化とのバランスをとる措置がなされてきている。

　著作権に関し、次の（ア）～（エ）のうち、正しいものは○、誤っているものは×として、最も適切な組合せはどれか。

（ア）　公表された学術論文からの引用は、著作権者の承諾がある場合を除き、著作権侵害となる。

（イ）　官公庁が作成し、公表した官公資料は、公共のために広く利用させるべき性質のものであるため、これを禁止する旨の表示がない等の要件を満たせば、説明の材料として転載できる。

（ウ）　人工知能の開発に関し人工知能が学習するためのデータの収集行為や人工知能の開発を行う第三者への学習用データの提供行為は、著作者等の権利制限の対象となる。

（エ）　美術品の複製に適したカメラやプリンターを開発するために美術品を試験的に複製する行為や複製に適した和紙を開発するために美術品を試験的に複製する行為は、著作者等の権利制限の対象となる。

	ア	イ	ウ	エ
①	×	○	○	○
②	○	×	○	○
③	○	○	×	○
④	○	○	○	×

⑤　○　　○　　○　　○

問題2 （R元再 Ⅱ—9）

　IoT・ビッグデータ・人工知能（AI）等の技術革新による「第4次産業革命」は我が国の生産性向上の鍵と位置付けられ、これらの技術を活用し著作物を含む大量の情報の集積・組合せ・解析により付加価値を生み出すイノベーションの創出が期待されている。こうした状況の中、情報通信技術の進展等の時代の変化に対応した著作物の利用の円滑化を図るため、「柔軟な権利制限規定」の整備についての検討が文化審議会著作権分科会においてなされ、平成31年1月1日に、改正された著作権法が施行された。

　著作権法第30条の4（著作物に表現された思想又は感情の享受を目的としない利用）では、著作物は、技術の開発等のための試験の用に供する場合、情報解析の用に供する場合、人の知覚による認識を伴うことなく電子計算機による情報処理の過程における利用等に供する場合その他の当該著作物に表現された思想又は感情を自ら享受し又は他人に享受させることを目的としない場合には、その必要と認められる限度において、利用することができるとされた。具体的な事例として、次の（ア）～（カ）のうち、上記に該当するものの数はどれか。

（ア）　人工知能の開発に関し人工知能が学習するためのデータの収集行為、人工知能の開発を行う第三者への学習用データの提供行為

（イ）　プログラムの著作物のリバース・エンジニアリング

（ウ）　美術品の複製に適したカメラやプリンターを開発するために美術品を試験的に複製する行為や複製に適した和紙を開発するために美術品を試験的に複製する行為

（エ）　日本語の表記の在り方に関する研究の過程においてある単語の送り仮名等の表記の方法の変遷を調査するために、特定の単語の表記の仕方に着目した研究の素材として著作物を複製する行為

（オ）　特定の場所を撮影した写真などの著作物から当該場所の3DCG映像を作成するために著作物を複製する行為

（カ）　書籍や資料などの全文をキーワード検索して、キーワードが用いられている書籍や資料のタイトルや著者名・作成者名などの検索結果を表示するために書籍や資料などを複製する行為

①　2　　②　3　　③　4　　④　5　　⑤　6

問題3 （R3 Ⅱ—6）

　AIに関する研究開発や利活用は今後飛躍的に発展することが期待されており、

AIに対する信頼を醸成するための議論が国際的に実施されている。我が国では、政府において、「AI-Readyな社会」への変革を推進する観点から、2018年5月より、政府統一のAI社会原則に関する検討を開始し、2019年3月に「人間中心のAI社会原則」が策定・公表された。また、開発者及び事業者において、基本理念及びAI社会原則を踏まえたAI利活用の原則が作成・公表された。

以下に示す（ア）～（コ）の記述のうち、AIの利活用者が留意すべき原則にあきらかに該当しないものの数を選べ。

（ア）	適正利用の原則	（イ）	適正学習の原則
（ウ）	連携の原則	（エ）	安全の原則
（オ）	セキュリティの原則	（カ）	プライバシーの原則
（キ）	尊厳・自律の原則	（ク）	公平性の原則
（ケ）	透明性の原則	（コ）	アカウンタビリティの原則

① 0 ② 1 ③ 2 ④ 3 ⑤ 4

【解答】

問題1 ①

以下のような要件を満たす引用については、著作権侵害とはならない。(1)既に公表されている著作物である(2)引用の必然性があったり、引用部分が明確であり、公正な慣行に合致する(3)報道や批評、研究など利用目的上、正当な範囲内である(4)出所を明示している。（イ）～（エ）の選択肢は全て正しい。

問題2 ⑤

記載されている項目は全て必要と認められている限度において利用可能である。

問題3 ①

記載されている項目は全てAIの利活用者が留意すべき原則に当てはまる。

1-6　公益通報者保護法

優先度 ★★☆

技術士は公益を最優先すべきと規定されており、公益通報者保護法に関する問題も高頻度で出題されます。要点を押さえておきましょう。

【ポイント】

■公益通報者保護法

不祥事などを起点として国民に被害が及ぶことを防ぐために通報する行為に対して、事業者による不当な扱いから通報者を保護するための法律が公益通報者保護法である。

公益通報

→労働者（パートタイムや派遣労働者、公務員も含む）、1年以内の退職者、役員が不

正の目的でなく、勤務先における刑事罰・過料の対象となるような不正を通報することを指す

保護の内容

→解雇は無効である

→降格や減給その他不利益な扱いは禁止

→損害賠償請求の制限

→公益通報をしたことを理由に解雇や降格・減給させられたものは裁判で争うことが可能

通報先と保護の条件

→事業者（内部通報）：公益通報対象となる不正が生じたり、生じようとしていると思料されること

→行政機関：公益通報対象となる不正が生じたり、生じようとしていると信ずるに足りる相当の理由があること（目撃や証拠など）。または公益通報対象となる事案が生じたり、生じようとしていると思慮され、通報者の氏名や住所などを記した書面を出すこと

→報道機関等：公益通報対象となる不正が生じたり、生じようとしていると信ずるに足る相当の理由があることと、内部通報では解雇されたり、個人の生命・身体への危害、証拠の隠ぺいや偽造などのリスクなどがあること

【過去問】

R元再 Ⅱ—5、R2 Ⅱ—15、R5 Ⅱ—3

【問題演習】

問題 1 （R5 Ⅱ—3）

国民生活の安全・安心を損なう不祥事は、事業者内部からの通報をきっかけに明らかになることも少なくない。こうした不祥事による国民への被害拡大を防止するために通報する行為は、正当な行為として事業者による解雇等の不利益な取扱いから保護されるべきものである。公益通報者保護法は、このような観点から、通報者がどこへどのような内容の通報を行えば保護されるのかという制度的なルールを明確にしたものである。2022年に改正された公益通報者保護法では、事業者に対し通報の受付や調査などを担当する従業員を指定する義務、事業者内部の公益通報に適切に対応する体制を整備する義務等が新たに規定されている。

公益通報者保護法に関する次の記述のうち、不適切なものはどれか。

① 通報の対象となる法律は、すべての法律が対象ではなく、「国民の生命、身体、財産その他の利益の保護に関わる法律」として公益通報者保護法や政令

で定められている。

② 公務員は、国家公務員法、地方公務員法が適用されるため、通報の主体の適用範囲からは除外されている。

③ 公益通報者が労働者の場合、公益通報をしたことを理由として事業者が公益通報者に対して行った解雇は無効となり、不利益な取り扱いをすることも禁止されている。

④ 不利益な取扱いとは、降格、減給、自宅待機命令、給与上の差別、退職の強要、専ら雑務に従事させること、退職金の減額・没収等が該当する。

⑤ 事業者は、公益通報によって損害を受けたことを理由として、公益通報者に対して賠償を請求することはできない。

問題2 (R2 Ⅱ─15)

内部告発は、社会や組織にとって有用なものである。すなわち、内部告発により、組織の不祥事が社会に明らかとなって是正されることによって、社会が不利益を受けることを防ぐことができる。また、このような不祥事が社会に明らかになる前に、組織内部における通報を通じて組織が情報を把握すれば、問題が大きくなる前に組織内で不祥事を是正し、組織自らが自発的に不祥事を行ったことを社会に明らかにすることができ、これにより組織の信用を守ることにも繋がる。

このように、内部告発が社会や組織にとってメリットとなるものなので、不祥事を発見した場合には、積極的に内部告発をすることが望まれる。ただし、告発の方法等については、慎重に検討する必要がある。

以下に示す(ア)～(カ)の内部告発をするにあたって、適切なものの数はどれか。

(ア) 自分の抗議が正当であることを自ら確信できるように、あらゆる努力を払う。

(イ) 「倫理ホットライン」などの組織内手段を活用する。

(ウ) 同僚の専門職が支持するように働きかける。

(エ) 自分の直属の上司に、異議を知らしめることが適当な場合はそうすべきである。

(オ) 目前にある問題をどう解決するかについて、積極的に且つ具体的に提言すべきである。

(カ) 上司が共感せず冷淡な場合は、他の理解者を探す。

① 6 ② 5 ③ 4 ④ 3 ⑤ 2

問題3 (R元再 Ⅱ─5)

公益通報(警笛鳴らし(Whistle Blowing)とも呼ばれる)が許される条件に関する次の(ア)～(エ)の記述について、正しいものは○、誤っているものは×として、最

3章　適性科目

も適切な組合せはどれか。

(ア)　従業員が製品のユーザーや一般大衆に深刻な被害が及ぶと認めた場合には、まず直属の上司にそのことを報告し、自己の道徳的懸念を伝えるべきである。

(イ)　直属の上司が、自己の懸念や訴えに対して何ら有効なことを行わなかった場合には、即座に外部に現状を知らせるべきである。

(ウ)　内部告発者は、予防原則を重視し、その企業の製品あるいは業務が、一般大衆、又はその製品のユーザーに、深刻で可能性が高い危険を引き起こすと予見される場合には、合理的で公平な第三者に確信させるだけの証拠を持っていなくとも、外部に現状を知らせなければならない。

(エ)　従業員は、外部に公表することによって必要な変化がもたらされると信じるに足るだけの十分な理由を持たねばならない。成功をおさめる可能性は、個人が負うリスクとその人に振りかかる危険に見合うものでなければならない。

	ア	イ	ウ	エ
①	×	○	×	○
②	○	×	○	×
③	○	×	×	○
④	×	×	○	○
⑤	○	○	×	×

【解答】

問題1　②

公益通報者保護法の対象となる通報の主体には公務員も含まれる。

問題2　①

(ア)〜(カ)に示された6項目とも適切な記述である。

問題3　③

外部通報では(1)通報対象の事実が生じるか生じようとしていると信ずるに足る相当の理由(証拠など)があることが要件の1つとなる。さらに、報道機関などへの通報については、下記のいずれかの要件を満たす必要がある。(1)役務提供先や行政機関に公益通報すると不利益な扱いを受けると信ずるに足る相当の理由がある(2)役務提供先などに公益通報すると証拠隠滅や偽造などが行われると信ずるに足る相当の理由がある(3)役務提供先などに通報すれば、通報者について知り得た情報を正当な理由もなく漏らすと信ずるに足る相当の理由がある(4)役務提供先から公益通報しないことを正当な理由がなく要求される(5)個人の生命もしくは身体に対する危害または個人の財産に対する損害が発生したり、発生する急迫した危険があると信ずるに足る相当な理由がある——など。

182

1-7 製造物責任法

優先度 ★★★

製造物責任法(PL法)も適性科目での出段頻度が非常に高い分野です。法の趣旨と対象となるケースを把握してきましょう。

【ポイント】

■製造物責任法(PL法)

法の趣旨

→製造物の欠陥が原因で生命、身体又は財産に損害を被った場合に、被害者が製造業者等に対して損害賠償を求めることができることを規定

→民法で定める不法行為責任の特則であり、不法行為責任に基づく損害賠償請求の場合には、加害者の過失を立証しなければならないところ、製造物責任については、製造物の欠陥を立証することが求められる

製造物の要件

→製造物を「製造又は加工された動産」と定義する。人為的な操作や処理が加えられ、引き渡された動産を対象とし、不動産や電気、ソフトウェア、未加工農林畜水産物などは対象外

中古品の扱い

→中古品でも、製造業者等がその製造物を引き渡した時に存在した欠陥と相当因果関係のある損害は、製造業者等に賠償責任が発生する。ただし、中古品として売買されたものは、「以前の使用者の使用状況や改造、修理の状況が確認しにくい」「中古品販売業者による点検、修理や整備などが介在することも多い」といった事情も踏まえて判断される

修理者などの扱い

→設置・修理業者は、基本的には、製造物責任を負う対象にならない。

OEM供給の場合

→ブランドを付すことにより、製造業者としての表示をしたとみなされる場合や、当該製造物の実質的な製造業者とみなされる場合には、いわゆる表示製造業者に該当し、製造物責任を負う

法の対象外となる被害

→欠陥による被害が、その製造物自体の損害にとどまった場合(他の財産や人に損害が生じなかった場合)は、この法律の対象にならない

【過去問】

R元 Ⅱ—3、R元再 Ⅱ—7、R2 Ⅱ—6、R3 Ⅱ—8、R4 Ⅱ—11、R5 Ⅱ—6、R6 Ⅱ—14

183

3章　適性科目

【問題演習】

問題1　(R6 Ⅱ—14)

　製造物責任法(PL法)は、製造部の欠陥により人の生命、身体または財産に係る被害が生じた場合における製造業者等の損害賠償の責任について定めることにより、被害者の保護を図り、もって国民生活の安定向上と国民経済の健全な発展に寄与することを目的としている。

　製造物責任法に関する次の記述のうち、正しいものを○、誤りを×として、最も適切な組合せはどれか。

(ア)　この法律の対象となる「製造物」とは、製造又は加工された動産であることと定義されているため、電気、音響、サービスは、対象とならない。

(イ)　走行中の自動二輪車から煙が上がり走行不能となったが、当該自動二輪車以外には人的又は物的被害が生じなかった場合については、この法律の対象とならない。

(ウ)　この法律において「製造業者等」とは、業として製造物を製造、加工した者を指すため、OEM(相手先ブランドによる製品の製造)先の販売者は、「製造業者等」と見なされることはない。

(エ)　劣化、破損等により修理等では使用困難な状態となった製造物の一部を利用して形成された再生品は、この法律の対象となる。

(オ)　製造または加工された健康食品は、この法律の対象となるが、医薬品はこの法律の対象とはならない。

	ア	イ	ウ	エ	オ
①	○	×	×	○	×
②	×	×	○	×	○
③	○	○	×	○	×
④	○	×	○	×	○
⑤	×	○	×	○	×

問題2　(R5 Ⅱ—6)

　製造物責任法(PL法)は、製造物の欠陥により人の生命、身体又は財産に係る被害が生じた場合における製造業者等の損害賠償の責任について定めることにより、被害者の保護を図り、もって国民生活の安定向上と国民経済の健全な発展に寄与することを目的とする。

　次の(ア)～(オ)のPL法に関する記述について、正しいものは○、誤っているものは×として、適切な組合せはどれか。

(ア)　PL法における「製造物」の要件では、不動産は対象ではない。従って、エス

184

カレータは、不動産に付合して独立した動産でなくなることから、設置された不動産の一部として、いかなる場合も適用されない。

（イ）　ソフトウエア自体は無体物であり、PL法の「製造物」には当たらない。ただし、ソフトウエアを組み込んだ製造物が事故を起こした場合、そのソフトウエアの不具合が当該製造物の欠陥と解されることがあり、損害との因果関係があれば適用される。

（ウ）　原子炉の運転等により生じた原子力損害については「原子力損害の賠償に関する法律」が適用され、PL法の規定は適用されない。

（エ）　「修理」、「修繕」、「整備」は、基本的にある動産に本来存在する性質の回復や維持を行うことと考えられ、PL法で規定される責任の対象にならない。

（オ）　PL法は、国際的に統一された共通の規定内容であるので、海外への製品輸出や、現地生産の場合は、我が国のPL法に基づけばよい。

	ア	イ	ウ	エ	オ
①	○	×	○	○	×
②	○	○	×	×	○
③	×	○	○	○	×
④	×	×	○	○	×
⑤	×	×	×	×	○

問題3　(R4 Ⅱ—11)

　製造物責任法（PL法）は、製造物の欠陥により人の生命、身体又は財産に係る被害が生じた場合における製造業者等の損害賠償の責任について定めることにより、被害者の保護を図り、もって国民生活の安定向上と国民経済の健全な発展に寄与することを目的とする。次の（ア）～（ク）のうち、「PL法としての損害賠償責任」には該当しないものの数はどれか。なお、いずれの事例も時効期限内とする。

（ア）　家電量販店にて購入した冷蔵庫について、製造時に組み込まれた電源装置の欠陥により、発火して住宅に損害が及んだ場合。

（イ）　建設会社が造成した土地付き建売住宅地の住宅について、不適切な基礎工事により、地盤が陥没して住居の一部が損壊した場合。

（ウ）　雑居ビルに設置されたエスカレータ設備について、工場製造時の欠陥により、入居者が転倒して怪我をした場合。

（エ）　電力会社の電力系統について、発生した変動（周波数）により、一部の工場設備が停止して製造中の製品が損傷を受けた場合。

（オ）　産業用ロボット製造会社が製作販売した作業ロボットについて、製造時に組み込まれた制御用専用ソフトウエアの欠陥により、アームが暴走して工場作業

3章　適性科目

者が怪我をした場合。

（カ）　大学ベンチャー企業が国内のある湾で自然養殖し、一般家庭へ直接出荷販売した活魚について、養殖場のある湾内に発生した菌の汚染により、集団食中毒が発生した場合。

（キ）　輸入業者が輸入したイタリア産の生ハムについて、イタリアでの加工処理設備の欠陥により、消費者の健康に害を及ぼした場合。

（ク）　マンションの管理組合が保守点検を発注したエレベータについて、その保守専門業者の作業ミスによる不具合により、その作業終了後の住民使用開始時に住民が死亡した場合。

① 1　　② 2　　③ 3　　④ 4　　⑤ 5

【解答】

問題1　③

（イ）のような欠陥による被害が、その製造物自体の損害にとどまった場合は法の対象外となる。医薬品はPL法の対象となる。OEMでもブランド表示などを行えば、製造物責任を負う対象となる。

問題2　③

エスカレータのように不動産に付合して独立した動産でなくなったとしても、製造物責任法の対象となりうる。製造物責任法において、ソフトウェアは製造物に当たらないが、それを組み込んだ製造物が事故を起こした際に、ソフトの欠陥が要因と認められれば法適用の対象となる。海外に輸出する場合は、当然、輸出先の法令に適合させる必要がある。

問題3　④

基本的に、「製造または加工された動産」が法令の対象となる。不動産や電気、ソフトウェア、未加工農林畜水産物などは対象外。ただし、エレベータなど不動産の一部である動産でも、引き渡された時点で動産であり、かつ欠陥を有していたようなケースやソフトウェアを組み込んだ動産がソフトウェアの欠陥によって損害を出した場合は法の対象となる。また、修理、修繕、整備は対象外である。この問題では（イ）（エ）（カ）（ク）が対象外となる。

1-8　SDGs　　優先度 ★★★

国連サミットで採択されたSDGsに関する問題もほぼ毎年出題されています。ポイントを押さえておけば得点できるので、把握しておきましょう。

186

【ポイント】

■ SDGs

　持続可能な開発目標(SDGs)として、2015年に国連サミットで採択された国際目標。17のゴールと169のターゲットから成る。地球上の誰一人取り残さないことを誓っている。発展途上国だけでなく、先進国も取り組む普遍的な内容で、2030年に向け、持続可能なよりよい世界を目指している。

SDGsの構造

　→(1)貧困や飢餓、教育などいまだ解決を見ない社会面の開発アジェンダ(2)エネルギーや資源の有効活用、働き方の改善、不平等の解消などすべての国が持続可能な形で経済成長を目指す経済アジェンダ(3)地球環境や気候変動など地球規模で取り組むべき環境アジェンダから成る。

人間の安全保障

　→人間一人ひとりを生存・生活・尊厳に対する広範かつ深刻な脅威から保護するとともに、能力開発を行い、個人が持つ豊かな可能性を実現できる社会づくりを進める考え方。日本政府が主導してきた取り組み

SDGs未来都市

　→日本政府が2018年度から選定するもの。自治体におけるSDGsの推進を図る施策

【過去問】

　R元 Ⅱ―15、R元再 Ⅱ―14、R3 Ⅱ―5、R4 Ⅱ―14、R6 Ⅱ―6

【問題演習】

問題1 (R6 Ⅱ―6)

　SDGs(Sustainable Development Goals：持続可能な開発目標)は、持続可能でよりよい社会の実現を目指す世界共通の目標である。2015年の国連サミットにおいてすべての加盟国が合意した「持続可能な開発のための2030アジェンダ」の中で掲げられ、2030年を達成年限として17のゴールと169のターゲットから構成されている。これを鑑み、日本では2016年に「持続可能な開発目標(SDGs)実施指針」が策定されている。

　「持続可能な開発目標(SDGs)と日本の取組」(外務省国際協力局)に示されている次の記述の、[ア]～[エ]に適当な語句を入れるとした場合、どれにも当てはまらないものはどれか。

　17のゴールは、(1)貧困や飢餓、教育など未だに解決を見ない社会面の開発アジェンダ、(2)エネルギーや資源の有効活用、働き方の改善、不平等の解消など、すべての国が持続可能な形で経済成長を目指す[ア]アジェンダ、そして(3)地球

環境や気候変動など地球規模で取組むべき環境アジェンダといった世界が直面する課題を網羅的に示している。SDGsは、これら社会、[ア]、環境の3側面から捉えることのできる17のゴールを[イ]的に解決しながら持続可能なよりよい未来を築くことを目標としている。

前身のMDGs（Millennium Development Goals：ミレニアム開発目標）は主として開発途上国向けの目標であったが、SDGsは先進国も含めすべての国が取組むべき[ウ]的な目標となっている。我が国は、脆弱な立場にある一人一人に焦点を当てる「人間の[エ]保障」の考え方を国際社会で長年主導してきた。「誰一人取り残さない」というSDGsの理念は、こうした考え方とも一致している。

① 安全　② 平和　③ 経済　④ 普遍　⑤ 統合

問題2 （R4 Ⅱ—14）

SDGs（Sustainable Development Goals：持続可能な開発目標）とは、持続可能で多様性と包摂性のある社会の実現のため、2015年9月の国連サミットで全会一致で採択された国際目標である。次の（ア）～（キ）の記述のうち、SDGsの説明として正しいものは○、誤っているものは×として、適切な組合せはどれか。

（ア）SDGsは、先進国だけが実行する目標である。

（イ）SDGsは、前身であるミレニアム開発目標（MDGs）を基にして、ミレニアム開発目標が達成できなかったものを全うすることを目指している。

（ウ）SDGsは、経済、社会及び環境の三側面を調和させることを目指している。

（エ）SDGsは、「誰一人取り残さない」ことを目指している。

（オ）SDGsでは、すべての人々の人権を実現し、ジェンダー平等とすべての女性と女児のエンパワーメントを達成することが目指されている。

（カ）SDGsは、すべてのステークホルダーが、協同的なパートナーシップの下で実行する。

（キ）SDGsでは、気候変動対策等、環境問題に特化して取組が行われている。

	ア	イ	ウ	エ	オ	カ	キ
①	×	×	○	○	○	○	○
②	×	○	×	○	×	○	×
③	×	○	○	○	○	○	×
④	○	×	○	×	○	×	○
⑤	×	○	○	○	○	×	×

問題3 （R3 Ⅱ—5）

SDGs（Sustainable Development Goals：持続可能な開発目標）とは、2030年の

世界の姿を表した目標の集まりであり、貧困に終止符を打ち、地球を保護し、すべての人が平和と豊かさを享受できるようにすることを目指す普遍的な行動を呼びかけている。SDGsは2015年に国連本部で開催された「持続可能な開発サミット」で採択された17の目標と169のターゲットから構成され、それらには「経済に関すること」「社会に関すること」「環境に関すること」などが含まれる。また、SDGsは発展途上国のみならず、先進国自身が取り組むユニバーサル（普遍的）なものであり、我が国も積極的に取り組んでいる。国連で定めるSDGsに関する次の（ア）～（エ）の記述のうち、正しいものを〇、誤ったものを×として、最も適切な組合せはどれか。

（ア） SDGsは、政府・国連に加えて、企業・自治体・個人など誰もが参加できる枠組みになっており、地球上の「誰一人取り残さない（leave no one behind）」ことを誓っている。

（イ） SDGsには、法的拘束力があり、処罰の対象となることがある。

（ウ） SDGsは、深刻化する気候変動や、貧富の格差の広がり、紛争や難民・避難民の増加など、このままでは美しい地球を子・孫・ひ孫の代につないでいけないという危機感から生まれた。

（エ） SDGsの達成には、目指すべき社会の姿から振り返って現在すべきことを考える「バックキャスト（Backcast）」ではなく、現状をベースとして実現可能性を踏まえた積み上げを行う「フォーキャスト（Forecast）」の考え方が重要とされている。

	ア	イ	ウ	エ
①	〇	×	〇	〇
②	〇	〇	〇	×
③	×	〇	×	〇
④	〇	×	〇	×
⑤	×	×	〇	〇

問題4 （R元 Ⅱ—15）

SDGs（Sustainable Development Goals：持続可能な開発目標）とは、国連持続可能な開発サミットで採択された「誰一人取り残さない」持続可能で多様性と包摂性のある社会の実現のための目標である。次の（ア）～（キ）の記述のうち、SDGsの説明として正しいものの数はどれか。

（ア） SDGsは、開発途上国のための目標である。

（イ） SDGsの特徴は、普遍性、包摂性、参画型、統合性、透明性である。

（ウ） SDGsは、2030年を年限としている。

3章　適性科目

（エ）　SDGsは、17の国際目標が決められている。

（オ）　日本におけるSDGsの取組は、大企業や業界団体に限られている。

（カ）　SDGsでは、気候変動対策等、環境問題に特化して取組が行われている。

（キ）　SDGsでは、モニタリング指標を定め、定期的にフォローアップし、評価・
公表することを求めている。

①　0　　②　1　　③　2　　④　3　　⑤　4

【解答】

問題1　②

SDGsのアジェンダは社会面の開発アジェンダと経済アジェンダ、環境アジェンダである。17のゴールを統合的に解決し、持続可能なよりよい未来を目指す。SDGsは全ての国が取り組むべき普遍的な目標である。SDGsに関連して、日本政府が長年主導してきた人間の安全保障の取り組みがある。

問題2　③

（ア）と（キ）が不適切。SDGsは発展途上国や先進国を問わず全ての国が取り組む普遍的なものである。SDGsは環境に特化したものではなく、社会や経済の観点のアジェンダも備える。

問題3　④

（イ）と（エ）が不適切。SDGsに法的拘束力はない。SDGsは2030年の目標に向けたバックキャスト型の取り組みである。

問題4　⑤

（ア）SDGsは、開発途上国だけの目標ではないので不適切、（オ）日本におけるSDGsの取組は、大企業や業界団体以外にも広がっている、（カ）SDGsは、気候変動対策などの環境問題に特化した取り組みではない。これら3つの選択肢は適切ではない。残る4つは適切な内容となっている。

1-9　気候変動

優先度　★★☆

IPCC（気候変動に関する政府間パネル）における報告書をはじめ、気候変動に関連した世界の動きについても出題頻度は比較的高い項目です。

【ポイント】

■カーボンニュートラルとカーボンオフセット

カーボンニュートラル

→二酸化炭素をはじめとした温室効果ガスの排出量から森林などによる吸収量を差し
引いた合計で、温室効果ガスの排出量を実質的にゼロにすること。政府は2050年

までに温室効果ガスの排出を全体としてゼロにするという目標を宣言している

カーボンオフセット

→二酸化炭素をはじめとした温室効果ガスの排出量について、認識し、主体的にこれを削減する努力を行うとともに、削減が困難な部分の排出量について、カーボン・クレジットなどによって、その排出量の全部または一部を埋め合わせる取り組み

プラネタリーバウンダリー

→プラネタリーバウンダリーとは地球の限界という意味の言葉。人間が安全に活動できる範囲内にとどまれば、人間社会は発展・繁栄できるものの、境界を越えると人間が依存する自然資源に対して回復不可能な変化が引き起こされるという考え方

■トップランナー基準

トップランナー基準

→「エネルギーの使用の合理化及び非化石エネルギーへの転換等に関する法律」に基づき、指定したエネルギー多消費機器の省エネルギー基準を、各々の機器において、基準設定時に商品化されている製品のうち最も省エネ性能が優れている機器の性能以上に設定するもの

【過去問】

R元再 Ⅱ—11、R2 Ⅱ—10、R3 Ⅱ—11、R6 Ⅱ—5

【問題演習】

問題1 （R6 Ⅱ—5）

IPCC（気候変動に関する政府間パネル）の第6次評価報告書の政策決定者向け要約において、「人間活動が主に温室効果ガスの排出を通して地球温暖化を引き起こしてきたことには疑う余地がなく、1850〜1900年を基準とした世界平均気温は2011〜2020年に1.1℃の温暖化に達した。」とされている。

環境保全に関する次の記述のうち、正しいものは○、誤っているものは×として、最も適切な組合せはどれか。

（ア）　カーボンニュートラルとは、市民、企業、NPO/NGO、自治体、政府等の社会の構成員が、自らの温室効果ガスの排出量を認識し、主体的にこれを削減する努力を行うとともに、削減が困難な部分の排出量について、カーボン・クレジット等により、その排出量の全部又は一部を埋め合わせる取組をいう。

（イ）　プラネタリー・バウンダリー（地球の限界）とは、地球の変化に関する各項目について、人間が安全に活動できる範囲のことであり、その範囲にとどまれば人間社会は発展し繁栄できるが、境界を越えることがあれば、人間が依存する自然資源に対して回復不可能な変化が引き起こされるとされている。

3章　適性科目

（ウ）　トップランナー基準とは、エネルギー多消費機器のうち「エネルギーの使用の合理化及び非化石エネルギーの転換等に関する法律」に基づき、指定したエネルギー多消費機器の省エネルギー基準を、各々の機器において、基準設定時に商品化されている製品のうち最も省エネ性能が優れている機器の性能以上に設定するものをいう。

（エ）　カーボン・オフセットとは、社会の構成員が、取組の対象において重要なすべての活動範囲を考慮して温室効果ガスの排出量を認識し、排出量を最小化する目標及び計画に沿って主体的かつ継続的にこれを削減するとともに、削減が困難な部分の排出量について、クレジット等により、その排出量の全部を埋め合わせた状態をいう。

	ア	イ	ウ	エ
①	○	○	○	○
②	×	○	○	○
③	○	×	×	○
④	○	○	×	×
⑤	×	○	○	×

問題2　（R3 Ⅱ—11）

　再生可能エネルギーは、現時点では安定供給面、コスト面で様々な課題があるが、エネルギー安全保障にも寄与できる有望かつ多様で、長期を展望した環境負荷の低減を見据えつつ活用していく重要な低炭素の国産エネルギー源である。また、2016年のパリ協定では、世界の平均気温上昇を産業革命以前に比べて2℃より十分低く保ち、1.5℃に抑える努力をすること、そのためにできるかぎり早く世界の温室効果ガス排出量をピークアウトし、21世紀後半には、温室効果ガス排出量と（森林などによる）吸収量のバランスをとることなどが合意された。再生可能エネルギーは温室効果ガスを排出しないことから、パリ協定の実現に貢献可能である。

　再生可能エネルギーに関する次の（ア）～（オ）の記述のうち、正しいものは○、誤っているものは×として、最も適切な組合せはどれか。

（ア）　石炭は、古代原生林が主原料であり、燃焼により排出される炭酸ガスは、樹木に吸収され、これらの樹木から再び石炭が作られるので、再生可能エネルギーの1つである。

（イ）　空気熱は、ヒートポンプを利用することにより温熱供給や冷熱供給が可能な、再生可能エネルギーの1つである。

（ウ）　水素燃料は、クリーンなエネルギーであるが、天然にはほとんど存在していないため、水や化石燃料などの各種原料から製造しなければならず、再生可能

192

エネルギーではない。

（エ）　月の引力によって周期的に生じる潮汐の運動エネルギーを取り出して発電する潮汐発電は、再生可能エネルギーの1つである。

（オ）　バイオガスは、生ゴミや家畜の糞尿を微生物などにより分解して製造される生物資源の1つであるが、再生可能エネルギーではない。

	ア	イ	ウ	エ	オ
①	○	○	○	○	○
②	○	×	○	×	○
③	×	○	○	○	×
④	×	○	×	○	×
⑤	×	×	×	×	○

問題3　（R2 Ⅱ—10）

　近年、地球温暖化に代表される地球環境問題の抑止の観点から、省エネルギー技術や化石燃料に頼らない、エネルギーの多様化推進に対する関心が高まっている。例えば、各種機械やプラントなどのエネルギー効率の向上を図り、そこから排出される廃熱を回生することによって、化石燃料の化学エネルギー消費量を減らし、温室効果ガスの削減が行われている。とりわけ、環境負荷が小さい再生可能エネルギーの導入が注目されているが、現在のところ、急速な普及に至っていない。さまざまな課題を抱える地球規模でのエネルギー資源の解決には、主として「エネルギーの安定供給（Energy Security）」、「環境への適合（Environment）」、「経済効率性（Economic Efficiency）」の3Eの調和が大切である。

　エネルギーに関する次の（ア）～（エ）の記述について、正しいものは○、誤っているものは×として、最も適切な組合せはどれか。

（ア）　再生可能エネルギーとは、化石燃料以外のエネルギー源のうち永続的に利用することができるものを利用したエネルギーであり、代表的な再生可能エネルギー源としては太陽光、風力、水力、地熱、バイオマスなどが挙げられる。

（イ）　スマートシティやスマートコミュニティにおいて、地域全体のエネルギー需給を最適化する管理システムを、「地域エネルギー管理システム（CEMS：Community Energy Management System）」という。

（ウ）　コージェネレーション（Cogeneration）とは、熱と電気（または動力）を同時に供給するシステムをいう。

（エ）　ネット・ゼロ・エネルギー・ハウス（ZEH）は、高効率機器を導入すること等を通じて大幅に省エネを実現した上で、再生可能エネルギーにより、年間の消費エネルギー量を正味でゼロとすることを目指す住宅をいう。

193

3章　適性科目

	ア	イ	ウ	エ
①	○	○	○	○
②	×	○	○	○
③	○	×	○	○
④	○	○	×	○
⑤	○	○	○	×

【解答】

問題1　⑤

　市民、企業、NPO/NGO、自治体、政府等の社会の構成員が、自らの温室効果ガスの排出量を認識し、主体的にこれを削減する努力を行うとともに、削減が困難な部分の排出量について、カーボン・クレジット等により、その排出量の全部又は一部を埋め合わせる取り組みはカーボンオフセットである。よって、（ア）の説明は誤り。カーボンニュートラルは温室効果ガスの排出を全体としてゼロにする取り組みで、（エ）の説明も誤り。

問題2　③

　（ア）石炭は再生可能エネルギーではない。（オ）バイオガスは、再生可能エネルギーである。（ア）と（オ）以外の選択肢は全て正しい。

問題3　①

　（ア）～（エ）までの選択肢の記述は全て正しい。

1-10　技術流出　　優先度　★★☆

　世界で緊張が続くなか、技術情報の海外流出は重要な課題になっています。令和6（2024）年度に出なかった分、7年度の出題確率が高まっています。

【ポイント】

■各種規制

リスト規制

　　→輸出しようとする貨物が、輸出貿易管理令（輸出令）の別表で指定された軍事転用の可能性が特に高い機微な貨物に該当する場合や、提供しようとする技術が外国為替令（外為令）の別表に該当する場合には、貨物の輸出先や技術の提供先がいずれの国でも事前に経済産業大臣の許可を受ける必要がある

キャッチオール規制

　　→リスト規制品以外のものを取り扱う場合でも、輸出しようとする貨物や提供しようとする技術が、大量破壊兵器等の開発・製造・使用・貯蔵、通常兵器の開発・製造・

194

使用に用いられるおそれがあることを輸出者が知った場合、または経済産業大臣から許可申請をすべき旨の通知(インフォーム通知)を受けた場合には、輸出や提供に当たって経済産業大臣の許可が必要となる制度

【過去問】

R3 Ⅱ—4、R4 Ⅱ—8、R5 Ⅱ—12

【問題演習】

問題1 (R5 Ⅱ—12)

我が国をはじめとする主要国では、武器や軍事転用可能な貨物・技術が、我が国及び国際社会の安全性を脅かす国家やテロリスト等、懸念活動を行うおそれのある者に渡ることを防ぐため、先進国を中心とした国際的な枠組み(国際輸出管理レジーム)を作り、国際社会と協調して輸出等の管理を行っている。我が国においては、この安全保障の観点に立った貿易管理の取組を、外国為替及び外国貿易法(外為法)に基づき実施している。安全保障貿易に関する次の記述のうち、不適切なものはどれか。

① リスト規制とは、武器並びに大量破壊兵器及び通常兵器の開発等に用いられるおそれの高いものを法令等でリスト化して、そのリストに該当する貨物や技術を輸出や提供する場合には、経済産業大臣の許可が必要となる制度である。

② キャッチオール規制とは、リスト規制に該当しない貨物や技術であっても、大量破壊兵器等や通常兵器の開発等に用いられるおそれのある場合には、経済産業大臣の許可が必要となる制度である。

③ 外為法における「技術」とは、貨物の設計、製造又は使用に必要な特定の情報をいい、この情報は、技術データ又は技術支援の形態で提供され、許可が必要な取引の対象となる技術は、外国為替令別表にて定められている。

④ 技術提供の場が日本国内であれば、国内非居住者に技術提供する場合でも、提供する技術が外国為替令別表で規定されているかを確認する必要はない。

⑤ 国際特許の出願をするために外国の特許事務所に出願内容の技術情報を提供する場合、出願をするための必要最小限の技術提供であれば、許可申請は不要である。

問題2 (R4 Ⅱ—8)

安全保障貿易管理とは、我が国を含む国際的な平和及び安全の維持を目的として、武器や軍事転用可能な技術や貨物が、我が国及び国際的な平和と安全を脅かす

3章　適性科目

おそれのある国家やテロリスト等、懸念活動を行うおそれのある者に渡ることを防ぐための技術の提供や貨物の輸出の管理を行うことである。先進国が有する高度な技術や貨物が、大量破壊兵器等(核兵器・化学兵器・生物兵器・ミサイル)を開発等(開発・製造・使用又は貯蔵)している国等に渡ること、また通常兵器が過剰に蓄積されることなどの国際的な脅威を未然に防ぐために、先進国を中心とした枠組みを作って、安全保障貿易管理を推進している。

　安全保障貿易管理は、大量破壊兵器等や通常兵器に係る「国際輸出管理レジーム」での合意を受けて、我が国を含む国際社会が一体となって、管理に取り組んでいるものであり、我が国では外国為替及び外国貿易法(外為法)等に基づき規制が行われている。安全保障貿易管理に関する次の記述のうち、適切なものの数はどれか。

(ア)　自社の営業担当者は、これまで取引のないA社(海外)から製品の大口の引き合いを受けた。A社からすぐに製品の評価をしたいので、少量のサンプルを納入して欲しいと言われた。当該製品は国内では容易に入手が可能なものであるため、規制はないと判断し、商機を逃すまいと急いでA社に向けて評価用サンプルを輸出した。

(イ)　自社は商社として、メーカーの製品を海外へ輸出している。メーカーから該非判定書を入手しているが、メーカーを信用しているため、自社では判定書の内容を確認していない。また、製品に関する法令改正を確認せず、5年前に入手した該非判定書を使い回している。

(ウ)　自社は従来、自動車用の部品(非該当)を生産し、海外へも販売を行っていた。あるとき、昔から取引のあるA社から、B社(海外)もその部品の購入意向があることを聞いた。自社では、信頼していたA社からの紹介ということもあり、すぐに取引を開始した。

(エ)　自社では、リスト規制品の場合、営業担当者は該非判定の結果及び取引審査の結果を出荷部門へ連絡し、出荷指示をしている。出荷部門では該非判定・取引審査の完了を確認し、さらに、輸出・提供するものと審査したものとの同一性や、輸出許可の取得の有無を確認して出荷を行った。

① 0　　② 1　　③ 2　　④ 3　　⑤ 4

問題3　(R3 Ⅱ—4)

　安全保障貿易管理(輸出管理)は、先進国が保有する高度な貨物や技術が、大量破壊兵器等の開発や製造等に関与している懸念国やテロリスト等の懸念組織に渡ることを未然に防ぐため、国際的な枠組みの下、各国が協調して実施している。近年、安全保障環境は一層深刻になるとともに、人的交流の拡大や事業の国際化の進展等により、従来にも増して安全保障貿易管理の重要性が高まっている。大企業や

大学、研究機関のみならず、中小企業も例外ではなく、業として輸出等を行う者は、法令を遵守し適切に輸出管理を行わなければならない。輸出管理を適切に実施することにより、法令違反の未然防止はもとより、懸念取引等に巻き込まれるリスクも低減する。

輸出管理に関する次の記述のうち、最も適切なものはどれか。

① α大学の大学院生は、ドローンの輸出に関して学内手続をせずに、発送した。

② α大学の大学院生は、ロボットのデモンストレーションを実施するためにA国β大学に輸出しようとするロボットに、リスト規制に該当する角速度・加速度センサーが内蔵されているため、学内手続の申請を行いセンサーが主要な要素になっていないことを確認した。その結果、規制に該当しないものと判断されたので、輸出を行った。

③ α大学の大学院生は、学会発表及びB国γ研究所と共同研究の可能性を探るための非公開の情報を用いた情報交換を実施することを目的とした外国出張の申請書を作成した。申請書の業務内容欄には「学会発表及び研究概要打合せ」と記載した。研究概要打合せは、輸出管理上の判定欄に「公知」と記載した。

④ α大学の大学院生は、C国において地質調査を実施する計画を立てており、「赤外線カメラ」をハンドキャリーする予定としていた。この大学院生は、過去に学会発表でC国に渡航した経験があるので、直前に海外渡航申請の提出をした。

⑤ α大学の大学院生は、自作した測定装置は大学の輸出管理の対象にならないと考え、輸出管理手続をせずに海外に持ち出すことにした。

【解答】

問題1 ④

常識的に考えても④はおかしいと分かる。技術提供の場が日本国内でも相手がスパイのような存在であれば、情報が他国に漏れてしまう恐れがある。

問題2 ②

選択肢を示す前に記載された前置きの文章を踏まえれば、（ア）〜（ウ）までに確認の作業が入っていない点がおかしいと分かるはず。（エ）だけが適切な説明である。

問題3 ②

この問題も選択肢の前に書いてある文章を踏まえ、最も慎重な行動、ごまかしのない行動を選べば単純に解答できる。

3章　適性科目

1-11　ハラスメント・ダイバーシティ

優先度　★★☆

　ハラスメントや多様性に関する問題も数年に1度の頻度で出ています。常識でもある程度解答できるので、一度解いておけば安心です。

【ポイント】

■ハラスメント

パワーハラスメント

→優越的な関係（職位が上位のケースだけでなく、同僚や部下でも業務上の知識や経験が豊富な当人の協力がなければ業務を円滑に遂行できないようなケースも含む）を背景とした言動で、業務上必要かつ相当な範囲を超えたものにより、労働者の就業環境が害されるものと定義されている。パワーハラスメント防止に向け、雇用管理上必要な措置を講じることが事業主の義務となっている

→パワーハラスメントの例としては以下のようなものがある。身体的な攻撃、精神的な攻撃（人格を否定するような言動や性的指向・性自認に関する侮辱的な言動、必要以上の長時間にわたる厳しい叱責の繰り返しなど）、人間関係からの切り離し、過大な要求、過小な要求、個の侵害（職場外での継続的な監視や私物の写真撮影など）

セクシャルハラスメント

→職場における性的な言動への対応によって、労働条件に不利益を受けたり、そうした言動によって就業環境が害されたりするもの。事業主には、雇用管理上必要な措置を講じる義務がある

→セクシャルハラスメントの例としては、性的な内容の発言（性的な事実関係を尋ねること、性的な内容の情報流布、食事やデートへの執拗な誘いなど）や性的な行動（性的関係の強要、不必要な身体への接触、わいせつな図画の掲示など）が挙げられる

■ダイバーシティ＆インクルージョン

ダイバーシティ経営

→多様な人材を生かし、その能力を最大限発揮できるような機会を提供し、イノベーションを生み出して価値創造につなげる経営。多様な人材が自分らしさを発揮できるように職場に受け入れられている状況を「インクルージョン」と呼ぶ

→多様性には、以下のような観点がある。性別、年齢、人種、国籍、障がいの有無、性的指向、宗教・信条、価値観、職歴や経験、働き方

【過去問】

R元 Ⅱ—12、R3 Ⅱ—9、R4 Ⅱ—5、R6 Ⅱ—10

【問題演習】

問題1 （R6 Ⅱ—10）

　職場におけるハラスメントは、労働者の個人としての尊厳を不当に傷つけるとともに、労働者の就業環境を悪化させ、能力の発揮を妨げ、また、企業にとっても、職場秩序や業務の遂行を阻害し、社会的評価に影響を与える問題である。

　職場のハラスメントに関する次の記述のうち、正しいものは○、誤っているものは×として、最も適切な組合せはどれか。

（ア）　セクシャルハラスメントであるか否かについては、相手から意思表示がある場合に限る。

（イ）　職場の同僚の前で、上司が部下の失敗に対し、人格を否定する言葉を用いて大声で叱責する行為は、本人はもとより職場全体のパワーハラスメントとなり得る。

（ウ）　セクシャルハラスメントの行為者となり得るのは、事業主、上司、同僚に限らず、取引先、顧客、患者又はその家族、及び学校における生徒等である。

（エ）　職場で、受け止め方によっては不満を感じたりする指示や注意・指導があったとしても、これらが業務の適正な範囲で行われている場合には、パワーハラスメントには当たらない。

（オ）　職場のパワーハラスメントにおいて、「職場内での優位性」とは職務上の地位などの「人間関係による優位性」を対象とし、「専門知識による優位性」は含まれない。

	（ア）	（イ）	（ウ）	（エ）	（オ）
①	○	×	×	×	○
②	×	○	○	×	×
③	×	○	○	○	×
④	×	×	○	○	○
⑤	○	×	×	○	×

問題2 （R4 Ⅱ—5）

　職場のパワーハラスメントやセクシュアルハラスメント等の様々なハラスメントは、働く人が能力を十分に発揮することの妨げになることはもちろん、個人としての尊厳や人格を不当に傷つける等の人権に関わる許されない行為である。また、企業等にとっても、職場秩序の乱れや業務への支障が生じたり、貴重な人材の損失

につながり、社会的評価にも悪影響を与えかねない大きな問題である。職場のハラスメントに関する次の記述のうち、適切なものの数はどれか。

（ア）　ハラスメントの行為者としては、事業主、上司、同僚、部下に限らず、取引先、顧客、患者及び教育機関における教員・学生等がなり得る。

（イ）　ハラスメントであるか否かについては、相手から意思表示があるかないかにより決定される。

（ウ）　職場の同僚の前で、上司が部下の失敗に対し、「ばか」、「のろま」などの言葉を用いて大声で叱責する行為は、本人はもとより職場全体のハラスメントとなり得る。

（エ）　職場で不満を感じたりする指示や注意・指導があったとしても、客観的にみて、これらが業務の適切な範囲で行われている場合には、ハラスメントに当たらない。

（オ）　上司が、長時間労働をしている妊婦に対して、「妊婦には長時間労働は負担が大きいだろうから、業務分担の見直しを行い、あなたの残業量を減らそうと思うがどうか」と配慮する行為はハラスメントに該当する。

（カ）　部下の性的指向（人の恋愛・性愛がいずれの性別を対象にするかをいう）または、性自認（性別に関する自己意識）を話題に挙げて上司が指導する行為は、ハラスメントになり得る。

（キ）　職場のハラスメントにおいて、「優越的な関係」とは職務上の地位などの「人間関係による優位性」を対象とし、「専門知識による優位性」は含まれない。

①　1　　②　2　　③　3　　④　4　　⑤　5

問題3 （R元 Ⅱ—12）

男女雇用機会均等法及び育児・介護休業法やハラスメントに関する次の（ア）～（オ）の記述について、正しいものは〇、誤っているものは×として、最も適切な組合せはどれか。

（ア）　職場におけるセクシュアルハラスメントは、異性に対するものだけではなく、同性に対するものも該当する。

（イ）　職場のセクシュアルハラスメント対策は、事業主の努力目標である。

（ウ）　現在の法律では、産休の対象は、パート、雇用期間の定めのない正規職員に限られている。

（エ）　男女雇用機会均等法及び育児・介護休業法により、事業主は、事業主や妊娠等した労働者やその他の労働者の個々の実情に応じた措置を講じることはできない。

（オ）　産前休業も産後休業も、必ず取得しなければならない休業である。

	ア	イ	ウ	エ	オ
①	○	×	×	×	×
②	×	○	×	×	○
③	○	×	○	○	○
④	×	×	○	×	×
⑤	○	○	×	○	○

問題4 （R3 Ⅱ―9）

ダイバーシティ（Diversity）とは、一般に多様性、あるいは、企業で人種・国籍・性・年齢を問わずに人材を活用することを意味する。また、ダイバーシティ経営とは「多様な人材を活かし、その能力が最大限発揮できる機会を提供することで、イノベーションを生み出し、価値創造につなげている経営」と定義されている。「能力」には、多様な人材それぞれの持つ潜在的な能力や特性なども含んでいる。「イノベーションを生み出し、価値創造につなげている経営」とは、組織内の個々の人材がその特性を活かし、生き生きと働くことのできる環境を整えることによって、自由な発想が生まれ、生産性を向上し、自社の競争力強化につながる、といった一連の流れを生み出しうる経営のことである。

「多様な人材」に関する次の（ア）～（コ）の記述のうち、あきらかに不適切なものの数を選べ。

（ア）	性別	（イ）	年齢	（ウ）	人種
（エ）	国籍	（オ）	障がいの有無	（カ）	性的指向
（キ）	宗教・信条	（ク）	価値観	（ケ）	職歴や経験
（コ）	働き方				

① 0　② 1　③ 2　④ 3　⑤ 4

【解答】

問題1　③

相手の意思表示がなくてもハラスメントになり得る。また、パワーハラスメントには業務上の知識や経験といった専門知識による優位性に基づくものも含まれる。よって、（ア）と（オ）は誤り。

問題2　④

（イ）の意思表示の有無によって決まるというのは誤り。（オ）のような健康や勤務の状態を確認するような言動はハラスメントには該当しない。（キ）にある専門知識による優位性を基にする行き過ぎた言動はハラスメントになり得る。よって、（イ）、（オ）、（キ）が誤りなので、適切な選択肢は4つとなる。

3章　適性科目

問題3　①

セクシャルハラスメントは同性・異性を問わない。セクシャルハラスメント対策は義務化されている。パートタイマーなど非正規職員も所定条件を満たせば産休対象である。育児・介護休業法などは個々の労働者の事情に合わせた柔軟な運用を勧めている。産前休業は請求に基づいて取得される。

問題4　①

（ア）～（コ）まですべて多様な人材に当てはまる。

1-12　個人情報保護法　　　　優先度 ★★☆

個人情報保護法に関連した出題は数年に1度は出題されています。個人情報に関する事件は後を絶たないので、今後も出題が予想されます。

【ポイント】

■個人情報保護法

法律の趣旨

→氏名や性別、生年月日、住所などはプライバシーに関わる大切な情報ある一方、それらの活用によって行政や医療、ビジネスなどのサービス向上や業務効率化が可能になる。個人情報の有用性に配慮しながら、個人の権利や利益を守ることを目的として制定されたもの

個人情報の取り扱い

→個人情報を取り扱う際は、どのような目的で個人情報を利用するのか具体的に特定する必要がある

→利用目的は、あらかじめホームページなどに公表するか、本人に知らせなければならない

→取得した個人情報は、利用目的の範囲で利用しなければならない

→取得した個人情報を、特定した利用目的の範囲外のことに利用する場合、あらかじめ本人の同意が必要

個人識別符号

→当該情報単体から特定の個人を識別することができるものとして政令・規則に定められたもの。該当するものが含まれる情報は個人情報となる

→具体的には、以下のようなものがある

（1）身体の一部の特徴を電子処理のために変換した符号で、顔、指紋、虹彩、声紋、歩行の態様、手指の静脈、掌紋の認証データ、DNAの塩基配列など

（2）サービス利用や書類において利用者ごとに割り振られる符号で、パスポート番号、基礎年金番号、運転免許証番号、住民票コード、マイナンバー、保険者番

202

号など

【過去問】

R元 Ⅱ—4、R3 Ⅱ—14、R6 Ⅱ—9

【問題演習】

問題1 (R6 Ⅱ—9)

個人情報の保護に関する法律(個人情報保護法)は、デジタル社会の進展に伴い個人情報の利用が著しく拡大していることに鑑み、「個人情報の適正かつ効果的な活用が新たな産業の創出並びに活力ある経済社会及び豊かな国民生活の実現に資するものであることその他の個人情報の有用性に配慮しつつ、個人の権利利益を保護すること」等を目的としている。

法に基づき制定された「個人情報の保護に関する法律施行令(政令)」では、個人情報の定義の明確化として、旅券番号や基礎年金番号などとともに、個人の身体の一部の特徴を電子計算機の用に供するために変換した文字、番号、記号その他の符号について「個人識別符号」として、個人情報に位置付けている。

個人識別符号に関する次の記述のうち、前記政令に記載がないものはどれか。

① 指紋又は掌紋

② 顔の骨格及び皮膚の色並びに目、鼻、口その他の顔の部位の位置及び形状によって定まる容貌

③ 発声の際の声帯の振動、声門の開閉並びに声道の形状及びその変化

④ 歩行の際の姿勢及び両腕の動作、歩幅その他の歩行の態様

⑤ 内耳を介さずに耳周辺の骨を振動させた際の蝸牛に伝わる振動特性

問題2 (R3 Ⅱ—14)

個人情報の保護に関する法律(以下、個人情報保護法と呼ぶ)は、利用者や消費者が安心できるように、企業や団体に個人情報をきちんと大切に扱ってもらったうえで、有効に活用できるよう共通のルールを定めた法律である。

個人情報保護法に基づき、個人情報の取り扱いに関する次の(ア)～(エ)の記述のうち、正しいものは○、誤っているものは×として、最も適切な組合せはどれか。

(ア) 学習塾で、生徒同士のトラブルが発生し、生徒Aが生徒Bにケガをさせてしまった。生徒Aの保護者は生徒Bとその保護者に謝罪するため、生徒Bの連絡先を教えて欲しいと学習塾に尋ねてきた。学習塾では、「謝罪したい」という理由を踏まえ、生徒名簿に記載されている生徒Bとその保護者の氏名、住所、電話番号を伝えた。

3章　適性科目

（イ）　クレジットカード会社に対し、カードホルダーから「請求に誤りがあるようなので「確認して欲しい」との照会があり、クレジット会社が調査を行った結果、処理を誤った加盟店があることが判明した。クレジットカード会社は、当該加盟店に対し、直接カードホルダーに請求を誤った経緯等を説明するよう依頼するため、カードホルダーの連絡先を伝えた。

（ウ）　小売店を営んでおり、人手不足のためアルバイトを募集していたが、なかなか人が集まらなかった。そのため、店のポイントプログラムに登録している顧客をアルバイトに勧誘しようと思い、事前にその顧客の同意を得ることなく、登録された電話番号に電話をかけた。

（エ）　顧客の氏名、連絡先、購入履歴等を顧客リストとして作成し、新商品やセールの案内に活用しているが、複数の顧客にイベントの案内を電子メールで知らせる際に、CC（Carbon Copy）に顧客のメールアドレスを入力し、一斉送信した。

	ア	イ	ウ	エ
①	○	×	×	×
②	×	○	×	×
③	×	×	○	×
④	×	×	×	○
⑤	×	×	×	×

【解答】

問題1　⑤

　個人識別符号のうち、身体の一部の特徴を電子処理のために符号化したものとして①〜④は当てはまる。

問題2　⑤

　全て間違っている。取得した個人情報を、特定した利用目的の範囲外のことに利用する場合、あらかじめ本人の同意が必要である。

1-13　組織の社会的責任　　　　　優先度　★☆☆

　この規格は日本も関わりが深く、時々出題されています。令和6（2024）年度に出題され、7年度の出題確率は下がりましたが押さえておきましょう。

【ポイント】

■組織の社会的責任

ISO26000

　→すべての組織を対象とする社会的責任に関する世界初の国際規格。JIS版として、

204

JIS Z 26000：2012(社会的責任に関する手引)が制定されている

目的

→持続可能な発展への組織の貢献を促すことを意図する。また、法令順守が組織の社会的責任の基礎部分であるとの認識に立ち、組織が法令順守を超える活動に着手することを奨励することを意図している

→組織は同規格の適用にあたって「国際行動規範」を順守しつつ、社会、環境、法、文化、政治および組織の多様性、ならびに経済条件の差異を考慮することが奨励される

7つの原則

→(1)説明責任 (2)透明性 (3)倫理的な行動 (4)ステークホルダーの利害の尊重 (5)法の支配の尊重 (6)国際行動規範の尊重 (7)人権の尊重

【過去問】

R元 Ⅱ—14、R6 Ⅱ—4

【問題演習】

問題 1 (R6 Ⅱ—4)

組織の社会的責任(SR：Social Responsibility)の国際規格として、2010年、ISO26000「Guidance on social responsibility」が発行された。また、それに続き、2012年、ISO規格の国内版(JIS)として、JIS Z 26000：2012(社会的責任に関する手引)が制定されている。

この手引きにおいて社会的責任の原則に関する次の記述の、[ア]〜[オ]に入る語句の組合せとして、最も適切なものはどれか。

組織が社会的責任に取り組み、実践するとき、その包括的な目的は[ア]に最大限に貢献することである。この目的に関して社会的責任の原則を網羅した明確なリストは存在しないが、組織は、以下に示す7つの原則を尊重すべきである。

組織は、たとえそれが困難だと思われる場合でも、具体的な状況において、正しい又はよいと一般に認められている行動の原則と一致した基準、指針及び規範に基づいて行動すべきである。

この規格を適用する際に、組織は、[イ]との整合性をとりつつ、経済状況の違いに加えて、社会、環境、法、文化、政治及び組織の[ウ]を考慮に入れることが望ましい。

1) 説明責任 　　　2) [エ] 　　　3) 倫理的な行動
4) ステークホルダーの利害の尊重 　　5) 法の支配の尊重
6) 国際行動規範の尊重 　　　　　　　7) [オ]

205

ア／イ／ウ／エ／オ

① 持続可能な発展／国際行動規範／多様性／透明性／人権の尊重
② 公共の福祉の発展／自国の法規／多様性／機密清報の保護／公共の福祉
③ 持続可能な発展／国際行動規範／独自性／透明性／人権の尊重
④ 公共の福祉の発展／自国の法規／独自性／機密情報の保護／公共の福祉
⑤ 持続可能な発展／国際行動規範／多様性／機密情報の保護／人権の尊重

問題2 （R元 Ⅱ—14）

組織の社会的責任(SR：Social Responsibility)の国際規格として、2010年11月、ISO26000「Guidance on social responsibility」が発行された。また、それに続き、2012年、ISO規格の国内版(JIS)として、JIS Z 26000：2012(社会的責任に関する手引き)が制定された。そこには、「社会的責任の原則」として7項目が示されている。

その7つの原則に関する次の記述のうち、最も不適切なものはどれか。

① 組織は、自らが社会、経済及び環境に与える影響について説明責任を負うべきである。
② 組織は、社会及び環境に影響を与える自らの決定及び活動に関して、透明であるべきである。
③ 組織は、倫理的に行動すべきである。
④ 組織は、法の支配の尊重という原則に従うと同時に、自国政府の意向も尊重すべきである。
⑤ 組織は、人権を尊重し、その重要性及び普遍性の両方を認識すべきである。

【解答】

問題1 ①

ISO26000は、持続可能な発展への組織の貢献を促すことを意図するものである。また、組織は同規格に適用にあたって「国際行動規範」を踏まえつつ、社会、環境、法、文化、政治および組織の多様性、ならびに経済条件の差異を考慮することが奨励される。7つの原則は以下のとおり。(1)説明責任(2)透明性(3)倫理的な行動(4)ステークホルダーの利害の尊重(5)法の支配の尊重(6)国際行動規範の尊重(7)人権の尊重

問題2 ④

組織は、法の支配の尊重という原則に従うと同時に、国際的な行動規範も尊重すべきである。

1-14　リスク管理

優先度　★★★

　リスク管理を問う問題は、ほぼ毎年出題されています。初見でも解けそうな問題も多いですが、用語などは抑えておくと安心です。

【ポイント】

■ 安全とリスク

「ALARP」の原理（原則）

→リスクは合理的に実行可能な限り軽減するか、合理的に実行可能な最低の水準まで軽減することが要求される

→リスク軽減を更に行うことが実際的に不可能な場合やリスク軽減費用が極端に高いなど現実的ではない場合にリスクは許容可能となる

→スリーステップメソッドと呼ぶ段階を踏んでリスク低減を実行する。まずは本質的安全設計（リスクの除去や低減）、続いて保護装置などによる安全確保、最後に使用上の情報提供による安全確保を実施する

■ JIS Q 31000：2019「リスクマネジメント—指針」

規格の意図

→リスクのマネジメントを行い、意思を決定し、目的の設定及び達成を行い、並びにパフォーマンスの改善のために、組織における価値を創造し、保護する人々が使用するためのもの

→リスクアセスメントのプロセスは、リスク特定、リスク分析、リスク評価の順で進められ、その後、リスク対応に進む

■ リスクアセスメント

概要

→危険性や有害性の特定、リスクの見積り、対策の優先度の設定、リスク除去・低減措置の決定といった一連の手順を指す。事業者は、その結果に基づいて適切な労働災害防止対策を講じる必要がある

→リスクの低減は以下のような順番で実施する。法定事項、危険な作業の廃止・変更などによる危険性や有害性の除去・低減（本質的対策）、インターロックや安全装置などの設置といった工学的対策、マニュアルの整備といった管理的対策、個人用保護具の使用

■ BCP・BCM

BCP（事業継続計画）

→自然災害、感染症、テロ、人事故、サプライチェーン（供給網）の途絶など突発的な経営環境の変化など不測の事態が発生しても、重要な事業を中断させない、または

中断しても可能な限り短期間で復旧させるための方針、体制、手順などを示した計画のこと

BCM（事業継続マネジメント）

→BCPの策定や維持・更新、事業継続を実現するための予算・資源の確保や事前対策の実施、取り組み浸透のための教育・訓練の実施、点検、継続的な改善などを行う平常時からのマネジメント活動

事業継続ガイドライン

→業種や業態、規模を問わず、全ての企業や組織における自主的な事業継続の取り組みを促すもの。事業継続マネジメントの概要や有効性、策定方法などを示したもので、我が国全体の事業継続能力の向上を実現する

→BCPが有効に機能するためには、経営者の適切なリーダーシップが求められる

→想定する発生事象（インシデント）により企業・組織が被害を受けても、法令や条例による規制その他の規定は遵守する必要がある

→経営者が率先して、BCMの定期的及び必要な時期での見直しと、継続的な改善を実施する必要がある

→事業継続には、地域の復旧が前提になる場合も多いことも考慮し、地域の救援・復旧にできる限り積極的に取り組む経営判断が望まれる

【過去問】

R元 Ⅱ—11、R元再 Ⅱ—12、R2 Ⅱ—7、R2 Ⅱ—9、R3 Ⅱ—10、R3 Ⅱ—15、R4 Ⅱ—6、R5 Ⅱ—8、R5 Ⅱ—10、R5 Ⅱ—14、R6 Ⅱ—13

【問題演習】

問題1 （R6 Ⅱ—13）

労働安全衛生法における安全並びにリスクに関する次の記述のうち、正しいものは○、誤っているものは×として、最も適切な組合せはどれか。

(ア) リスクアセスメントとは、作業における危険性又は有害性を特定し、それによる労働災害（健康障害を含む）の重篤度（被災の程度）とその災害が発生する可能性の度合いを組合せてリスクを見積もり、そのリスクの大きさに基づいて対策の優先度を決めたうえで、リスクの除去又は低減の措置を検討し、その結果を記録する一連の手法をいう。

(イ) 危険性または有害性等の調査等に対して、過去に労働災害が発生した作業、危険な事象が発生した作業等、労働者の就業に係る危険性又は有害性による負傷又は疾病の発生が合理的に予見可能であるものは調査等の対象となるが、平坦な通路における歩行等、明らかに軽微な負傷又は疾病しかもたらさないと予

想されるものについては、調査等の対象から除外して差し支えない。
(ウ) 事業者は、作業標準等に基づき、労働者の就業に係る危険性又は有害性を特定するために必要な単位で作業を洗い出したうえで、各事業場における機械設備や作業等に応じて、あらかじめ定めた危険性又は有害性の分類に則して、各作業における危険性又は有害性を特定するが、特定に当たっては、労働者の疲労等の危険性又は有害性への付加的影響を考慮するものとする。
(エ) 事業者は、リスク低減措置の検討に当たって、リスク低減に要する負担が、リスク低減による労働災害防止効果と比較して大幅に大きく、両者に著しい不均衡が発生する場合であって、措置を講ずることを求めることが著しく合理性を欠くと考えられるときを除き、可能な限り高い優先順位のリスク低減措置を実施する必要があるが、死亡、後遺障害又は重篤な疾病をもたらすおそれのあるリスクに対して、適切なリスク低減措置の実施に時間を要する場合は、暫定的な措置を直ちに講ずるものとする。

	ア	イ	ウ	エ
①	×	○	○	○
②	○	×	○	○
③	○	○	×	○
④	○	○	○	×
⑤	○	○	○	○

問題2　(R5 Ⅱ—8)

　JIS Q 31000：2019「リスクマネジメント―指針」は、ISO 31000：2018を基に作成された規格である。この規格は、リスクのマネジメントを行い、意思を決定し、目的の設定及び達成を行い、並びにパフォーマンスの改善のために、組織における価値を創造し、保護する人々が使用するためのものである。リスクマネジメントは、規格に記載された原則、枠組み及びプロセスに基づいて行われる。図1は、リスクマネジメントプロセスを表したものであり、リスクアセスメントを中心とした活動の体系が示されている。

　図1の□に入る語句の組合せとして適切なものはどれか。

図1　リスクマネジメントプロセス

	ア	イ	ウ	エ
①	分析	評価	対応	管理
②	特定	分析	評価	対応
③	特定	評価	対応	管理
④	分析	特定	評価	対応
⑤	分析	評価	特定	管理

問題3 (R5 Ⅱ—10)

　平成23年3月に発生した東日本大震災によって、我が国の企業・組織は、巨大な津波や強い地震動による深刻な被害を受け、電力、燃料等の不足に直面した。また、経済活動への影響は、サプライチェーンを介して、国内のみならず、海外の企業にまで及んだ。我々は、この甚大な災害の教訓も踏まえ、今後発生が懸念されている大災害に立ち向かわなければならない。我が国の企業・組織は、国内外における大災害のあらゆる可能性を直視し、より厳しい事態を想定すべきであり、それらを踏まえ、不断の努力により、甚大な災害による被害にも有効な事業計画(BCP：Business Continuity Plan)や事業継続マネジメント(BCM；Business Continuity Management)に関する戦略を見いだし、対策を実施し、取組の改善を続けていくべきである。

　「事業継続ガイドライン—あらゆる危機的事象を乗り越えるための戦略と対応—(令和3年4月)内閣府」に記載されているBCP、BCMに関する次の(ア)～(エ)の記述について、正しいものを○、誤ったものを×として、適切な組合せはどれか。

(ア)　BCPが有効に機能するためには、経営者の適切なリーダーシップが求められる。

(イ)　想定する発生事象(インシデント)により企業・組織が被害を受けた場合は、平常時とは異なる状況なので、法令や条例による規制その他の規定は遵守する必要はない。

(ウ)　企業・組織の事業内容や業務体制、内外の環境は常に変化しているので、経営者が率先して、BCMの定期的及び必要な時期での見直しと、継続的な改善を実施することが必要である。

(エ)　事業継続には、地域の復旧が前提になる場合も多いことも考慮し、地域の救援・復旧にできる限り積極的に取り組む経営判断が望まれる。

	ア	イ	ウ	エ
①	○	○	○	○
②	×	○	○	○
③	○	×	○	○

④ ○ ○ × ○
⑤ ○ ○ ○ ×

問題4 （R5 Ⅱ—14）

技術者にとって製品の安全確保は重要な使命の1つであり、この安全確保に関しては国際安全規格ガイド【ISO/IEC Guide51-2014（JIS Z 8051-2015）】がある。この「安全」とは、絶対安全を意味するものではなく、「リスク」（危害の発生確率及びその危害の度合いの組合せ）という数量概念を用いて、許容不可能な「リスク」がないことをもって、「安全」と規定している。

次の記述のうち、不適切なものはどれか。

① 「安全」を達成するためには、リスクアセスメント及びリスク低減の反復プロセスが必須である。許容可能と評価された最終的な「残留リスク」については、その妥当性を確認し、その内容については文書化する必要がある。
② リスク低減とリスク評価の考え方として、「ALARP」の原理がある。この原理では、あらゆるリスクは合理的に実行可能な限り軽減するか、又は合理的に実行可能な最低の水準まで軽減することが要求される。
③ 「ALARP」の適用に当たっては、当該リスクについてリスク軽減を更に行うことが実際的に不可能な場合、又はリスク軽減費用が製品原価として当初計画した事業予算に収まらない場合にだけ、そのリスクは許容可能である。
④ 設計段階のリスク低減方策はスリーステップメソッドと呼ばれる。そのうちのステップ1は「本質的安全設計」であり、リスク低減のプロセスにおける、最初で、かつ最も重要なプロセスである。
⑤ 警告は、製品そのもの及び/又はそのこん包に表示し、明白で、読みやすく、容易に消えなく、かつ理解しやすいもので、簡潔で明確に分かりやすい文章とすることが望ましい。

問題5 （R3 Ⅱ—10）

多くの国際安全規格は、ISO/IEC Guide51（JIS Z 8051）に示された「規格に安全側面（安全に関する規定）を導入するためのガイドライン」に基づいて作成されている。このGuide51には「設計段階で取られるリスク低減の方策」として以下が提示されている。

・「ステップ1」：本質的安全設計
・「ステップ2」：ガード及び保護装置
・「ステップ3」：使用上の情報（警告、取扱説明書など）

次の（ア）～（カ）の記述のうち、このガイドラインが推奨する行動として、あきら

3章　適性科目

かに誤っているものの数を選べ。

（ア）　ある商業ビルのメインエントランスに設置する回転ドアを設計する際に、施工主の要求仕様である「重厚感のある意匠」を優先して、リスク低減に有効な「軽量設計」は採用せずに、インターロックによる制御安全機能、及び警告表示でリスク軽減を達成させた。

（イ）　建設作業用重機の本質的安全設計案が、リスクアセスメントの検討結果、リスク低減策として的確と評価された。しかし、僅かに計画予算を超えたことから、ALARPの考え方を導入し、その設計案の一部を採用しないで、代わりに保護装置の追加、及び警告表示と取扱説明書を充実させた。

（ウ）　ある海外工場から充電式掃除機を他国へ輸出したが、「警告」の表示は、明白で、読みやすく、容易で消えなく、かつ、理解しやすいものとした。また、その表記は、製造国の公用語だけでなく、輸出であることから国際的にも判るように、英語も併記した。

（エ）　介護ロボットを製造販売したが、「警告」には、警告を無視した場合の、製品のハザード、そのハザードによってもたらされる危害、及びその結果について判りやすく記載した。

（オ）　ドラム式洗濯乾燥機を製造販売したが、「取扱説明書」には、使用者が適切な意思決定ができるように、必要な情報をわかり易く記載した。また、万一の製品の誤使用を回避する方法も記載した。

（カ）　エレベータを製造販売したが「取扱説明書」に推奨されるメンテナンス方法について記載した。ここで、メンテナンスの実施は納入先の顧客（使用者）が主体で行う場合もあるため、その作業者の訓練又は個人用保護具の必要性についても記載した。

①　1　　②　2　　③　3　　④　4　　⑤　5

問題6　（R3　Ⅱ—15）

　リスクアセスメントは、職場の潜在的な危険性又は有害性を見つけ出し、これを除去、低減するための手法である。労働安全衛生マネジメントシステムに関する指針では、「危険性又は有害性等の調査及びその結果に基づき講ずる措置」の実施、いわゆるリスクアセスメント等の実施が明記されているが、2006年4月1日以降、その実施が労働安全衛生法第28条の2により努力義務化された。なお、化学物質については、2016年6月1日にリスクアセスメントの実施が義務化された。

　リスクアセスメント導入による効果に関する次の（ア）～（オ）の記述のうち、正しいものは○、間違っているものは×として、最も適切な組合せはどれか。

（ア）　職場のリスクが明確になる

212

（イ）　リスクに対する認識を共有できる
（ウ）　安全対策の合理的な優先順位が決定できる
（エ）　残留リスクに対して「リスクの発生要因」の理由が明確になる
（オ）　専門家が分析することにより「危険」に対する度合いが明確になる

	ア	イ	ウ	エ	オ
①	○	○	○	○	○
②	○	○	○	○	×
③	○	○	○	×	×
④	○	○	×	×	×
⑤	×	×	×	×	×

【解答】

問題1　⑤

選択肢は全て正しい。

問題2　②

リスクアセスメントは、リスク特定、リスク分析、リスク評価の順で進める。

問題3　③

想定する発生事象（インシデント）により企業・組織が被害を受けても、法令や条例による規制その他の規定は遵守する必要がある。

問題4　③

リスク軽減を更に行うことが実際的に不可能な場合やリスク軽減費用が極端に高いなど現実的ではない場合にリスクは許容可能。

問題5　③

（ア）リスク低減に有効な「軽量設計」は採用せずに、インターロックによる制御安全機能、及び警告表示でリスク軽減を達成するというのは、本質的安全設計を優先することに反している。（イ）僅かに計画予算を超えたレベルで本質的安全設計の方策をおろそかにしてはならない。（カ）メンテナンスにおける作業員訓練などの記載は設計段階で取られる安全対策ではない。残りの項目は適切である。

問題6　③

リスクアセスメントを導入すると、残留リスクに対して「守るべき決めごと」の理由が明確になる。また、職場全員の参加によって、「危険」に対する感受性が高まる効果がある。よって、（エ）と（オ）の記述に誤りがある。

1-15　安全・事故

優先度　★☆☆

現場における安全や事故に関する問題も比較的高い頻度で出題されます。日頃から製

3章　適性科目

造・建設に関連した事故情報などは収集しておくとよいです。

【ポイント】
■ 基本用語
ハインリッヒの法則
→「同じ人間が起こした330件の災害のうち、重い災害が1件あると、29回の軽傷事故を、さらに300回の傷害のない事故を起こしている」というもの。300回の無傷害事故の背後には、数千の不安全行動や不安全状態があると考えられている

ヒヤリハット活動
→危ない事象が発生したが、事故には至らなかったものを「ヒヤリハット」と呼ぶ。作業者が体験したヒヤリハットを報告し、安全担当者などが改善方法などを検討、その結果を作業者全員に伝えるような取り組みを指す。作業者が取り組める安全活動の一つ
→「情報提供者を責めない」という職場ルールでの実施が基本となる

4S活動と5S活動
→整理、整頓、清掃、清潔を4Sと定義。また、これにしつけを加えて5Sと定義している。安全で健康な職場づくりや、生産性向上を目指すための活動である

安全データシート（SDS）
→安全データシートとは、化学物質や化学物質を含む混合物を譲渡、または提供する際に、その物質の物理化学的性質や危険性・有害性および、取り扱いに関する情報を、化学物質などを譲渡・提供する相手に伝えるための文書

【過去問】
R2 Ⅱ—8、R5 Ⅱ—9、R6 Ⅱ—7

【問題演習】
問題1　（R6 Ⅱ—7）
技術者にとって労働者の安全衛生を確保することは重要な使命の1つである。労働安全衛生法は「職場における労働者の安全と健康を確保」するとともに、「快適な職場環境を形成」する目的で制定されたものである。

安全と衛生に関する次の記述のうち、正しいものは○、誤っているものは×として、最も適切な組合せはどれか。

（ア）　労働災害が発生する原因は、労働者の不安全行動の他、機械や物の不安全状態があると考えられ、災害防止には不安全な行動・不安全な状態を無くす対策を講じることが重要である。

（イ）　ハインリッヒの法則では、「同じ人間が起こした330件の災害のうち、1件は重い災害があったとすると、29回の軽傷、傷害のない事故を300回起こしている」というもので、300回の無傷害事故の背後には数千の不安全行動や不安全状態があることも指摘している。

（ウ）　ヒヤリハット活動は、作業中に「ヒヤっとした」「ハッとした」危険有害情報を活用する災害防止活動である。情報は、朝礼などの機会に報告するようにし、「情報提供者を責めない」職場ルールでの実施が基本となる。

（エ）　安全の4S活動は、職場の安全と労働者の健康を守り、そして生産性の向上を目指す活動として、整理（Seiri）、整頓（Seiton）、洗浄（Senjou）、清潔（Seiketsu）がある。

（オ）　安全データシート（SDS：Safety Data Sheet）は、化学物質及び化学物質を含む混合物を譲渡又は提供する際に、その化学物質の物理化学的性質や危険性・有害性及び取扱いに関する情報を化学物質等の譲渡又は提供する相手方に提供するための文書である。

	ア	イ	ウ	エ	オ
①	○	○	○	×	×
②	○	○	×	×	○
③	×	×	×	○	○
④	○	○	○	×	○
⑤	×	×	×	○	×

問題2　（R5 Ⅱ—9）

技術者にとって、過去の「失敗事例」は貴重な情報であり、対岸の火事とせず、他山の石として、自らの業務に活かすことは重要である。

次の事故・事件に関する記述のうち、事実と異なっているものはどれか。

①　2000年、大手乳業企業の低脂肪乳による集団食中毒事件：

原因は、脱脂粉乳工場での停電復旧後の不適切な処置であった。初期の一部消費者からの苦情に対し、全消費者への速やかな情報開示がされず、結果として製品回収が遅れ被害が拡大した。組織として経営トップの危機管理の甘さがあり、経営トップの責任体制、リーダーシップの欠如などが指摘された。

②　2004年、六本木高層商業ビルでの回転ドアの事故：

原因は、人（事故は幼児）の挟まれに対する安全制御装置（検知と非常停止）の不適切な設計とその運用管理の不備であった。設計段階において、高層ビルに適した機能追加やデザイン性を優先し、海外オリジナルの軽量設計を軽視して制御安全に頼る設計としていたことなどが指摘された。

3章　適性科目

③　2005年、JR西日本福知山線の列車の脱線転覆事故；
　　原因は、自動列車停止装置(ATS)が未設置の急カーブ侵入部において、制限速度を大きく超え、ブレーキが遅れたことであった。組織全体で安全を確保する仕組みが構築できていなかった背景として、会社全体で安全最優先の風土が構築できておらず、特に経営層において安全最優先の認識と行動が不十分であったことが指摘された。

④　2006年、東京都の都営アパートにおける海外メーカー社製のエレベータ事故；
　　原因は、保守点検整備を実施した会社が原設計や保守ノウハウを十分に理解していなかったことであった。その結果ゴンドラのケーブルが破断し落下したものである。

⑤　2012年、中央自動車道笹子トンネルの天井崩落事故；
　　原因は、トンネル給排気ダクト用天井のアンカーボルト部の劣化脱落である。建設当時の設計、施工に関する技術不足があり、またその後の保守点検（維持管理）も不十分であった。この事故は、日本国内全体の社会インフラの老朽化と適切な維持管理に対する本格的な取組の契機となった。

問題3　(R2 Ⅱ—8)

　労働災害の実に9割以上の原因が、ヒューマンエラーにあると言われている。意図しないミスが大きな事故につながるので、現在では様々な研究と対策が進んでいる。

　ヒューマンエラーの原因を知るためには、エラーに至った過程を辿る必要がある。もし仮にここで、ヒューマンエラーはなぜ起こるのかを知ったとしても、すべての状況に当てはまるとは限らない。だからこそ、人はどのような過程においてエラーを起こすのか、それを知る必要がある。

　エラーの原因はさまざまあるが、しかし、エラーの原因を知れば知るほど、実はヒューマンエラーは「事故の原因ではなく結果」なのだということを知ることになる。

　次の(ア)～(シ)の記述のうち、ヒューマンエラーに該当しないものの数はどれか。

(ア)　無知・未経験・不慣れ	(イ)　危険軽視・慣れ
(ウ)　不注意	(エ)　連絡不足
(オ)　集団欠陥	(カ)　近道・省略行動
(キ)　場面行動本能	(ク)　パニック
(ケ)　錯覚	(コ)　高齢者の心身機能低下
(サ)　疲労	(シ)　単調作業による意識低下

①　0　　②　1　　③　2　　④　3　　⑤　4

216

【解答】

問題1　④

整理、整頓、清掃、清潔を4Sと定義しているので(エ)は誤り。残りは正しい。

問題2　④

これはシンドラー社のエレベータで起こった事故。ドアが開いた状態でエレベータが上昇して、挟まれ事故が発生した。

問題3　①

(ア)～(シ)まで全てがヒューマンエラーに該当する。

1-16　標準・規格　　　　　　　　　　　　　　　優先度　★☆☆

ISOやJISなどの規格に関する問題も時々出題されます。令和6(2024)年度に出題されたので、7年度の出題確率は下がったとみられます。

【ポイント】

■ 主な標準や規格

ISO
→正式名称は国際標準化機構(International Organization for Standardization)。各国の代表的標準化機関から成る国際標準化機関で、電気・通信及び電子技術分野を除く全産業分野(鉱工業、農業、医薬品等)に関する国際規格を作成している

IEC
→正式名称は国際電気標準会議(International Electrotechnical Commission)。各国の代表的標準化機関から成る国際標準化機関で、電気及び電子技術分野の国際規格を作成している

JIS
→産業標準化法に基づいて制定される国家規格
→法令の技術基準などに引用される場合には、その法令などにおいて強制力を持つ
→令和元(2019)年7月1日の法改正で工業標準化法から産業標準化法へ名称が変更。JISも日本工業規格から日本産業規格に
→「製品」や「サービス」などについて(1)互換性・インターフェースの整合性の確保、生産効率の向上、品質の確保、(2)安心・安全の確保、消費者保護、(3)正確な情報の伝達・相互理解の促進、(4)環境保護(省エネ、リサイクル等)、(5)高齢者・障がい者への配慮、(6)研究開発による成果の普及、企業の競争力の強化、貿易の促進などの観点から、国レベルで制定した規格

3章 適性科目

【過去問】

R6 Ⅱ—12

【問題演習】

問題1 (R6 Ⅱ—12)

　国際標準とは、製品の品質、性能、安全性、寸法、試験方法などに関する国際的な取決めのことである。世界経済の進展に伴い、物・サービスの国際取引が増大する中、ISOやIECなどの国際規格の重要性が増している。また、日本における標準化の規格JIS(Japanese Industrial Standards)については、令和元年に、(1)データやサービス等への標準化の対象拡大、(2)JISの制定等の迅速化、(3)JISマークの信頼性確保のための罰則強化、(4)官民の国際標準化活動の促進を図るための法改正が行われた。

　標準化に関する次の記述のうち、適切なものの数はどれか。

(ア)　ISOは、正式名称を国際標準化機構(International Organization for Standardization)といい、各国の代表的標準化機関から成る国際標準化機関であり、電気・通信及び電子技術分野を除く全産業分野(鉱工業、農業、医薬品等)に関する国際規格の作成を行っている。

(イ)　IECは、正式名称を国際電気標準会議(International Electrotechnical Commission)といい、各国の代表的標準化機関から成る国際標準化機関であり、電気及び電子技術分野の国際規格の作成を行っている。

(ウ)　日本における標準化の規格JISについては、令和元年の法改正に伴い、「産業標準化法」は「工業標準化法」に、「日本産業規格(JIS)」は「日本工業規格(JIS)」に改められ運用されている。

(エ)　JISマーク表示制度は、国により登録された民間の第三者機関(登録認証機関)から該当JISへの適合性に関する審査の結果、認証を受けることによって、JISマークを表示することができる制度である。

(オ)　JISマーク表示制度の信頼性の確保のため、認証事業者に対しては登録認証機関が少なくとも3年ごとに定期的な審査を行うとともに、必要に応じて臨時の審査を行うこととしている。また、国は必要に応じて立入検査を行うこととしている。

(カ)　鉱工業品等のマークのデザインについて、図-1の左側は法改正前の旧JISマーク、右側は現行のJISマークを示している。

① 6　② 5　③ 4　④ 3　⑤ 2

図1　旧JISマークと現行のJISマーク

【解答】

問題1 ③

（ウ）令和元(2019)年の法改正に伴い、「工業標準化法」は「産業標準化法」に、「日本工業規格」は「日本産業規格」に、それぞれ改められて適用されている。（カ）図の右側の一筆書きのようなマークは旧JISマーク。（ウ）と（カ）が誤りで残りは正しい記述である。

1-17 環境関連法令

優先度 ★☆☆

環境関連の法令も出題されます。再生可能エネルギーなどの話題も出題されますが、基礎科目で学ぶ内容とも重複する部分があるので、ここでは関連法を取り上げます。

【ポイント】

■ 環境関連法令

環境基本法

→環境の保全について、基本理念を定め、並びに国、地方公共団体、事業者及び国民の責務を明らかにしたもの。環境保全に関する施策の基本となる事項を定め、その施策を総合的かつ計画的に推進して国民の健康で文化的な生活の確保や人類の福祉への貢献を目的とする

公害

→以下が典型7公害と呼ばれている。大気汚染、水質汚濁、土壌汚染、騒音、振動、地盤沈下、悪臭

■ 循環型社会形成推進基本法

概要

→「大量生産・大量消費・大量廃棄」型の経済社会から脱却し、生産から流通、消費、廃棄に至るまで物質の効率的な利用やリサイクルを進め、資源消費の抑制や環境負荷の低減を図って「循環型社会」を形成するための基本的な枠組となる法律

→処理の優先順位は下記のとおり。(1)発生抑制、(2)再使用、(3)再生利用、(4)熱回収、(5)適正処分

→「再使用」「再生利用」「熱回収」が「循環的な利用」になる

→循環資源の全部または一部を原材料として利用することを「再生利用」と呼ぶ

【過去問】

R4 Ⅱ—10、R5 Ⅱ—15

3章 適性科目

1-17 環境関連法令

3章　適性科目

【問題演習】

問題1　(R5 Ⅱ—15)

環境基本法は、環境の保全について、基本理念を定め、並びに国、地方公共団体、事業者及び国民の責務を明らかにするとともに、環境の保全に関する施策の基本となる事項を定めることにより、環境の保全に関する施策を総合的かつ計画的に推進し、もって現在及び将来の国民の健康で文化的な生活の確保に寄与するとともに人類の福祉に貢献することを目的としている。

環境基本法第二条において「公害とは、環境の保全上の支障のうち、事業活動その他の人の活動に伴って生ずる相当範囲にわたる7つの項目（典型7公害）によって、人の健康又は生活環境に係る被害が生ずることをいう」と定義されている。

上記の典型7公害として「大気の汚染」、「水質の汚濁」、「土壌の汚染」などが記載されているが、次のうち、残りの典型7公害として規定されていないものはどれか。

① 騒音　　② 地盤の沈下　　③ 廃棄物投棄　　④ 悪臭　　⑤ 振動

問題2　(R4 Ⅱ—10)

循環型社会形成推進基本法は、環境基本法の基本理念にのっとり、循環型社会の形成について基本原則を定めている。この法律は、循環型社会の形成に関する施策を総合的かつ計画的に推進し、現在及び将来の国民の健康で文化的な生活の確保に寄与することを目的としている。次の（ア）～（エ）の記述について、正しいものは○、誤っているものは×として、適切な組合せはどれか。

（ア）「循環型社会」とは、廃棄物等の発生抑制、循環資源の循環的な利用及び適正な処分が確保されることによって、天然資源の消費を抑制し、環境への負荷ができる限り低減される社会をいう。

（イ）「循環的な利用」とは、再使用、再生利用及び熱回収をいう。

（ウ）「再生利用」とは、循環資源を製品としてそのまま使用すること、並びに循環資源の全部又は一部を部品その他製品の一部として使用することをいう。

（エ）　廃棄物等の処理の優先順位は、[1]発生抑制、[2]再生利用、[3]再使用、[4]熱回収、[5]適正処分である。

	ア	イ	ウ	エ
①	○	○	○	○
②	×	○	×	○
③	○	×	○	×
④	○	○	×	×
⑤	○	×	○	○

【解答】

問題1 ③

典型7公害は、大気汚染、水質汚濁、土壌汚染、騒音、振動、地盤沈下、悪臭

問題2 ④

（ウ）循環資源の全部または一部を原材料として利用することが「再生利用」である。説明は「再使用」の内容である。（エ）廃棄物等の処理では、再生利用よりも再使用の方が優先度は高い。再使用の方が加工などに要する手間が少ないことを考えればわかる。（ア）と（イ）は正しい。

3章

適性科目

1-17

環境関連法令

221

4 章

専門科目（建設分野）

土質及び基礎	1-1〜1-7
鋼構造	2-1〜2-9
コンクリート	3-1〜3-4
都市及び地方計画	4-1〜4-7
河川、砂防	5-1〜5-9
海岸・海洋	6-1〜6-2
港湾及び空港	7-1
電力土木	8-1
道路	9-1
鉄道	10-1
トンネル	11-1
施工計画、施工設備及び積算	12-1〜12-2
建設環境	13-1〜13-2

4章　専門科目（建設分野）

土質及び基礎

1-1　土の基本的性質　　優先度 ★★★

毎年最初の問題で間隙比や含水比、飽和度などの定義に関連した問題が必ず出ています。関係式を覚えれば確実に得点できるので、得点源にしましょう。

【ポイント】
■土の性質に関する各種定義

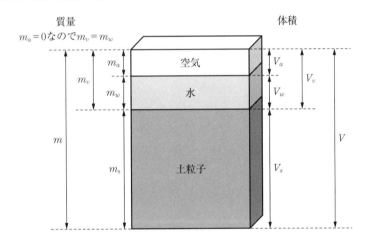

湿潤密度
　→土全体の単位体積質量

$$\rho_t = \frac{m}{V} = \frac{m_s + m_w}{V} \quad m = m_a + m_w + m_s = m_w + m_s$$

　　m_a（空気の質量）$= 0$　m_s（土粒子の質量）　m_w（水の質量）
　　$V = V_a + V_w + V_s$　V_a（空気の体積）　V_w（水の体積）　V_s（土粒子の体積）

乾燥密度
　→土の体積に占める土粒子の質量

$$\rho_d = \frac{m_s}{V}$$

含水比
　→土中水分質量の土粒子質量に対する割合

$$w = \frac{m_w}{m_s} \times 100 \, (\%) \qquad m_s(\text{土粒子の質量}) \quad m_w(\text{水の質量})$$

間隙比

→土粒子の体積に対する間隙部分の体積の比

（間隙部分の体積とは空気と水の部分に相当する）

$$e = \frac{V_w + V_a}{V_s} \quad V_s(\text{土粒子の体積}) \quad V_w(\text{水の体積}) \quad V_a(\text{空気の体積})$$

間隙率

→土の体積に占める間隙部分の体積の割合

$$\text{間隙率} \, n = \frac{V_w + V_a}{V} \times 100 \, (\%) \qquad V_w(\text{水の体積}) \quad V_a(\text{空気の体積})$$

$$V = V_a + V_w + V_s \qquad\qquad V_s(\text{土粒子の体積})$$

飽和度

→土の間隙部における水と間隙の体積比

$$S = \frac{V_w}{V_w + V_a} \times 100 \, (\%) \quad V_w(\text{水の体積}) \quad V_a(\text{空気の体積})$$

【過去問】

R元 Ⅲ—1、R元再 Ⅲ—1、R2 Ⅲ—1、R3 Ⅲ—1、R4 Ⅲ—1、R5 Ⅲ—1、R6 Ⅲ—1

【問題演習】

問題1 （R5 Ⅲ—1）

土の湿潤密度を $\rho_t \, [\text{Mg/m}^3]$、土の含水比を w [%] とするとき、土の乾燥密度 ρ_d $[\text{Mg/m}^3]$ を算出する式として正しいものはどれか。ここで、$[\text{Mg/m}^3] = [\text{g/cm}^3]$ である。

① $\dfrac{\rho_t}{w} \times 100$ ② $\dfrac{\rho_t}{1 - \dfrac{w}{100}}$ ③ $\dfrac{\rho_t}{1 + \dfrac{w}{100}}$ ④ $\dfrac{\rho_t}{2 - \dfrac{w}{100}}$

⑤ $\dfrac{\rho_t}{2 + \dfrac{w}{100}}$

問題2 （R4 Ⅲ—1）

土粒子の密度を ρ_s、土の間隙比を e とするとき、土の乾燥密度 ρ_d を算出する式として正しいものはどれか。

4章　専門科目（建設分野）

① $\dfrac{\rho_s}{2+e}$　　② $\dfrac{\rho_s}{2-e}$　　③ $e\rho_s$　　④ $\dfrac{\rho_s}{1+e}$　　⑤ $\dfrac{\rho_s}{1-e}$

問題3　（R3 Ⅲ—1）

土の基本的性質に関する次の記述のうち、不適切なものはどれか。

① 間隙比eは、土粒子密度ρ_sと乾燥密度ρ_dを用いて、$e=\dfrac{\rho_s}{\rho_d}-1$と求める。

② 粗粒度では、その粒度分布が透水性や力学的性質に影響するが、細粒土の力学的性質は、含水比wの多少によって大きく変化する。

③ 飽和度S_rは含水比w、土粒子密度ρ_s、水の密度ρ_w、間隙比eを用いて、S_r $=\dfrac{e\rho_w}{w\rho_s}\times100$（％）と求める。

④ 土粒子の密度ρ_sは、土粒子の構成物の単位体積当たりの平均質量である。

⑤ 間隙比eと間隙率nの関係は$n=\dfrac{e}{1+e}\times100$（％）である。

問題4　（R2 Ⅲ—1）

土の構成を表す諸指標に関する次の記述のうち、最も不適切なものはどれか。
① 間隙の体積と、土粒子の体積の比率を間隙比という。
② 土の全体の重量のうち、水の重量が占める割合を含水比という。
③ 土の間隙の体積のうち、水の体積が占める割合を飽和度という。
④ 土の総重量を、土の全体の総体積で割った体積当たりの総重量を湿潤単位体積重量という。
⑤ 土の全体の体積のうち、間隙の体積が占める割合を間隙率という。

問題5　（R元再 Ⅲ—1）

土粒子の密度をρ_s[g/cm³]、土の乾燥密度をρ_d[g/cm³]とするとき、土の間隙比eを算出する式として、最も適切なものはどれか。

① $\dfrac{\rho_d}{\rho_s}+1$　　② $\dfrac{\rho_d}{\rho_s}-1$　　③ $\dfrac{\rho_s}{\rho_d}+1$　　④ $\dfrac{\rho_s}{\rho_d}$　　⑤ $\dfrac{\rho_s}{\rho_d}-1$

問題6　（R6 Ⅲ—1）

ある湿潤状態の土の体積と質量を測定したところ、それぞれ400m³と600Mgであった。この土を乾燥させたところ500Mgとなった。土粒子比重を2.70、水の密度を1.00Mg/m³とするとき、この土の湿潤密度、含水比、間隙比に最も近い値の組合

226

せはどれか。ここで、$Mg/m^3 = g/cm^3$ である。

	湿潤密度	含水比	間隙比
①	$1.1Mg/m^3$	20%	0.82
②	$1.1Mg/m^3$	50%	2.32
③	$1.5Mg/m^3$	20%	0.82
④	$1.1Mg/m^3$	20%	1.16
⑤	$1.5Mg/m^3$	20%	1.16

【解答】

問題1　③

湿潤密度の定義から　$\rho_t = \dfrac{m}{V} = \dfrac{m_s + m_w}{V}$

含水比の定義から　$w = \dfrac{m_w}{m_s} \times 100$　　　$\rightarrow m_w = \dfrac{m_s \times w}{100}$

上の2式から m_w を消去して m_s を求める

$$m_s = \frac{\rho_t \times V}{\left(1 + \dfrac{w}{100}\right)}$$

湿潤密度の定義から　$\rho_d = \dfrac{m_s}{V} = \dfrac{\rho_t}{\left(1 + \dfrac{w}{100}\right)}$

問題2　④

土粒子密度の定義から　$\rho_s = \dfrac{m_s}{V_s}$

間隙比の定義から　$e = \dfrac{V_w + V_a}{V_s}$

求める乾燥密度の式は　$\rho_d = \dfrac{m_s}{V} = \dfrac{m_s}{V_s + V_w + V_a}$

乾燥密度の式と間隙比の式から　$\rho_d = \dfrac{m_s}{V_s + V_w + V_a} = \dfrac{m_s}{V_s(1 + e)}$

さらに土粒子の密度の定義の式から　$\rho_d = \dfrac{\rho_s}{(1 + e)}$

問題3　③

①の選択肢は問題2の解答を変形すれば正しいと分かる

③の選択肢は以下のようになる

4章　専門科目（建設分野）

飽和度　$S = \dfrac{V_w}{V_w + V_a} \times 100 \, (\%)$

含水比　$w = \dfrac{m_w}{m_s} \times 100$　　間隙比　$e = \dfrac{V_w + V_a}{V_s}$

土中水分の密度　$\rho_w = \dfrac{m_w}{V_w}$　　土粒子密度　$\rho_s = \dfrac{m_s}{V_s}$

飽和度の式に上の関係を入れて整理すると

$S = \dfrac{\rho_s w}{\rho_w e}$　　よって、③が間違い

⑤の選択肢は以下のようになる

$e = \dfrac{V_w + V_a}{V_s}$

$n = \dfrac{V_w + V_a}{V_s + V_w + V_a} \times 100 = \dfrac{V_s e}{V_s(1 + e)} \times 100 = \dfrac{e}{1 + e} \times 100$

問題4　②

土の基本的性質を示す用語は定義を式だけでなく、言葉でも理解しておく。含水比は土中水分質量の土粒子質量に対する割合である。

問題5　⑤

問題2と解き方は同じ。

問題6　⑤

式に数値を入れて求める問題であるだけで、過去に出題された各定義式を覚えていれば難しい問題ではない。

湿潤密度は $\rho_t = \dfrac{m}{V} = \dfrac{600}{400} = 1.5 \, (\mathrm{Mg/m^3})$

含水比は、$w = \dfrac{m_w}{m_s} \times 100$　ここで、水の質量は土を乾燥させて減った質量に等しい。

よって、$m_w = 600 - 500 = 100 \, (\mathrm{Mg})$

また、乾燥させた土の重量が500(Mg)なので、$m_s = 500 \, (\mathrm{Mg})$

よって、$w = \dfrac{m_w}{m_s} \times 100 = \dfrac{100}{500} \times 100 = 20 \, (\%)$

ここで、土粒子の体積 V_s は、以下のように求められる。

$V_s = \dfrac{m_s}{\rho_s} = \dfrac{500}{2.70} = 185.185$

よって、間隙率は以下のように求めれる。

228

$$e = \frac{V_w + V_a}{V_s} = \frac{(400 - 185.185)}{185.185} = 1.16$$

1-2 土圧

優先度 ★★★

主働土圧と受働土圧、ランキンとクーロンの土圧理論は数年に1度出題されています。言葉の定義だけでなく、グラフ表現も覚えておきましょう。

【ポイント】

■ 主働土圧と受働土圧の定義

主働土圧

→土が水平方向に緩む方向で変形していくとき、水平土圧が次第に減少し、最終的に一定値に落ち着いた状態で発揮される土圧

受働土圧

→土を水平方向に圧縮していくとき、水平土圧が次第に増大し、最終的に一定値に落ち着いた状態で発揮される土圧

静止土圧

→地盤の水平変位が生じない状態における水平方向の土圧

→主働土圧＜静止土圧＜受働土圧の関係がある

■ クーロンの土圧理論とランキンの土圧理論

クーロンの土圧理論

→壁の背後地盤がくさび状にすべる状態を仮定して、力のつり合い状態から土圧を導出

ランキンの土圧理論

→壁の背後地盤全体が破壊に達した状態を仮定して土圧を導出

【過去問】

R2 Ⅲ—4、R5 Ⅲ—4

【問題演習】

問題1 （R5 Ⅲ—4）

土圧に関する次の記述の、[　　]に入る語句の組合せとして、最も適切なものはどれか。

図は、壁体の変位に伴う土圧の変化を示した模式図である。最小、最大となったときの土圧をそれぞれ[a]、[b]と呼ぶ。構造物に作用する土圧は、地盤の破壊状態と密接な関係にあるので、地盤の破壊状態を仮定して土圧を算定することが

行われてきた。壁の背後地盤全体が破壊に達した状態を仮定して土圧を導き出すのが[c]の土圧理論であり、壁の背後地盤がくさび状にすべる状態を仮定して、力の釣合い状態から土圧を導き出すのが[d]の土圧理論である。

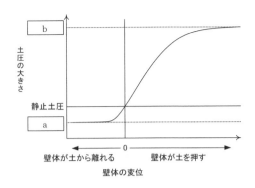

	a	b	c	d
①	受働土圧	主働土圧	ランキン	クーロン
②	主働土圧	受働土圧	ランキン	クーロン
③	主働土圧	受働土圧	クーロン	ランキン
④	受働土圧	主働土圧	クーロン	物部・岡部
⑤	受働土圧	主働土圧	物部・岡部	ランキン

問題2 （H30 Ⅲ—4）

土圧に関する次の記述のうち、最も不適切なものはどれか。
① 主働土圧とは、土が水平方向に緩む方向で変形していくとき、水平土圧が次第に減少し、最終的に一定値に落ち着いた状態で発揮される土圧である。
② クーロンの土圧論とは、土くさびに働く力の釣り合いから壁面に働く土圧の合力を求めるための理論をいう。
③ 受働土圧とは、土を水平方向に圧縮していくとき、水平土圧が次第に増大し、最終的に一定値に落ち着いた状態で発揮される土圧である。
④ 土被り圧とは、地盤中のある点において、その上に存在する土あるいは岩の全重量によって生じる応力であり、通常は水平応力である。
⑤ 静止土圧とは、地盤の水平変位が生じない状態における水平方向の土圧である。

【解答】
問題1 ②
　主働土圧＜静止土圧＜受働土圧である。土くさびに働く力の釣り合いを考えるのがクーロンの土圧論と記憶していれば、簡単に解答できる。
問題2 ④
　土被り圧は通常、鉛直応力である。

1-3 圧密

優先度 ★★★

圧密の用語、圧密層厚や透水係数と圧密時間との関係などは数年に1度程度出題されています。難しい問題ではないので、理解して修得しておきましょう。

【ポイント】

■ 圧密に関する用語

圧密

→土に外力を作用させ、内部間隙水を排出しながら徐々に圧縮させていく現象。飽和土であれば、体積減少に等しい分だけ間隙水が排出され、砂や礫（れき）のような透水性が高い材料では圧密は短時間で終わる。一方、透水性が低い粘土のような材料では、圧密に長時間を要する

一次圧密

→過剰間隙水圧が消散する過程を表し、実務的には熱伝導型圧密方程式の解に従う圧密度100%までに対応する部分

過圧密

→先行圧密圧力の大きさが、現在受けている有効土被り圧の大きさよりも大きくなっていた状態

圧密係数

→粘土の圧密速度を支配する土質定数で、体積圧縮係数と透水係数によって定義される（透水係数に比例、体積圧縮係数に反比例）

■ 圧密時間

圧密時間の計算式

→圧密時間は最大排水距離（H）の2乗に比例し、圧密係数に反比例する

$$t = \frac{H^2 T_v}{C_v}$$

H：最大排水距離　C_v：圧密係数＝透水係数kに比例　T_V：時間係数

【過去問】

R元再 Ⅲ―3、R3 Ⅲ―2、R4 Ⅲ―2、R6 Ⅲ―4

【問題演習】

問題1 （R3 Ⅲ―2）

土の圧密に関する次の記述の、[　　]に入る語句として、最も適切な組合せはどれか。

土の圧密を考えるときに、土粒子及び[a]は事実上圧縮しないものと考えてよい。したがって、土の圧密による体積減少は土の間隙の減少によるものであり、飽和土の場合、体積減少に等しい分だけの[a]が排出される。粗い砂や礫のように透水性の[b]土の場合、圧密は短時間で終了する。一方、粘土のような透水性の[c]土では、[a]の排出に長時間を要する。したがって、このような土の圧密現象を扱う場合、圧密荷重と圧密量の関係に加えて、圧密の[d]が問題となる。

	a	b	c	d
①	間隙空気	高い	低い	応力履歴
②	間隙空気	低い	高い	時間的推移
③	間隙水	高い	低い	時間的推移
④	間隙水	低い	高い	応力履歴
⑤	間隙水	低い	高い	時間的推移

問題2 (R4 Ⅲ—2)

境界条件、圧密層厚、透水係数、体積圧縮係数が下図に示すような4つの水平成層の飽和粘土地盤a～dについて、圧密に要する時間が同一となる地盤の組合せとして、適切なものはどれか。ただし、圧密はテルツァーギの一次元圧密方程式に従うものとし、初期過剰間隙水圧は深さ方向に一様に分布するものとする。

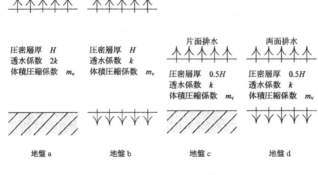

① 地盤aと地盤b　② 地盤aと地盤c　③ 地盤aと地盤d
④ 地盤bと地盤c　⑤ 地盤bと地盤d

問題3 (R6 Ⅲ—4)

締固めた土の性質に関する次の記述の[　]に入る語句の組合せとして、最も適切なものはどれか。

締固めた土は一般的に、乾燥密度が高いほど強度が[a]、圧縮性が[b]、透

水係数が[c]。

	a	b	c
①	小さく	低く	大きい
②	大きく	高く	小さい
③	大きく	低く	大きい
④	大きく	低く	小さい
⑤	小さく	高く	大きい

【解答】

問題1　③

土の圧密では飽和土では体積減少に等しい分だけ間隙水が排出され、砂や礫（れき）のような透水性が高い材料では圧密は短時間で終わる。透水性が低い粘土のような材料では、圧密に長時間を要するので時間的推移が課題になる。

問題2　④

圧密時間は排水距離の2乗に比例し、透水係数に反比例する。

地盤a：圧密時間 $\propto H^2/(2k) = (1/2)(H^2/k)$

地盤b：圧密時間 $\propto (H/2)^2/k = (1/4)(H^2/k)$

　　　　★両面排水なので、排水距離は半分になる

地盤c：圧密時間 $\propto (H/2)^2/k = (1/4)(H^2/k)$

地盤d：圧密時間 $\propto (H/4)^2/k = (1/16)(H^2/k)$

よって、地盤bと地盤cが同じ圧密時間となる。

問題3　④

締固めた土は一般的に、乾燥密度が高いほど強度が大きく、圧縮性が低く、透水係数が小さい。

1-4　土と基礎　　　　　　　　優先度　★★★

テルツァーギの支持力公式が時々出題されています。直線すべり面の安全率計算も過去に何度か出題されているので準備しておきましょう。

【ポイント】

■ テルツァーギの支持力公式

テルツァーギの支持力公式（浅い基礎の場合）

　→以下の3項から成る

$$q_d = \alpha \times c \times N_C + \beta \times \gamma_1 \times B \times N_\gamma + \gamma_2 \times D_f \times N_q$$

q_d：地盤の極限支持力度　　c：粘着力　　B：基礎幅　　D_f：基礎の有効根入れ深さ

233

N_c と N_y と N_q：内部摩擦角 ϕ から求められる支持力係数

γ_1：基礎底面の下の有効単位体積重量　　γ_2：基礎底面の上の有効単位体積重量

α、β：基礎形状に応じた係数

■ 安全率など

斜面の安全率計算

→斜面のすべりに対する安全率を求める方法には、すべり面を円形と仮定する円弧すべり解析と任意形状のすべり面と対象とした非円形すべり面解析がある

円弧すべり法での斜面の安全率

→土のせん断強さによる抵抗モーメントを滑動モーメントで除すと、斜面の安全率が求まる

簡易分割法やスウェーデン法の安全率

→土のせん断強さをすべり面に働くせん断力で除した値が、安全率となる

地盤の許容支持力

→構造物の重要性や土質係数の精度、土の鋭敏比なども踏まえ、極限支持力を適当な安全率で割って求める

支持力

→地盤が構造物の荷重を支える能力

■ 地すべりと土石流

地すべり

→斜面の一部または全部が地下水や重力の影響を受けて、ゆっくりと斜面下方にすべり落ちる現象。一般的に移動する土塊の量が大きいので、大きな被害に結び付きやすい

土石流

→大雨などを受けて土砂が崩れ、水と土砂が混ざった状態で谷地を高速流下する現象

がけ崩れ

→地中にしみ込んだ水分の影響によって斜面が不安定になり、急激に崩れ落ちる現象。地震の影響で発生することも多い

■ 対策

杭基礎

→杭基礎の形式は摩擦杭と支持杭の2つに大別される

地すべり対策工

→抑制工と抑止工がある。地すべりの発生機構や規模に応じて、適切に組み合わせる

土中の水流

→水の流れが非常に遅いので速度水頭は無視できる

■ 直線すべり面の安全率計算

モール・クーロンの破壊規準を用いた直線すべり面の安全率
→安全率F_sは、土に作用する摩擦抵抗力を滑ろうとする力で割って求める

$$F_s = \frac{cl + W\cos\alpha \tan\phi}{W\sin\alpha}$$

c：粘着力　l：すべり面の長さ
ϕ：内部摩擦角　W：土塊の重量

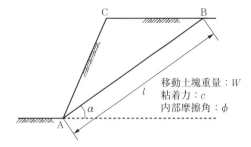

【過去問】

R元 Ⅲ—3、R元 Ⅲ—4、R元再 Ⅲ—4、R3 Ⅲ—4、R4 Ⅲ—3、R4 Ⅲ—4、R6 Ⅲ—3

【問題演習】

問題1 （R元再 Ⅲ—4）

土圧、支持力、基礎及び斜面安定に関する次の記述のうち、最も不適切なものはどれか。

① テルツァーギの支持力公式にて使用される3つの支持力係数は、すべて無次元量で、土の粘着力の関数である。
② 擁壁などが前方に移動するときのように、土が水平方向に緩む方向で変形していくとき、水平土圧が次第に減少して最終的に一定値に落ち着いた状態を主働状態という。
③ 地盤が構造物の荷重を支える能力を支持力という。
④ 杭基礎の支持形式は、大きく分けて支持杭及び摩擦杭の二つに分かれる。
⑤ 斜面のすべりに対する安全率の値を具体的に求める方法には、すべり面の形状を円形と仮定する円弧すべり解析と、任意形状のすべり面を対象とした非円形すべり面解析がある。

問題2 （R4 Ⅲ—4）

下図に示すような直線すべり面AB上の土塊ABCに対する安全率F_sを求める式として、次のうち適切なものはどれか。ここですべり土塊は奥行き1m幅を想定し、平面ひずみ条件を満足するものとする。また、すべり面の勾配、長さをそれぞれα、l、土の粘着力、内部摩擦角をそれぞれc、ϕ、移動土塊ABCの重量をWとし、モール・クーロンの破壊規準に従うものとする。

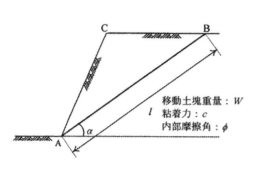

① $F_s = \dfrac{cl + W\cos\alpha\sin\phi}{W\sin\alpha}$

② $F_s = \dfrac{cl + W\sin\alpha\sin\phi}{W\cos\alpha}$

③ $F_s = \dfrac{cl + W\cos\alpha\cos\phi}{W\sin\alpha}$

④ $F_s = \dfrac{cl + W\sin\alpha\tan\phi}{W\cos\alpha}$

⑤ $F_s = \dfrac{cl + W\cos\alpha\tan\phi}{W\sin\alpha}$

問題3 （R3 Ⅲ—4）
斜面安定に関する次の記述のうち、不適切なものはどれか。
① 地すべりとは、山体を構成する土砂や礫の一部が、水と混合し河床堆積物とともに渓岸を削りながら急速に流下する現象である。
② 地すべり対策工は、地すべりの発生機構及び規模に応じて、抑制工と抑止工を適切に組み合わせて計画するものである。
③ 簡便分割法やスウェーデン法で用いられる斜面の安全率は、土のせん断強さをすべり面に働くせん断力で除した値として定義される。
④ 円弧すべり法で用いられる斜面の安全率は、ある点に関する土のせん断強さによる抵抗モーメントを滑動モーメントで除した値として定義される。
⑤ 落石防止工は、斜面上方の落石発生源において実施する落石予防工と、発生した落石に対し斜面下方で対処する落石防護工に区分される。

【解答】
問題1 ①
　テルツァーギの支持力公式で使われる3つの支持力係数は、土の内部摩擦角の関数である。
問題2 ⑤
　直線すべり面に沿って土塊に作用する力は重力の分力になるので、$W\sin\alpha$。土に作用する摩擦抵抗力は $cl + W\cos\alpha\tan\phi$ となる。
問題3 ①
　①は土石流の説明となっている。地すべりは広範囲にわたって斜面が滑り落ちる現象。

1-5 液性指数

優先度 ★★☆

令和6(2024)年度の試験で登場した問題です。式だけ知っていれば簡単な問題で、今後も時々出題される可能性があります。押さえておきましょう。

【ポイント】

■ 土の性状と含水比の関係

液性限界 w_L
→土が塑性状から液状に変化する境界における含水比

塑性限界 w_p
→土が塑性状から半固体状に変化する境界における含水比

塑性指数 $I_p = w_L - w_p$
→液性限界と塑性限界の差で、土が塑性となる幅を示している

液性指数 I_L
→自然状態の土の相対的な硬さで、土を乱した際に液状になりやすいか否かを判別できる

$I_L = \dfrac{w_n - w_p}{w_L - w_p} = \dfrac{w_n - w_p}{I_p}$ ここで w_n は自然状態での含水比

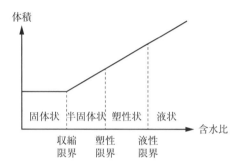

【過去問】

R6 Ⅲ—2

【問題演習】

問題1 (R6 Ⅲ—2)

ある細粒土のコンシステンシー試験の結果、液性限界は70%、塑性限界は40%であった。この土の液性指数として、最も適切なものはどれか。ただし、自然状態の含水比は55%とする。

① 30　② 15　③ 0.5　④ 0.25　⑤ 0.2

4章　専門科目（建設分野）

【解答】
問題 1　③

液性指数は以下の式から求められる。$I_L = \dfrac{w_n - w_p}{w_L - w_p} = \dfrac{55 - 40}{70 - 40} = 0.5$

1-6　透水試験
優先度　★★☆

ダルシーの法則は過去に計算問題として出題されていたものの、近年は出題されていません。そろそろ出題されてもおかしくなさそうです。

【ポイント】
■ ダルシーの法則
ダルシーの法則

→流速と透水係数、動水勾配の関係は以下のようになる

v（流速）$= k$（透水係数）$\times i$（動水勾配）

$v = \dfrac{Q（流量）}{A（断面積）}$　　$i = \dfrac{h（水頭差）}{L（土の供試体の長さ）}$

■ 透水に関する用語
透水係数

→水の流れやすさを示す係数。土の種類や密度などによって変化する。砂や礫のように透水性が高いと透水係数は大きくなる

室内透水試験

→室内透水試験には定水位透水試験と変水位透水試験がある。礫質土から砂質土は定水位透水試験、砂質土から粘性土は変水位透水試験で求める

【過去問】
R元 Ⅲ—2、R2 Ⅲ—3

【問題演習】
問題 1　（R元 Ⅲ—2）

土の透水に関する次の記述のうち、最も不適切なものはどれか。

①　土の透水性を定量的に表す透水係数は、土の種類、密度や飽和度などによって変化しない。

②　土の室内透水試験には、定水位透水試験と変水位透水試験がある。変水位透水試験は透水係数が$10^{-9} \sim 10^{-5}$ [m/s] のシルトや細粒分を含む土に適用される。

238

③ 締固めた供試体を用いた室内透水試験の結果は、アースダムや堤防、道路、埋立地といった人工造成地盤の透水性、浸透水量を推定することに利用されることが多い。
④ 透水係数が10^{-9}[m/s]未満の土は、実質上不透水であると考えてもよい。
⑤ 動水勾配と土中を流れる流速との間に、水の流れが層流である限り比例関係が成り立つ。この関係をダルシーの法則という。

問題2 (R2 Ⅲ―3)

下図は、定水位透水試験の模式図である。容器Ⅰの中に長さL、断面積Aの円筒形の砂供試体を作製し、容器Ⅰ上部の水面を一定位置に保ちながら給水を行う。砂供試体を通過した水を、パイプを通して容器Ⅱに導き、容器Ⅱの水位を一定に保ちながら、あふれる水の量を測定する(このとき、水頭差hは一定に保たれる)。ある程度水を流して定常状態になったときを見計らって、あふれる水の量を測定すると、単位時間当たりの水量(流量)がQであった。ダルシーの法則が成り立つとき、砂の供試体の透水係数kとQ、h、L、Aの関係を正しく表している式として適切なものはどれか。

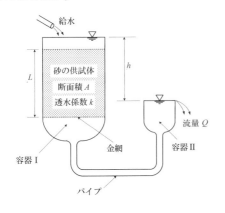

① $k = \dfrac{QL}{hA}$

② $k = \dfrac{Qh}{LA}$

③ $k = \dfrac{Q}{AhL}$

④ $k = \dfrac{QLA}{h}$

⑤ $k = \dfrac{QhA}{L}$

【解答】

問題1 ①

透水係数は、土の種類や密度などに応じて、当然変化する。

問題2 ①

ダルシーの法則を基にして求める。まず、砂を通る水の流速は以下のようになる。

$$v = \dfrac{Q(流量)}{A(断面積)}$$ このとき、動水勾配は以下のように求められる。

4章　専門科目（建設分野）

$$i = \frac{h(水頭差)}{L(供試体の長さ)}$$

$v(流速) = k(透水係数) \times i(動水勾配)$なので、

$$\frac{Q}{A} = k\frac{h}{L} \qquad よって、k = \frac{QL}{Ah}$$

1-7　鉛直有効応力など　　　優先度　★★☆

　地下水がある場合の鉛直有効応力や地盤現象について理解しておきましょう。また、ボイリングやヒービングといった現象は、定義を把握しておきます。

【ポイント】

■ 鉛直有効応力

応力計算

→地下水の有無によって、鉛直有効応力の計算が変わる。全応力は土の変形に影響を及ぼす有効応力と間隙水（地下水）が分担する応力の和であり、地下水がある水中部分では飽和単位体積重量から水の単位体積重量を差し引いた分で鉛直有効応力を算出する

■ ボイリングとヒービング

ボイリング

→地下水位が浅い砂質地盤や砂礫地盤で掘削工事を行うと土留め背面から掘削面に向かう上向きの浸透流が生じる。この浸透流の浸透圧が掘削側の土の有効荷重よりも大きくなると掘削底面の砂層がせん断強さを失って地下水とともに吹き上がる。この現象をボイリングと呼ぶ

ヒービング

→粘性土地盤において土留め背面にある土との重量差によって、掘削地盤面に回り込んで底面が持ち上がる現象

盤ぶくれ

→掘削底面の下に難透水層がある場合、被圧帯水層によって難透水層である掘削底版が押し上げられる現象

【過去問】

　R元再　Ⅲ—2、R5　Ⅲ—2、R5　Ⅲ—3

【問題演習】

問題1 (R元再 Ⅲ—2)

下図に示すように水面が異なる4種類の水平成層地盤a〜dについて、地表面から深さ5.0mの点Aにはたらく鉛直有効応力が水平成層地盤aと等しい水平成層地盤の組合せを選べ。なお、地下水面以浅の湿潤単位体積重量γ_tは16.0kN/m^3、地下水面以深の飽和単位体積重量γ_{sat}は18.0kN/m^3、水の単位体積重量γ_wは10.0kN/m^{3}とし、地下水面以深の地盤は完全に飽和しており、地盤内に浸透流はないものとする。

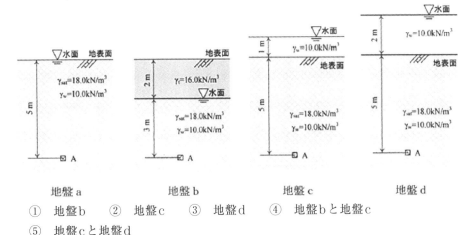

① 地盤b ② 地盤c ③ 地盤d ④ 地盤bと地盤c
⑤ 地盤cと地盤d

問題2 (R5 Ⅲ—3)

土留めと掘削に関する次の記述の、[　]に入る語句として、最も適切な組合せはどれか。

地下水位の[a]砂質地盤や砂礫地盤で掘削工事を行うと土留め壁の背面より掘削面に向かう上向きの浸透流が生じる。この浸透流による浸透圧が掘削側の土の有効荷重より大きくなると、掘削底面の砂層は[b]を失い、[c]とともに噴き上がる。このような現象を[d]といい、土留め壁の近くで大量の湧水を伴って生じれば、地盤が緩んで土留め全体の崩壊を起こす危険がある。

	a	b	c	d
①	深い	粘着力	地下水	ボイリング
②	深い	粘着力	空気	ヒービング
③	浅い	せん断強さ	地下水	ヒービング
④	浅い	粘着力	空気	ボイリング
⑤	浅い	せん断強さ	地下水	ボイリング

4章　専門科目（建設分野）

【解答】

問題1　⑤

　地盤a：$(18-10)\times5=40[kN/m^2]$、地盤b：$16\times2+(18-10)\times3=32+24=56$ $[kN/m^2]$、地盤c：$(18-10)\times5=40[kN/m^2]$、地盤d：$(18-10)\times5=40[kN/m^2]$

問題2　⑤

　砂質地盤や砂礫地盤の掘削時に、土留め壁背面から掘削面に向かう上向きの浸透流によって生じるボイリングの説明である。地下水位が浅い状況で起こりやすく、底面の砂層がせん断強さを失って地下水と共に吹き上がる。

鋼構造

2-1 断面二次モーメント

優先度 ★★☆

断面二次モーメントの計算式などを覚えておくと便利です。得意な人は得点源にしましょう。苦手な人は飛ばしてしまっても問題ありません。

【ポイント】

■ 各種算出式

断面二次モーメント

→ $\dfrac{bd^3}{12}$　b：幅　d：高さ（長方形）　$\dfrac{\pi d^4}{64}$　d：直径（円）

断面係数（断面二次モーメント÷図心から端部までの距離）

→ $\dfrac{bd^2}{6}$（長方形）　$\dfrac{\pi d^3}{32}$（円）

断面二次半径（断面二次モーメントを断面積で割った商の平方根）

→ $\dfrac{d}{2\sqrt{3}}$（長方形）　$\dfrac{d}{4}$（円）

【過去問】

R2 Ⅲ—6、R4 Ⅲ—6、R5 Ⅲ—6

【問題演習】

問題1 （R5 Ⅲ—6）

図に示すようにx軸に対して上下対称なI形の断面がある。x軸まわりの断面二次モーメントとして、適切なものはどれか。

① $\dfrac{bh^3}{12}$　② $\dfrac{tw^3}{12}$　③ $bh-(b-t)w$

④ $\dfrac{(b-t)w^3}{12}$　⑤ $\dfrac{bh^3-(b-t)w^3}{12}$

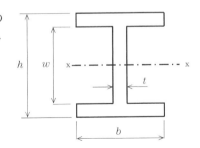

問題2 （R4 Ⅲ—6）

図に示す長方形断面の各種断面諸量に関する次の記述のうち、不適切なものはど

れか。

① 高さdを2倍、幅bを2倍にすると、断面積は4倍になる。
② 幅bを2倍にすると、図示の軸まわりの断面二次モーメントは2倍になる。
③ 高さdを2倍、幅bを2倍にすると、図示の軸まわりの断面二次モーメントは16倍になる。
④ 高さdを2倍にすると、図示の軸に関する断面係数は8倍になる。
⑤ 高さdを2倍にすると、図示の軸に関する断面二次半径は2倍になる。

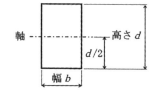

【解答】

問題1 ⑤

大きな断面から欠けている断面を引くようにして求めればよい

$$\frac{bh^3}{12} - \frac{(b-t)w^3}{12} = \frac{bh^3-(b-t)w^3}{12}$$

問題2 ④

断面係数は断面の高さの2乗に比例するので、高さdが2倍になれば4倍になる

2-2 曲げモーメント　　優先度 ★★★

せん断力図や曲げモーメント図はルールが理解できれば難しくありません。構造計算が苦手でも、曲げモーメント図などの問題は抑えておくことをお勧めします。

【ポイント】

■せん断力図と曲げモーメント図

せん断力図
　→集中荷重の作用点で階段状に変化する。等分布荷重が加わる場合には直線となる。三角形分布の荷重が加わる場合は二次曲線となる。集中モーメント荷重の作用点ではせん断力図は変化しない

モーメント図
　→集中荷重の作用点で折れ曲がる。等分布荷重が加わる場合には二次曲線となる。三角形分布の荷重が加わる場合は三次曲線となる。せん断力の式を積分して求められる。集中モーメント荷重の作用点では階段状に変化する

■荷重とせん断力図とモーメント図のイメージ（単純梁）

	集中荷重	等分布荷重	モーメント荷重
荷重			
せん断力図			
曲げモーメント図			

■荷重とせん断力図とモーメント図のイメージ（片持ち梁）

	集中荷重	等分布荷重
荷重		
せん断力図		
曲げモーメント図		

■反力と曲げモーメントの計算

反力計算

→曲げモーメントを計算する際には、まずは支点反力を計算する。梁に加わる荷重の和と反力の和が等しくなるようにし（①）、支点でのモーメントのつり合いが成立するようにする（②）。これらの関係式から支点反力が求まる

曲げモーメントの計算

→求められた支点反力および荷重と、曲げモーメントを求める位置までのそれぞれの距離を用いて、曲げモーメントを算出

【過去問】

R元再 Ⅲ—8、R2 Ⅲ—5、R3 Ⅲ—5、R4 Ⅲ—5、R5 Ⅲ—5

【問題演習】

問題1 （R5 Ⅲ—5）

図に示すように、支間長が3[m]の単純梁ABの支点Aから右向きに1[m]の距離にある点Cに鉛直下向きの集中荷重5[kN]が作用するとき、支点Aの鉛直反力R_A[kN]、支点Bの鉛直反力R_B[kN]、点Cの曲げモーメントM_C[kN・m]の組合せとし

て、適切なものはどれか。

	R_A[kN]	R_B[kN]	M_C[kN·m]
①	10/3	5/3	10/3
②	10/3	5/3	−5/3
③	5/3	10/3	−5/3
④	5/3	10/3	10/3
⑤	5/2	5/2	5

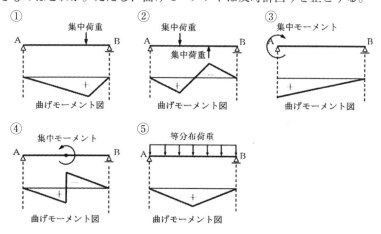

問題2　(R4 Ⅲ—5)

次の単純ばりABへの荷重の作用と曲げモーメント図の組合せのうち、誤っているものはどれか。ただし、曲げモーメントは反時計回りを正とする。

問題3　(R3 Ⅲ—5)

はりの断面力図に関する次の記述のうち、不適切なものはどれか。
① 等分布荷重の区間では、せん断力図は直線、曲げモーメント図は2次曲線となる。
② 三角形分布荷重の区間では、せん断力図、曲げモーメント図の両方とも3次曲線となる。
③ 曲げモーメント図の勾配(接線の傾き)は、その点のせん断力に等しい。
④ 集中荷重の作用点では、せん断力図は階段状に変化し、曲げモーメント図は折れ曲がる。
⑤ 集中モーメント荷重の作用点では、せん断力図は変化せず、曲げモーメント図は階段状に変化する。

【解答】

問題1 ①

モーメントのつり合いを考える。

B点における反力をR_Bとすると、A点において、以下の式が成り立つ

$5[kN] \times 1[m] - R_B[kN] \times 3[m] = 0$ $R_B = 5/3[kN]$ （上向きの力）

A点における反力をR_Aとすると

$R_A[kN] + R_B[kN] - 5kN = 0$ なので $R_A = 10/3[kN]$

C点でのモーメントは

$(10/3)[kN] \times 1[m] = 10/3[kN \cdot m]$

問題2 ⑤

集中荷重に対する曲げモーメント図は直線、等分布荷重に対する曲げモーメント図は二次関数となる。平たく言うと、荷重を積分するとせん断力となり、さらに積分すると曲げモーメントとなる。例えば、等分布荷重（定数）→せん断力（一次関数）→曲げモーメント図（二次関数）、三角分布荷重（一次関数）→せん断力（二次関数）→曲げモーメント図（三次関数）のようにイメージすると覚えやすい。

問題3 ②

集中モーメントが作用する箇所でせん断力図には変化は生じない。せん断力図と曲げモーメント図の次数は1次分異なっている。

2-3 オイラーの公式

優先度 ★☆☆

令和6（2024）年度の試験で、座屈荷重や座屈応力を示すオイラーの公式の問題が出題されています。構造計算で得点したい人は復習しておきましょう。

【ポイント】

■ オイラーの公式

長さl、ヤング率E、断面二次モーメントIの長柱を考えるとき、この長柱の座屈荷重（オイラー座屈荷重）を求める式は下記のように表される。

$$P = m \frac{\pi^2 EI}{l^2}$$ ここでmは境界条件に応じて決まる定数

mの値

両端回転自由 ：$m = 1$

両端固定 ：$m = 4$

一端回転自由・一端固定：$m = 2.046$

一端自由・一端固定 ：$m = 1/4$

【過去問】

R元再 Ⅲ—6、R6 Ⅲ—5

【問題演習】

問題1 （R6 Ⅲ—5）

図に示すように、長さがL、一辺の長さがaの正方形断面をした長柱がある。この長柱が圧縮荷重Pを受けるとき、座屈荷重P_{cr}に関する次の記述のうち、最も適切なものはどれか。

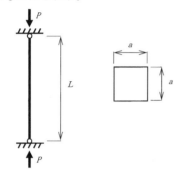

① P_{cr}はa^2に比例、Lに反比例する。
② P_{cr}はa^3に比例、L^2に反比例する。
③ P_{cr}はa^4に比例、L^2に反比例する。
④ P_{cr}はa^3に比例、Lに反比例する。
⑤ P_{cr}はa^4に比例、Lに反比例する。

問題2 （R元再 Ⅲ—6）

図に示す長さLの柱（圧縮材）の弾性座屈荷重として、最も適切なものはどれか。ただし、柱の曲げ剛性はEIで一定とする。

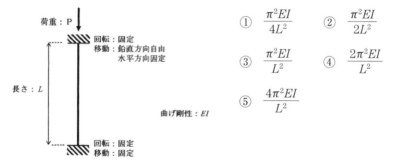

① $\dfrac{\pi^2 EI}{4L^2}$ ② $\dfrac{\pi^2 EI}{2L^2}$

③ $\dfrac{\pi^2 EI}{L^2}$ ④ $\dfrac{2\pi^2 EI}{L^2}$

⑤ $\dfrac{4\pi^2 EI}{L^2}$

【解答】

問題1 ③

座屈荷重は断面二次モーメントに比例し、長柱の長さの2乗に反比例する。長方形の断面二次モーメントは、断面の幅×高さの3乗に比例する。この問題では断面が正方形なのでa^4に比例する。

問題2 ⑤
オイラーの公式で両端固定の条件を考えればよい。

2-4 図心の計算   優先度 ★☆☆

令和6年(2024年)度の試験で出題されたので、令和7年度の出題確率は低そうです。求め方は簡単なので、ざっと見ておくとよいでしょう。

【ポイント】
■ 図心

図心距離
→(断面積×図心までの距離)の合計を全面積で割ると図心距離となる

$$図心距離 = \frac{\Sigma(断面積 \times 図心までの距離)}{全断面積}$$

三角形と長方形の図心までの距離(均一の材質と仮定)
→いずれの断面でも平面上の重心が図心となる

【過去問】
R元 Ⅲ—5、R3 Ⅲ—6、R6 Ⅲ—6

【問題演習】
問題1 (R3 Ⅲ—6)

図に示すT形断面について、辺ABから図心Oまでの距離hとして、適切なものはどれか。

① $3a$
② $\dfrac{7}{2}a$
③ $4a$
④ $\dfrac{9}{2}a$
⑤ $5a$

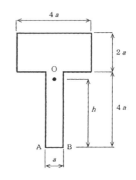

問題2 (R元 Ⅲ—5)

図に示すような台形ABCDがある。台形の図心Oの辺BCからの距離h_oとして、次のうち最も適切なものはどれか。ただし、台形ABCDの∠DAB及び∠ABCは直角とする。

① $\dfrac{L}{2}$ ② $\dfrac{2}{3}L$ ③ L

④ $\dfrac{4}{3}L$ ⑤ $\dfrac{3}{2}L$

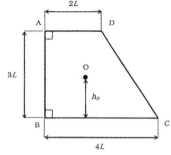

【解答】
問題1 ③
辺ABからの図心距離を考える。
上の長方形の面積×辺ABから図心までの距離 = $2a \times 4a \times 5a = 40a^3$
下の長方形の面積×辺ABから図心までの距離 = $4a \times a \times 2a = 8a^3$
この合計を全断面積(2つの長方形面積の和)で割る。
　$(40a^3 + 8a^3) \div (8a^2 + 4a^2) = 48a^3 / 12a^2 = 4a$
★長方形の図心(重心)は対角線の交点。ここと辺ABとの距離を考える

問題2 ④
辺BCからの図心距離を考え、台形を長方形と三角形に分けて計算する。
左の長方形の面積×図心までの距離 = $3L \times 2L \times (3/2)L = 9L^3$
右の三角形の面積×図心までの距離 = $2L \times 3L \div 2 \times 3L \times (1/3) = 3L^3$
この合計を長方形と三角形の2つの面積の和で割る。
$(9L^3 + 3L^3) \div (6L^2 + 3L^2) = (4/3)L$
★三角形の図心(重心)は底辺から測って高さの1/3の位置にある

2-5　概要と接合部　　　　　　　　　　　　優先度　★★☆

鋼構造の概要や接合部に関する用語、施工上の注意事項も出題頻度が比較的高いです。過去問を繰り返すと対策できます。

【ポイント】
■鋼構造の特徴
一般的な特徴
→曲げ・切断などの加工が可能であり、溶接あるいはボルトにより容易にほかの部材と接合できるため、補修・補強・構造的な改良に対応しやすい
→主として工場内で製作されるため、施工現場での工期が短い
→一般に薄い板厚の鋼板を溶接によって組立てる薄肉構造となるため、コンクリート構造に比べて重量が軽い
→さびやすく、防食防錆対策が必要
→一般に薄肉構造なので変形が大きく、動的荷重に対して振動・騒音を生じやすい

■ 溶接接手

注意事項

→組み立て方法や溶接順序を十分に考慮してできるだけ下向き溶接が可能な構造にする（補修や点検などでも下向きの方が容易である）

→連結部の構造はなるべく単純にして、応力伝達を明確にし、溶接の集中や交差を避け、必要に応じてスカラップ（切り欠き）を設ける

→各材片でなるべく偏心をなくし、できるだけ板厚差の少ない組み合わせを考える。また、衝突や繰り返し応力を受ける接手はなるべく全断面溶け込みグルーブ（開先）溶接にする

→溶接線に直角な方向に引張力を受ける継手は、原則として全断面溶け込みグルーブ（開先）溶接にする。溶接に伴う残留応力にも十分に注意する

■ 高力ボルト

高力ボルトの注意点

→摩擦接合は高力ボルトで母材と連結材を締め付け、摩擦力で応力を伝達

→F11の高力ボルトが使用されているとボルトの遅れ破壊のリスクがある

【過去問】

R元 Ⅲ—8、R元再 Ⅲ—7、R2 Ⅲ—7、R4 Ⅲ—8、R5 Ⅲ—7

【問題演習】

問題1 （R4 Ⅲ—8）

鋼構造の一般的な特徴に関する次の記述のうち、最も不適切なものはどれか。

① 鋼材は曲げ・切断などの加工が可能であり、溶接あるいはボルトにより容易にほかの部材と接合できるため、補修・補強・構造的な改良に対応しやすい。

② 鋼材はさびやすいため、防食防錆対策が必要である。

③ 一般に薄肉構造であるため変形が小さく、動的荷重に対して振動・騒音を生じにくい。

④ 主として工場内で製作されるため、施工現場での工期が短い。

⑤ 一般に薄い板厚の鋼板を溶接によって組立てる薄肉構造となるため、コンクリート構造に比べて重量が軽い。

問題2 （R5 Ⅲ—7）

道路橋における鋼部材の接合部に関する次の記述のうち、最も不適切なものはどれか。

① 接合部の構造はなるべく単純にして、構成する材片の応力伝達が明確な構造

4章 専門科目（建設分野）

にする必要がある。

② 溶接による接合の場合には、溶接に伴う残留応力に対しても十分注意する必要がある。

③ 溶接線に直角な方向に引張力を受ける継手には、完全溶込み開先溶接による溶接継手を用いてはならない。

④ 高力ボルト摩擦接合は、高力ボルトで母材及び連結板を締付け、それらの間の摩擦力によって応力を伝達させるものである。

⑤ ボルト孔の中心から板の縁までの最小距離（最小縁端距離）は、ボルトがその強度を発揮する前に縁端部が破断しないよう決める必要がある。

問題3 （R2 Ⅲ—7）

鋼構造物の溶接継手の設計上の留意点に関する次の記述のうち、最も不適切なものはどれか。

① 溶接箇所はできるだけ少なくし、溶接量も必要最小限とする。

② 衝撃や繰返し応力を受ける継手はできるだけ全断面溶込みグルーブ（開先）溶接にする。

③ 溶接継手の組立方法、溶接順序を十分考慮し、できるだけ上向き溶接が可能な構造とする。

④ 連結部の構造はなるべく単純にし、応力の伝達を明確にする。溶接の集中、交差は避け、必要に応じてスカラップ（切欠き）を設ける。

⑤ 構成する各材片においてなるべく偏心がないようにし、できるだけ板厚差の少ない組合せを考える。

問題4 （R元再 Ⅲ—7）

道路橋における鋼構造物の接合部に関する次の記述のうち、最も不適切なものはどれか。

① 接合部については、応力の伝達が明確であり、構成する各材片において、なるべく偏心がないような構造詳細とする必要がある。

② 溶接と高力ボルトを併用する継手は、それぞれが適切に応力を分担するように設計しなければならない。

③ 溶接継手では、溶接品質や溶接部の応力状態が疲労耐久性に大きく影響する。

④ 高力ボルト継手のうち支圧接合は、高力ボルトで母材及び連結板を締付け、それらの間の摩擦力によって応力を伝達させる継手である。

⑤ ボルト孔の中心から板の縁までの最小距離（最小縁端距離）は、縁端部の破壊によって継手部の強度が制限値を下回らない寸法としなければならない。

252

【解答】
問題 1　③

一般に薄肉構造で変形が大きく、動的荷重に対して振動・騒音を生じやすい。

問題 2　③

溶接線に直角方向に引張力を受ける継手は、原則、完全溶け込み開先溶接（全断面溶け込みグルーブ溶接）にする。

問題 3　③

溶接継手においてはその組立方法、溶接順序を十分考慮し、できるだけ下向き溶接が可能な構造にする。

問題 4　④

高力ボルト継手のうち摩擦力で応力伝達させるのは摩擦接合である。

2-6　非破壊試験　　　　　　　　　　　　　　　優先度　★★☆

鋼構造の非破壊試験に関する問題も時々出題されています。各試験の特徴を覚えておきましょう。どこの欠陥を調べるのかも押さえておきたい項目です。

【ポイント】
■ 非破壊試験の種類

渦流探傷試験
→導体の試験体に渦電流を発生させて、渦電流の変化を計測して表面付近の欠陥の有無を検出する

放射線透過試験
→放射線を試験体に照射し、透過した放射線の強さの変化から内部の欠陥の状態などを調べる

超音波探傷試験
→超音波を試験体中に伝えた際に試験体が示す音響的性質を利用して内部欠陥などを調べる

浸透探傷試験
→毛細管現象を利用して試験体の表面に存在する欠陥を可視化して調べる

磁粉探傷試験
→鉄鋼材料などの強磁性体を磁化し、欠陥部に生じた磁極による磁粉の付着を利用して欠陥を調べる。表層の欠陥を検出できる

【過去問】

R元　Ⅲ—7、R5　Ⅲ—8

4章　専門科目（建設分野）

【問題演習】

問題1　（R5 Ⅲ—8）

鋼材の非破壊試験に関する次の記述のうち、最も不適切なものはどれか。

① 渦流探傷試験は、導体の試験体に渦電流を発生させ、欠陥の有無による渦電流の変化を計測することで、欠陥を検出する試験である。

② 放射線透過試験は、放射線を試験体に照射し、透過した放射線の強さの変化から欠陥の状態などを調べる試験である。

③ 超音波探傷試験は、超音波を試験体中に伝えたときに、試験体が示す音響的性質を利用して、内部欠陥などを調べる試験である。

④ 浸透探傷試験は、内部欠陥に浸透液を浸透させた後、拡大した像の指示模様として欠陥を観察する試験である。

⑤ 磁粉探傷試験は、鉄鋼材料などの強磁性体を磁化し、欠陥部に生じた磁極による磁粉の付着を利用して欠陥を検出する試験である。

問題2　（R元 Ⅲ—7）

鋼材の非破壊試験に関する次の記述のうち、最も不適切なものはどれか。

① 磁粉探傷試験は、鉄鋼材料などの強磁性体を磁化し、欠陥部に生じた磁極による磁粉の付着を利用して欠陥を検出する試験である。

② 浸透探傷試験は、内部欠陥に浸透液を浸透させた後、拡大した像の指示模様として欠陥を観察する試験である。

③ 放射線透過試験は、放射線を試験体に照射し、透過した放射線の強さの変化から欠陥の状態などを調べる試験である。

④ 超音波探傷試験は、超音波を試験体中に伝えたときに、試験体が示す音響的性質を利用して、内部欠陥などを調べる試験である。

⑤ 渦流探傷試験は、導体の試験体に渦電流を発生させ、欠陥の有無による渦電流の変化を計測することで、欠陥を検出する試験である。

【解答】

問題1　④

浸透探傷試験は、試験体の表面の欠陥を調べる試験である。

問題2　②

問題1の解説のとおり。

2-7　維持管理・防食　　　　　　　優先度　★★☆

近年出題頻度が上がっている分野です。得点しやすい問題になっているので、過去問を

254

解いて準備しておきましょう。特に耐候性鋼材の記述は重要です。

【ポイント】

■ 鋼構造の防食

耐候性鋼材

→リン、銅、ニッケル、クロムなどを少量添加した低合金鋼材で、適度な乾湿の繰り返しを受け、塩化物イオンのほとんどない環境で鋼材表面に形成される緻密な保護性錆によって腐食の進展を抑制する。腐食性の非常に高い環境では用いない

塗装

→鋼構造物を防食するために広く用いられる。鋼材表面に形成された塗膜が腐食因子の酸素や水、塩化物イオンなどの侵入を抑制して鋼材を保護

厚膜被覆

→ゴムやプラスチックなどの有機材料を1mm以上の厚膜に被覆。長期間の耐食性を持つ。主に港湾・海洋鋼構造物の飛沫・干満部の防食に採用

溶融めっき

→溶融した金属浴に鋼材を浸漬させて鋼材表面にめっき皮膜を形成させる。めっき材にアルミニウムや亜鉛、亜鉛・アルミニウム合金などを用いる

金属溶射

→鋼材表面に溶融した金属材料を溶射して形成した溶射皮膜が腐食因子や腐食促進物質の鋼材への到達を抑制して鋼材を保護する防食法。溶射直後の皮膜に多くの気孔が存在し、ここから水分などの腐食因子が侵入する恐れがあるので、金属溶射後に封孔処理が必要

■ 鋼構造物の疲労

疲労

→時間的に変動する荷重が繰返し作用することによってき裂が発生・進展し、破壊につながる現象

→一定振幅の変動応力を繰返し受けるとき、疲労寿命の長短は応力の振幅やその大きさの影響を受ける。

→溶接残留応力が存在すると、外力によって生じる変動応力が圧縮であっても疲労き裂が発生することがある。また、溶接継手において疲労き裂の起点となるのは、溶接止端、溶接ルート、溶接欠陥である。

■ 腐食のメカニズム

アノード反応とカソード反応

→鋼材の腐食反応では、アノード反応とカソード反応が必ず等量で進行

→アノード反応(陽極)は鉄が電子を放出して溶出する。水分と鉄の接触が必要となる

4章　専門科目(建設分野)

→カソード反応(陰極)はアノード反応で放出された電子を受け取る反応で、その進行
には水と酸素が必要となる

【過去問】

R2 Ⅲ—8、R3 Ⅲ—9、R5 Ⅲ—9、R6 Ⅲ—7、R6 Ⅲ—8

【問題演習】

問題1　(R5 Ⅲ—9)

鋼橋の維持管理に関する次の記述のうち、最も不適切なものはどれか。

① 橋の端部は、雨水や土砂の堆積、風通しの悪さなどにより、厳しい腐食環境
となりやすい。

② 遅れ破壊とは、高強度鋼に一定の引張負荷を持続的に与えた場合、ある時間
経過後に、突然、ぜい性的な破壊が生じる現象であり、F10TやF8Tなど、
引張強度がおおむね1000N/mm²以下の摩擦接合用高力ボルトで発生しやす
い。

③ 疲労とは、時間的に変動する荷重が部材に繰り返し作用することによりき裂
が発生し、それがさらなる荷重の繰返しによって徐々に進展し、最終的に延
性破壊やぜい性破壊につながる破壊現象である。

④ 溶接補修では、対象となる鋼材の溶接性と、溶接の作業環境に十分に配慮す
る必要がある。判断を誤ると、溶接割れなどの欠陥が発生し、補修効果が得
られないことになる。

⑤ 耐候性鋼材は、鋼にリン、銅、クロム、ニッケルなどの合金元素を添加する
ことにより鋼材表面に緻密な錆を発生させ、それによって鋼材表面を保護し
て腐食の進展を抑制するものである。

問題2　(R3 Ⅲ—9)

鋼材の腐食及び防食に関する次の記述のうち、最も不適切なものはどれか。

① 耐候性鋼材は、リン、銅、ニッケル、クロムなどを少量添加した低合金鋼材
であり、適度な乾湿の繰返しを受け、塩化物イオンのほとんどない環境で鋼
材表面に形成される緻密な保護性錆びにより腐食の進展を抑制する。このた
め、耐候性鋼材は腐食性の高い環境に適用される。

② 防食下地として塗装されるジンクリッチペイントは、塗膜中に含まれる亜鉛
末が鋼材表面に接触しており、塗膜に傷が入った場合などに犠牲防食作用を
発揮して鋼材の腐食を防ぐ役割を担っている。溶出した亜鉛は、水分と反応
して亜鉛化合物を生成して保護皮膜を形成する。

256

③ 厚膜被覆は、ゴムやプラスチックなどの有機材料を1mm以上の厚膜に被覆した長期間の耐食性を有する防食法であり、主として港湾・海洋鋼構造物の飛沫・干満部の防食に用いられる。

④ 金属溶射は、鋼材表面に溶融した金属材料を溶射して形成した溶射皮膜が腐食因子や腐食促進物質の鋼材への到達を抑制して鋼材を保護する防食法である。溶射直後の皮膜には多くの気孔が存在し、この気孔に水分などの腐食因子が侵入し不具合が生じることを防ぐため、金属溶射後に封孔処理が必要となる。

⑤ 溶融めっきは、溶融した金属浴に鋼材を浸漬させ、鋼材表面にめっき皮膜を形成させる防食法であり、めっき材に用いる金属として亜鉛、アルミニウム、亜鉛・アルミニウム合金などがある。

問題3 （R6 Ⅲ—7）

鋼構造物の疲労に関する次の記述のうち、最も不適切なものはどれか。

① 疲労とは、時間的に変動する荷重が繰返し作用することによってき裂が発生・進展し、破壊につながる現象である。

② 一定振幅の変動応力を繰返し受けるとき、疲労寿命の長短は応力の振幅に依存し、応力の平均値の影響は受けない。

③ 溶接残留応力が存在すると、外力によって生じる変動応力が圧縮であっても疲労き裂が発生することがある。

④ 溶接継手において疲労き裂の起点となるのは、溶接止端、溶接ルート、溶接欠陥である。

⑤ 溶接止端から発生する疲労き裂を対象とした疲労強度向上法として、グラインダー処理によって溶接止端形状を滑らかにする方法がある。

問題4 （R6 Ⅲ—8）

鋼材の腐食に関する次の記述の[　]に入る語句の組合せとして、最も適切なものはどれか。

腐食反応では、[a]と[b]が必ず等量で進行し、片方の反応が抑制されれば自動的に他方の反応も抑制されることになる。鉄が溶出する[a]が生じるためには水分と鉄の接触が必要であり、[b]の進行には[c]と[d]の存在が必要となる。[e]は、鋼材表面に緻密なさび層を形成させ、これが鋼材表面を保護することで鋼材の腐食による板厚減少を抑制するものである。

	a	b	c	d	e
①	アノード反応	カソード反応	水	酸素	耐候性鋼材

4章　専門科目（建設分野）

②	アノード反応	カソード反応	塩酸	窒素	金属溶射
③	カソード反応	アノード反応	水	酸素	溶融亜鉛めっき
④	アノード反応	カソード反応	塩水	窒素	耐候性鋼材
⑤	カソード反応	アノード反応	水	酸素	金属溶射

【解答】

問題1　②

摩擦接合用高力ボルトでの遅れ破壊は、F11Tの高力ボルトで発生リスクがある。

問題2　①

耐候性鋼材については、腐食性の高い環境では使えないことに留意しておく。

問題3　②

疲労寿命の長短は応力の平均値の影響も受ける。

問題4　①

鉄の腐食において、鉄が溶出するのはアノード反応で、水分との接触が必要となる。カソード反応は水と酸素を必要とし、アノード反応とカソード反応は等量で進む。鋼材表面に緻密なさび層を形成させ、これが鋼材表面を保護することで鋼材の腐食による板厚減少を抑制するのは、耐候性鋼材である。

2-8　橋の限界状態　　　　　　　優先度　★★☆

道路橋示方書に記載された橋の限界状態に関する問題が繰り返し出題されています。コンクリート分野にも関係します。類題が多いので、過去問の対策で得点できます。

【ポイント】

■道路橋示方書に示す橋の限界状態

限界状態
　→橋の耐荷性能を照査する際に、応答値に対応する橋や部材等の状態を区分するために用いる状態の代表点

限界状態1
　→橋としての荷重を支持する能力が損なわれていない限界の状態

限界状態2
　→部分的に荷重を支持する能力の低下が生じているが、橋としての荷重を支持する能力に及ぼす影響は限定的で、荷重を支持する能力があらかじめ想定する範囲にある限界状態

限界状態3
　→これを超えると構造安全性が失われる限界の状態

258

地盤などとの関係

→橋を構成する部材等および橋の安定に関わる周辺地盤の安定等の限界状態によって橋の限界状態を代表させることができる

→橋の限界状態を上部構造、下部構造および上下部接続部の限界状態によって代表させる場合、適切にその限界状態を設定する

【過去問】

R元再 Ⅲ—9、R4 Ⅲ—9

【問題演習】

問題1 （R4 Ⅲ—9）

道路橋示方書・同解説 Ⅰ共通編（平成29年11月）に規定される橋の限界状態に関する次の記述のうち、最も不適切なものはどれか。

① 限界状態とは、橋の耐荷性能を照査するに当たって、応答値に対応する橋や部材等の状態を区分するために用いる状態の代表点をいう。

② 橋の限界状態は、橋を構成する部材等及び橋の安定に関わる周辺地盤の安定等の限界状態によって代表させることはできない。

③ 橋の限界状態1とは、橋としての荷重を支持する能力が損なわれていない限界の状態をいう。

④ 橋の限界状態2とは、部分的に荷重を支持する能力の低下が生じているが、橋としての荷重を支持する能力に及ぼす影響は限定的であり、荷重を支持する能力があらかじめ想定する範囲にある限界の状態をいう。

⑤ 橋の限界状態3とは、これを超えると構造安全性が失われる限界の状態をいう。

問題2 （R元再 Ⅲ—9）

道路橋示方書・同解説 Ⅰ共通編（平成29年11月）に規定される橋の限界状態に関する次の記述のうち、最も不適切なものはどれか。

① 限界状態とは、橋の耐荷性能を照査するに当たって、応答値に対応する橋や部材等の状態を区分するために用いる状態の代表点をいう。

② 橋の限界状態1とは、橋としての荷重を支持する能力が損なわれていない限界の状態をいう。

③ 橋の限界状態2とは、部分的に荷重を支持する能力の低下が生じているが、橋としての荷重を支持する能力に及ぼす影響は限定的であり、荷重を支持する能力があらかじめ想定する範囲にある限界の状態をいう。

4章 専門科目（建設分野）

④ 橋の限界状態3とは、これを超えると構造安全性が失われる限界の状態をいう。

⑤ 橋の限界状態は、橋を構成する部材等及び橋の安定に関わる周辺地盤の安定等の限界状態によって代表させることはできない。

【解答】

問題1　②

橋を構成する部材等および橋の安定に関わる周辺地盤の安定等の限界状態によって橋の限界状態を代表させることができる。

問題2　⑤

問題1の解説と同じ。

2-9　床版ほか道路橋示方書の規定　　　　　　　優先度 ★★★

ほぼ隔年ペースで出題されています。道路橋示方書におけるT荷重とL荷重、B活荷重などを理解しておけば簡単に解ける問題が多いです。ここもコンクリート分野と関係します。

【ポイント】

■道路橋示方書における設計基準

活荷重
→高速自動車国道、一般国道、都道府県道およびこれらの道路と基幹的な道路網を形成する市町村道の橋の設計にはB活荷重を適用する
→着目する部材等の応答が最も不利になる方法で路面に載荷しなければならない
→衝撃の影響は活荷重にその影響分に相当する係数を乗じて考慮する

床版の設計荷重
→床版や床組を設計する場合の活荷重としては、車道部分に集中荷重（T荷重）を載荷する

吊橋などの設計
→吊橋の主ケーブルと補剛桁を設計する際は衝撃の影響は考慮しない
→吊橋や斜張橋のようにたわみやすい橋や特にたわみやすい部材の設計では風による動的な影響を考慮する

地盤の圧密沈下
→不静定構造物で地盤の圧密沈下等のため長期にわたって生じる支点の移動および回転の影響が想定される場合は、その影響を適切に考慮しなければならない

温度
→設計に用いる基準温度は＋20℃を標準とする。寒冷地域では＋10℃を標準とする

260

主桁など

→多数の自動車から成る荷重をモデル化した等分布荷重のL荷重は、主桁など橋全体
を設計する際に用いる

【過去問】

R元 Ⅲ—9、R2 Ⅲ—9、R4 Ⅲ—7、R6 Ⅲ—9

【問題演習】

問題1 (R6 Ⅲ—9)

道路橋の床版に関する次の記述のうち、最も不適切なものはどれか。

① 床版は、自動車輪荷重を直接支えるものであるため、その耐久性は輪荷重の
大きさと頻度、すなわち大型の自動車の走行台数の影響を大きく受ける。

② 鋼床版とは、縦リプ、横リプでデッキプレートを補剛したものであり、鋼床
版は縦桁、横桁等の床組構造又は主桁で支持される。

③ 床版のコンクリートと鋼桁との合成作用を考慮する場合、床版のコンクリー
トには一般に桁作用としての応力と床版作用としての応力が同時に生じる。

④ 鋼コンクリート合成床版は、鋼板や形鋼等の鋼部材とコンクリートが一体と
なって荷重に抵抗するよう合成構造として設計される。

⑤ 床版の設計にはL荷重を用いる。このL荷重は、車両の隣り合う車軸を1組
の集中荷重に置き換えたものである。

問題2 (R2 Ⅲ—9)

「道路橋示方書・同解説 Ⅰ共通編(平成29年11月)」に規定される、我が国の道
路橋の設計で考慮する作用に関する次の記述のうち、最も不適切なものはどれか。

① 吊橋の主ケーブル及び補剛桁を設計する際には衝撃の影響は考慮しない。

② 不静定構造物において、地盤の圧密沈下等のために長期にわたり生じる支点
の移動及び回転の影響が想定される場合には、この影響を適切に考慮しなけ
ればならない。

③ 高速自動車国道、一般国道、都道府県道及びこれらの道路と基幹的な道路網
を形成する市町村道の橋の設計に当たってはB活荷重を適用しなければなら
ない。

④ コンクリート構造全体の温度変化を考慮する場合の温度昇降は、一般に、基
準温度から地域別の平均気温を考慮して定める。

⑤ 床版及び床組を設計する場合の活荷重として、車道部分には等分布荷重(T
荷重)を載荷する。

261

4章　専門科目（建設分野）

問題3 （R元 Ⅲ—9）

「道路橋示方書・同解説　Ⅰ共通編」（平成29年11月）に規定される、我が国の道路橋の設計で考慮する作用に関する次の記述のうち、最も不適切なものはどれか。

① 活荷重は、着目する部材等の応答が最も有利となる方法で路面部分に載荷しなければならない。

② 床版及び床組を設計する場合の活荷重として、車道部分には集中荷重（T荷重）を載荷する。

③ 衝撃の影響は、活荷重にその影響分に相当する係数を乗じてこれを考慮しなければならない。

④ 設計に用いる基準温度は＋20℃を標準とする。ただし、寒冷な地域においては＋10℃を標準とする。

⑤ 吊橋、斜張橋のようにたわみやすい橋及び特にたわみやすい部材の設計では、風による動的な影響を考慮しなければならない。

【解答】

問題1　⑤

床版の設計にはT荷重（集中荷重）を用いる。

問題2　⑤

床版や床組を設計する場合の活荷重としては、車道部分に集中荷重（T荷重）を載荷する。

問題3　①

荷重は部材などの応答が最も不利（安全側）になるように配慮しなければならない

コンクリート

3-1　基本的性質と配合　　　優先度 ★★★

　コンクリートは建設技術者の基礎知識としても重要な部分です。仕事での関わりがある人が多く、解きやすい問題が多いので、学習をお勧めします。

【ポイント】

■ 基本的性質を示す用語

ワーカビリティー

　→コンクリートの材料分離や変形・流動に対する抵抗性を保ちつつ、運搬、打設、締固め、仕上げといった作業ができる性質

コンシステンシー

　→コンクリートの変形や流動に対する抵抗性

フィニッシャビリティー

　→コンクリートの仕上げやすさ

プラスティシティー

　→容易に型枠に詰めることができ、型枠を外すとゆっくり形を変えるが、崩れたり材料分離したりしないような性質

■ 単位水量と水セメント比

単位水量

　→コンクリート$1m^3$に占める水の質量。できるだけ低く抑えると緻密なコンクリートとなる

　→単位水量が多いと材料分離やブリーディング、乾燥収縮などコンクリートの品質低下を招きやすい

水セメント比

　→コンクリート$1m^3$当たりの練り混ぜ水の質量とセメントの質量の比率（％）。セメントが同量であれば、水量が少ないほど水セメント比は小さくなる

　→コンクリートの劣化に対する抵抗性並びに透過に対する抵抗性等が要求されるコンクリートの一般的な水セメント比は65％以下（より小さい基準もある）。水セメント比が大きくなるほど圧縮強度が低下し、中性化速度や凍害リスクは上がる

練り混ぜ水

　→上水道水や河川水、地下水などを使う。上水道水以外であれば、塩化物イオン量を200mg/リットル以下とする

4章　専門科目（建設分野）

→海水は塩化物イオン量が多いので鉄筋コンクリートの鉄筋腐食などを招く要因となる

【過去問】

R元 Ⅲ—10、R元再 Ⅲ—10、R3 Ⅲ—10、R5 Ⅲ—10、R6 Ⅲ—10

【問題演習】

問題1 （R6 Ⅲ—10）

コンクリートに関する次の記述のうち、最も不適切なものはどれか。

① 細骨材率を過度に小さくするとコンクリートが粗々しくなり、材料分離の傾向も高まり、ワーカビリティーが低下する。

② 単位水量が多いコンクリートを使用すると、材料分離が生じにくくなり、均質で欠陥の少ないコンクリートを造りやすくなる。

③ コンクリートの材料分離抵抗性を確保するためには、一定以上の単位セメント量あるいは単位粉体量が必要である。

④ コンクリートの標準的な空気量は、練上がり時においてコンクリート体積の4～7%程度とするのが一般的である。

⑤ コンクリートは、運搬、打込み、締固め、仕上げ等に適するワーカビリティーを有している必要がある。

問題2 （R3 Ⅲ—10）

コンクリートに関する次の記述のうち、不適切なものはどれか。

① コンクリートの標準的な空気量は、練上がり時においてコンクリート容積の4～7%程度とするのが一般的である。

② 細骨材率を過度に小さくするとコンクリートが粗々しくなり、材料分離の傾向も強まるため、ワーカビリティーの低下が生じやすくなる。

③ コンクリートの配合は、所要のワーカビリティーが得られる範囲内で、単位水量をできるだけ少なくするように定める。

④ コンクリートの劣化に対する抵抗性並びに物質の透過に対する抵抗性等が要求されるコンクリートの一般的な水セメント比の値は65%より大きい。

⑤ コンクリートの材料分離抵抗性を確保するためには、一定以上の単位セメント量あるいは単位粉体量が必要である。

問題3 （R元再 Ⅲ—10）

コンクリートに関する次の記述のうち、最も不適切なものはどれか。

264

① コンクリートの圧縮強度は、一般に水セメント比が大きくなるほど小さくなる。

② コンクリートの中性化速度は、一般に水セメント比が大きくなるほど遅くなる。

③ コンクリートの引張強度は、一般に「コンクリートの割裂引張強度試験方法」によって求める。

④ コンクリートの凍害対策の1つとして、水セメント比を小さくすることが挙げられる。

⑤ コンクリートの乾燥収縮は、一般に単位水量が多いほど大きくなる。

問題4 （R元 Ⅲ—10）

コンクリートに関する次の記述のうち、最も不適切なものはどれか。

① 現場におけるコンクリートの品質は、骨材、セメント等の品質の変動、計量の誤差、練混ぜ作業の変動等によって、工事期間にわたり変動するのが一般である。

② 水セメント比は、コンクリートの劣化に対する抵抗性並びに物質の透過に対する抵抗性に及ぼす配合上の影響要因の中で最も重要なものである。

③ エントレインドエアは、コンクリートのワーカビリティーの改善に寄与し、所要のワーカビリティーを得るのに必要な単位水量を相当に減らすことが可能である。

④ 一般に、細骨材率が大きいほど、同じスランプのコンクリートを得るのに必要な単位水量は減少する傾向にあり、それに伴い単位セメント量の低減も図れる。

⑤ 単位水量が大きくなると、材料分離抵抗性が低下するとともに、乾燥収縮が増加する等、コンクリートの品質の低下につながるため、作業ができる範囲内でできるだけ単位水量を小さくする必要がある。

【解答】

問題1 ②

単位水量が多いコンクリートを使用すると、材料分離が生じやすくなり、コンクリートに欠陥が生じやすくなる。

問題2 ④

コンクリートの劣化に対する抵抗性並びに透過に対する抵抗性等が要求されるコンクリートの一般的な水セメント比は65%以下である。

4章　専門科目（建設分野）

問題3　②

水セメント比が大きいほどセメント分が減るので、中性化速度は速くなる

問題4　④

細骨材率が大きくなると、同じスランプを得るために必要な水の量は多くなる。

3-2　セメント、混和材、骨材　　　　　　　　優先度　★★★

この分野も頻出です。セメントの種別や混和材、混和剤、骨材などコンクリートを構成
する各材料の特徴や役割などを理解しておきましょう。

【ポイント】

■セメント

ポルトランドセメント

→普通、早強、超早強、中庸熱、低熱、耐硫酸塩の6種類がある

→早強ポルトランドセメントは普通ポルトランドセメントよりも硬化が早い

→低熱ポルトランドセメントは初期強度は小さいが長期強度が大きく、マスコンク
　リートや高流動コンクリート、高強度コンクリートで使用されるケースが多い

→高炉セメントはセメントに高炉水砕スラグを混ぜたもの（B種の生産が多い）。セメ
　ント量が少なくなるので、水和熱が小さく、アルカリシリカ反応の抑制にも効く。
　初期強度は小さいものの長期強度は大きく、塩化物イオンの浸透抑制にも有効

混和材

→コンクリートの品質を改善するための材料で、コンクリートの配合を考える際の容
　積として計上する材料。フライアッシュや高炉スラグ微粉末、膨張材などがある

→フライアッシュはワーカビリティーの改善や単位水量の削減、長期強度の増加、ア
　ルカリシリカ反応の抑制、水和熱の低減を期待できる

→高炉スラグは水和熱の抑制や長期強度の増加、塩化物イオンの浸透抑制、アルカリ
　シリカ反応の抑制、硫酸塩や海水に対する化学的抵抗性を持つ

→膨張材は乾燥収縮や硬化収縮時のひび割れ発生を抑制する

混和剤

→コンクリートの品質を改善するための材料。コンクリートの体積に対して量が少な
　いものである。AE剤や減水剤、AE減水剤、高性能減水剤などがある

→AE剤はコンクリート内に多数の微細な気泡（エントレインドエア）を入れ、ワーカ
　ビリティーの改善や耐凍害性の改善を図る

→減水剤やAE減水剤は所望の強度を確保する際の単位水量や単位セメント量の削減
　を図れ、AE減水剤はさらに、AE剤の持つ空気連行による効用を取り入れられる

266

■骨材

細骨材率

→全骨材のうち、細骨材が占める割合(%)を体積の比で示したもの。細骨材率が小さくなると骨材の表面積の総量が減るので、所望のコンシステンシーを得るための水量を減らせる効果がある

→過剰に細骨材率を小さくすると、コンクリートが荒々しくなって材料分離しやすくなり、ワーカビリティーの低下を招く

【過去問】

R元 Ⅲ—11、R3 Ⅲ—11、R4 Ⅲ—10

【問題演習】

問題1 (R4 Ⅲ—10)

コンクリートの材料に関する次の記述のうち、最も不適切なものはどれか。

① ポルトランドセメントには、普通、早強、超早強、中庸熱、低熱、耐硫酸塩の6種類がある。

② 混和材の中の膨張材は、コンクリートの乾燥収縮や硬化収縮等に起因するひび割れの発生を低減できる。

③ 細骨材は、清浄、堅硬、劣化に対する抵抗性を持ち化学的あるいは物理的に安定し、有機不純物、塩化物等を有害量以上含まないものとする。

④ 混和剤の中の減水剤及びAE減水剤は、ワーカビリティーを向上させ、所要の単位水量及び単位セメント量を低減させることができる。

⑤ 練混ぜ水として海水を使用すると、鉄筋腐食、凍害、アルカリシリカ反応による劣化に対する抵抗性が高くなり、長期材齢におけるコンクリートの強度増進が大きくなる。

問題2 (R3 Ⅲ—11)

コンクリートの材料としてのセメントに関する次の記述のうち、不適切なものはどれか。

① 早強ポルトランドセメントは、高温環境下で用いると、凝結が早いためにコンクリートにこわばりが生じて仕上げが困難になったり、コールドジョイントが発生しやすくなったりすることがある。

② 低熱ポルトランドセメントは、寒中コンクリート、工期が短い工事、初期強度を要するプレストレストコンクリート工事等に使用される。

③ ポルトランドセメントには、普通、早強、超早強、中庸熱、低熱及び耐硫酸

4章　専門科目（建設分野）

塩の6種類がある。

④ セメントは、構造物の種類、断面寸法、位置、気象条件、工事の時期、工期、施工方法等によって、所要の品質のコンクリートが経済的に安定して得られるように選ぶ必要がある。

⑤ JISに品質が定められていない特殊なセメントの選定にあたっては、既往の工事実績を調査し、事前に十分な試験を行ったうえで品質を確認して使用する必要がある。

問題3 （R元 Ⅲ—11）

コンクリートの材料としてのセメントに関する次の記述のうち、最も不適切なものはどれか。

① ポルトランドセメントには、普通、早強、超早強、中庸熱、低熱及び耐硫酸塩の6種類がある。

② 我が国では、普通ポルトランドセメントと高炉セメントB種が使用される場合がほとんどである。

③ 高炉セメントB種は、アルカリシリカ反応や塩化物イオンの浸透の抑制に有効なセメントの1つである。

④ 普通エコセメントは、塩化物イオン量がセメント質量の0.1%以下で、普通ポルトランドセメントと類似の性質を持つ。

⑤ 寒中コンクリート、工期が短い工事、初期強度を要するプレストレストコンクリート工事等には、低熱ポルトランドセメントが使用される。

【解答】

問題1　⑤

海水は塩化物イオン濃度が高く、劣化に対する抵抗性に対して不利に働く。

問題2　②

低熱ポルトランドセメントは、初期強度は小さいが長期強度が大きく、マスコンクリートや高流動コンクリート、高強度コンクリートで使用されるケースが多い。夏季の工事や工期に余裕のある工事などで採用する。

問題3　⑤

寒い時期の工事や工期が短い工事であれば早強ポルトランドセメントなどを用いる。

3-3　品質　優先度 ★★☆

コンクリートの品質に関する規定なども時々出題されています。強度や空気量など基本

的な項目は数字も含めて覚えておきましょう。

【ポイント】

■ コンクリートの品質

要求品質

→強度は一般に20℃で水中養生し、材令28日となった標準養生供試体の試験値で表す

→圧縮強度の試験値が設計基準強度を下回る確率は土木構造物で一般に5%以下

→引張強度は圧縮強度の13分の1〜10分の1程度

→水セメント比は65%以下で、コンクリートに求められる強度、劣化に対する抵抗性、物質の透過に対する抵抗性を考慮し、これらから定まる最小の水セメント比で設定

→コンクリートの空気量は、粗骨材の最大寸法、その他に応じ、練上がり時でコンクリート体積の4〜7%を標準とする

→練り混ぜから打設完了までの時間は、25℃を超える場合は1.5時間、25℃以下の場合は2時間を、それぞれ超えないようにする。

→打ち重ね時間間隔の限度は、25℃を超える場合は120分、25℃以下の場合は150分とする

→ひび割れはコンクリート構造物の劣化につながるが、利用される条件下での作用荷重などを踏まえ、要求される水密性などを考慮して許容できる幅を定める

→スランプ試験は高さ30cmのスランプコーンにコンクリートを充填した後にスランプコーンを引き上げてコンクリートが自重で沈下した量を測定する試験。同様のことを行ってコンクリートの広がりを測定するのが、スランプフロー試験

【過去問】

R2 Ⅲ—10、R4 Ⅲ—11、R5 Ⅲ—10

【問題演習】

問題1 (R4 Ⅲ—11)

コンクリートに関する次の記述のうち、最も不適切なものはどれか。

① コンクリートの強度は、一般に温度20℃の水中での養生を行った材齢28日における圧縮強度を基準とする。

② 引張強度は、圧縮強度の約1/5であって、この比は圧縮強度によらず一定である。

③ 自己収縮とは、セメントの水和反応により水が消費されることでコンクリー

4章　専門科目（建設分野）

トが縮む現象をいう。
④　クリープとは、持続荷重の場合、弾性ひずみに加えて時間の経過とともにひずみが増大する現象をいう。
⑤　静弾性係数には、初期接線弾性係数、割線弾性係数及び接線弾性係数がある。

問題2　（R2 Ⅲ—10）
コンクリートに関する次の記述のうち、最も不適切なものはどれか。
①　コンクリートには、鋼材を腐食から保護するために物質の透過に対する抵抗性が求められる。
②　コンクリートの強度は、一般には材齢7日における標準養生供試体の試験値で表す。
③　水密性とは、コンクリートの水分の浸透に対する抵抗性である。
④　コンクリートは、施工の各段階で必要となる強度発現性を有していなければならない。
⑤　コンクリートは、運搬、打込み、締固め、仕上げ等の作業に適するワーカビリティーを有している必要がある。

問題3　（R5 Ⅲ—10）
フレッシュコンクリートに関する次の記述のうち、最も適切なものはどれか。
①　単位水量が増せば、コンシステンシーも増加する。
②　材料分離を生ずることなく、運搬、打込み、締固め、仕上げなどの作業が容易にできる性質をフィニッシャビリティーという。
③　ブリーディングによって、コンクリート上部が密実となり、強度、水密性、耐久性が増す。
④　フレッシュコンクリートの表面から水が蒸発するなどによって表面から水分が失われ、フレッシュコンクリートに収縮が生じることをプラスチック収縮という。
⑤　高さ30cmのスランプコーンにコンクリートを充填した後、スランプコーンを引き上げ、コンクリートが自重で沈下した量を測定する試験をスランプフロー試験という。

【解答】

問題1　②
コンクリートの引張強度は圧縮強度の13分の1〜10分の1程度である。

270

問題2 ②

一般に20℃で水中養生し、材令28日となった標準養生供試体の試験値で表す。

問題3 ④

単位水量が増すとコンシステンシーは低下する。材料分離せずに作業が容易にできるような性質はワーカビリティーである。フレッシュコンクリート中の水が浮き上がってくるブリーディングが過剰に生じると、コンクリート構造物の力学的性能や耐久性に悪影響をもたらす。スランプコーンを引き上げた際のコンクリートの沈下量を測定する試験は、スランプ試験である。

3-4 劣化　　　　　　　　　　　　　　　　　　優先度 ★★★

コンクリートの劣化に関する問題も頻出です。特に劣化の種別とその特徴はセットで覚えておきましょう。

【ポイント】

■ コンクリートの劣化

アルカリシリカ反応

→骨材中に含まれる反応性を持つシリカ鉱物などがコンクリート中のアルカリ性水溶液と反応して、コンクリートに異常膨張やひび割れ（拘束方向や亀甲状など）、ゲルや変色といった症状を招く事象

中性化

→二酸化炭素がセメント水和物と炭酸化反応を起こし、細孔溶液中のpHを低下させる現象。これによって、鋼材が腐食されやすくなり、コンクリートのひび割れ（鋼材軸方向）や剥離、鋼材の断面減少といった劣化を招く

凍害

→コンクリート中の水分が凍結と融解を繰り返し、コンクリート表面からスケーリングや微細ひび割れ、ポップアウトといった劣化を起こす

疲労

→荷重の繰り返し作用によってひび割れ（格子状）や陥没、角落ち、エフロレッセンスといった劣化に至る

すりへり

→流水や車輪などの摩耗作用によってコンクリート断面が時間とともに失われていく現象

化学的侵食

→コンクリートの外部環境から供給される酸性物質や硫酸イオンなど化学物質とコンクリートが反応して生じる劣化。変色やコンクリート剥離などが生じる

271

4章　専門科目（建設分野）

塩害
→コンクリート中の鋼材の腐食が塩化物イオンによって促進され、コンクリートのひび割れ（鋼材軸方向）や剥離、鋼材断面の減少などを引き起こす現象

【過去問】
R元再 Ⅲ—12、R2 Ⅲ—12、R3 Ⅲ—12、R4 Ⅲ—12、R5 Ⅲ—12、R6 Ⅲ—12

【問題演習】

問題1　（R6 Ⅲ—12）

コンクリート構造物の劣化現象に関する次の記述のうち、最も不適切なものはどれか。

① アルカリシリカ反応とは、骨材中に含まれる反応性を有するシリカ鉱物等がコンクリート中のアルカリ性水溶液と反応して、コンクリートに異常膨張やひび割れを発生させる劣化現象をいう。

② 道路橋の鉄筋コンクリート床版の疲労とは、輪荷重の繰返し作用により床版にひび割れや陥没を生じる現象をいう。

③ 塩害とは、コンクリート中の鋼材の腐食が塩化物イオンにより促進され、コンクリートのひび割れや剥離、鋼材の断面減少を引き起こす劣化現象をいう。

④ 中性化と水分浸透による鋼材腐食とは、酸性物質や硫酸イオンとの接触によりコンクリート硬化体が分解したり、化合物生成時の膨張圧によってコンクリートのひび割れや剥離を引き起こしたりする劣化現象をいう。

⑤ 凍害とは、コンクリート中の水分が凍結と融解を繰り返すことによって、コンクリート表面からスケーリング、微細ひび割れ及びポップアウト等の形で劣化する現象をいう。

問題2　（R5 Ⅲ—12）

次のうち、コンクリート構造物の「劣化機構」と「劣化機構による変状の外観上の主な特徴」との組合せとして、最も不適切なものはどれか。

　　　　劣化機構／劣化機構による変状の外観上の主な特徴

① 化学的侵食／変色、コンクリート剥離

② 凍害／格子状ひび割れ、角落ち

③ アルカリシリカ反応／膨張ひび割れ（拘束方向、亀甲状）、ゲル、変色

④ 疲労（道路橋床版）／格子状ひび割れ、角落ち、エフロレッセンス

⑤ 塩害／鋼材軸方向のひび割れ、さび汁、コンクリートや鋼材の断面欠損

272

問題3 （R4 Ⅲ—12）

コンクリート構造物の劣化現象に関する次の記述のうち、最も不適切なものはどれか。

① 床版の疲労とは、道路橋の鉄筋コンクリート床版が輪荷重の繰返し作用によりひび割れや陥没を生じる現象をいう。

② 塩害とは、コンクリート中の鋼材の腐食が塩化物イオンにより促進され、コンクリートのひび割れや剥離、鋼材の断面減少を引き起こす劣化現象をいう。

③ アルカリシリカ反応とは、骨材中に含まれる反応性を有するシリカ鉱物等がコンクリート中の酸性水溶液と反応して、コンクリートに異常な収縮やひび割れを発生させる劣化現象をいう。

④ 凍害とは、コンクリート中の水分が凍結と融解を繰返すことによって、コンクリート表面からスケーリング、微細ひび割れ及びポップアウト等の形で劣化する現象をいう。

⑤ 化学的侵食とは、酸性物質や硫酸イオンとの接触によりコンクリート硬化体が分解したり、化合物生成時の膨張圧によってコンクリートが劣化したりする現象をいう。

問題4 （R3 Ⅲ—12）

コンクリート構造物の劣化現象に関する次の記述のうち、不適切なものはどれか。

① アルカリシリカ反応とは、骨材中に含まれる反応性を有するシリカ鉱物等がコンクリート中のアルカリ性水溶液と反応して、コンクリートに異常膨張やひび割れを発生させる劣化現象をいう。

② 凍害とは、コンクリート中の水分が凍結と融解を繰返すことによって、コンクリート表面からスケーリング、微細ひび割れ及びポップアウト等の形で劣化する現象をいう。

③ すりへりとは、流水や車輪等の摩耗作用によってコンクリートの断面が時間とともに徐々に失われていく現象をいう。

④ 中性化とは、二酸化炭素がセメント水和物と炭酸化反応を起こし、細孔溶液中のpHを上昇させることで、鋼材の腐食が促進され、コンクリートのひび割れや剥離、鋼材の断面減少を引き起こす劣化現象をいう。

⑤ 床版の疲労とは、道路橋の鉄筋コンクリート床版が輪荷重の繰返し作用によりひび割れや陥没を生じる現象をいう。

問題5 （R元 Ⅲ—12）

コンクリート構造物の調査方法に関する次の記述のうち、最も不適切なものはど

4章　専門科目（建設分野）

れか。

① 目視による方法及びたたきによる方法により得られる情報は、基本的には構造物の表面及び表層部での変状に関するものに限られる。

② たたきによる方法は簡便ではあるが、浮き・剥離の有無や範囲を迅速に把握することができる重要な方法である。

③ コアを採取して強度試験を行う方法は、実構造物のコンクリートの強度の測定方法として最も基本的かつ重要な試験であり、構造物にほとんど損傷を与えないことから、多用することができる。

④ コンクリート表層の反発度は、コンクリートの強度のほかに、コンクリートの含水状態、中性化等の影響を受ける。

⑤ コンクリート内部の状況をコンクリートに損傷を与えることなく把握する必要がある場合、あるいは劣化機構の推定及び劣化程度の判定を行うために詳細な情報が必要である場合等には、非破壊試験機器を用いる方法で調査を実施する。

【解答】

問題1　④

酸性物質や硫酸イオンとの接触によりコンクリート硬化体が分解したり、化合物生成時の膨張圧によってコンクリートの剥離などを引き起こしたりするのは化学的侵食である。

問題2　②

凍害で生じる症状は、スケーリングや微細ひび割れ、ポップアウトである。

問題3　③

アルカリシリカ反応は、骨材中に含まれる反応性を持つシリカ鉱物などがコンクリート中のアルカリ性水溶液と反応して、コンクリートに異常膨張やひび割れ（拘束方向や亀甲状など）、ゲルや変色といった症状を招く事象である。

問題4　④

二酸化炭素がセメント水和物と炭酸化反応を起こし、細孔溶液中のpHを低下させるのが中性化である。

問題5　③

コアを採取すると構造物に損傷が生じるので、多用はできない。構造物の強度への影響が少ない場所を選んで実施する必要がある。

都市及び地方計画

4-1　思想

優先度　★☆☆

　都市計画の思想の問題は時々出題されます。出題頻度はやや低めなので、都市計画が専門でない場合は飛ばしても構いません

【ポイント】

■ 主な都市計画の思想

クレランス・アーサー・ペリーの近隣住区論

→小学校の校区を標準とする単位を設定し、住区内の生活の安全を守り、利便性と快適性を確保する近隣住区単位の概念を示す

エベネザー・ハワードの田園都市論

→都市、田園、田園都市を三つの磁石に例え、その利害得失を比較して田園都市は都市と田園の両者の利点を兼ね備えると説く

→モデルとして示したプランは、市役所や劇場、図書館などに囲まれた広場を中心とし、その外側に公園を配して、同心円状に広がる都市像である

→職住が近接する都市は、徒歩での移動が容易であるという考えに基づくものである

ル・コルビジェの都市計画

→ハワードの唱えた田園都市構想とは逆に、都心に超高層ビルを建築して緑地などのオープンスペースを確保するもの

→都市の密度を高める一方、都市の混雑を取り除き、移動のための手段を増やし、公園などのオープンスペースを増やすことを狙った

グリーンベルト・タウンズ

→1935年から米国政府が不況対策の一環として開発した田園郊外の総称

→ワシントン郊外のグリーンベルト、シンシナティ郊外のグリーンヒルズ、ミルウォーキー郊外のグリーンデイルの3つが実現した

コンパクトシティ

→20世紀末ごろから欧米諸国を中心とする国際的な地球環境問題への関心が高まり、都市の無秩序で際限のない拡張を押しとどめ、持続可能な都市化のありかたが地球環境に必要不可欠であることが求められ、そうした背景から提案された考え方

→生活サービス機能と居住を集約・誘導して、人口を集積させる形態の街

エリアマネジメント

→住民や事業主、地権者などが行う文化活動、広報活動、交流活動といったソフト面

4章　専門科目（建設分野）

の活動を継続的、計画的に実施して街の活性化を図り、都市の持続的発展を推進する自主的な取り組み

都市再生

→我が国では2002年6月に都市再生特別措置法が制定。同法に基づいて「都市再生緊急整備地域」の指定や都市再生特区といった「都市再生」の制度が整備されてきた

【過去問】

R元　Ⅲ—14、R5　Ⅲ—13

【演習問題】

問題1　（R5　Ⅲ—13）

都市計画の思想や考え方に関する次の記述のうち、最も不適切なものはどれか。

① クレランス・アーサー・ペリーは、小学校の校区を標準とする単位を設定し、住区内の生活の安全を守り、利便性と快適性を確保する近隣住区単位の概念を明らかにした。

② エベネザー・ハワードは、都市、田園、田園都市を三つの磁石にたとえ、その利害得失を比較して、田園都市は都市と田園の両者の利点を兼ね備えることを説いた。

③ ル・コルビジェは、ハワードの田園都市と同じ立場で理想都市を唱えた。それは、広大なオープン・スペースに囲まれた壮大な摩天楼を中心とする都市であった。

④ 20世紀末ごろから欧米諸国を中心とする国際的な地球環境問題への関心が高まり、都市の無秩序で際限のない拡張を押しとどめ、持続可能な都市化のありかたが地球環境に必要不可欠であるというコンパクトシティの考え方が提案された。

⑤ 我が国では2002年6月に都市再生特別措置法が制定され、同法に基づく「都市再生緊急整備地域」の指定、都市再生特区といった「都市再生」のためのさまざまな制度が用意された。

問題2　（R元　Ⅲ—14）

都市計画の思想や考え方に関する次の記述のうち、最も不適切なものはどれか。

① クレランス・アーサー・ペリーの近隣住区単位の概念においては、住区内の生活の安全を守り、利便性と快適性を確保するために、小学校の校区を標準とする単位によって住宅地が構成される。

② エベネザー・ハワードが説いた田園都市においては、市街地部分のパターン

276

は格子状であり、中心部には公共施設、中間地帯には住宅、教会、学校、外周地帯には工場、倉庫、鉄道が配置され、さらにその外側は農業地帯になっている。

③ グリーンベルト・タウンズは1935年からアメリカ政府が不況対策の一環として開発した田園郊外の総称であり、ワシントン郊外のグリーンベルト、シンシナティ郊外のグリーンヒルズ、ミルウォーキー郊外のグリーンデイルの3つが実現した。

④ 20世紀末ごろから欧米諸国を中心とする国際的な地球環境問題への関心がたかまり、都市の無秩序で際限のない拡張を押しとどめ、持続可能な都市化のありかたが地球環境に必要不可欠であるというコンパクトシティの考え方が提案された。

⑤ エリアマネジメントとは、住民・事業主・地権者等により行われる文化活動、広報活動、交流活動等のソフト面の活動を継続的、計画的に実施することにより、街の活性化を図り、都市の持続的発展を推進する自主的な取組のことである。

【解答】

問題1 ③

ル・コルビジェが提示した都市像は、都心に超高層ビルを配し、広大なオープン・スペースに囲まれた壮大な摩天楼を中心としたもので、ハワードの田園都市構想とは異なる立場のものである。

問題2 ②

ハワードの提示した田園都市のモデルプランは公共施設を中心領域に配した同心円状のものである。

4-2 再開発　　　　　　　　　　　　　　優先度 ★☆☆

土地区画整理に関する問題も複数年にわたって出題されています。出題頻度は低いので余裕があれば取り組みましょう。

【ポイント】

■ 都市再開発に関連した事業

土地区画整理事業

→道路、公園、河川などの公共施設を整備・改善し、土地の区画を整え宅地の利用の増進を図る事業で、宅地の位置・形状・配置などが整備されて土地利用の効率が高まる

4章　専門科目（建設分野）

→公共施設が不十分な区域では、地権者からその権利に応じて少しずつ土地を提供してもらい（減歩）、この土地を道路・公園などの公共用地が増える分に充てる他、その一部を売却し事業資金の一部に充てる

→事業資金は、保留地処分金の他、公共側から支出される都市計画道路や公共施設等の整備費（用地費分を含む）に相当する資金から構成される。これらの資金で公共施設の工事、宅地の整地、家屋の移転補償等を実施

→地権者においては、土地区画整理事業後の宅地の面積は従前に比べ小さくなるものの、都市計画道路や公園等の公共施設が整備され、土地の区画が整うことにより、利用価値の高い宅地が得られる

→受益の範囲が事業施行地区全体にわたり、公平な受益と負担が実現

→面的開発整備であるため開発規模が広く関係権利者が多い。事業完了までにかなりの年月を要し、成熟した市街地になるのに期間がかかる

→換地するので土地の所有権などの権利が中断することなく保護される

市街地再開発事業

→第1種は権利変換方式、第2種は用地買収方式（管理処分方式）に区分

→第1種は土地の高度利用によって生み出される新たな床（保留床）の処分（新しい居住者や営業者への売却等）などで事業費を賄う。従前建物・土地所有者等は、従前資産の評価に見合う再開発ビルの床（権利床）を受け取る。個人施行者や市街地再開発組合等が事業主体の施行者となれる

→第2種は施行地区内の建物・土地等を施行者が買収または収用し、買収または収用された者が希望すれば、その対償に代えて再開発ビルの床を与える。保留床処分で事業費を賄う点は第1種と同じ。個人施行者や市街地再開発組合は事業主体の施行者となれない。第1種の要件に0.5ha以上や災害発生の恐れが多い地区であることなどが加わる

【過去問】

R2 Ⅲ—14、R3 Ⅲ—14

【演習問題】

問題1　（R2 Ⅲ—14）

土地区画整理事業に関する次の記述のうち、最も不適切なものはどれか。

①　受益の範囲が事業施行地区全体にわたり、公平な受益と負担が実現される。

②　宅地の位置・形状・配置などが整備されるため土地利用の効率が高まる。

③　換地という手続きを経るため、土地に対する所有権などの権利が中断することなく保護される。

④ 面的開発整備であるため開発規模が広く関係権利者が多いことから、事業完了までにかなりの年月を要し、成熟した市街地になるのに期間がかかる。

⑤ 地価の上昇が続くときには当初想定した減歩では事業費が不足し、事業費の捻出が困難となる。

■問題2 （R3 Ⅲ—14）

再開発に関する次の記述のうち、最も不適切なものはどれか。

① 市街地再開発事業には、用地買収方式による第1種市街地再開発事業と、権利変換方式による第2種市街地再開発事業がある。

② 再開発において、土地の所有権者・借地権者・建物所有者・借家権者などの地権者が複雑に絡み合っている場合、これを整理して、事業前と事業後の権利を変更することを権利変換という。

③ 土地区画整理事業は、市街地の新規開発ばかりではなく、再開発の手法としても有効であるが、換地処分が複雑になり、立体換地が多くなるという特徴がある。

④ スラムクリアランスとは、不良住宅の密集地区を取り壊し、良好な住宅や商業地区につくり変えることである。

⑤ スーパーブロックは、細街路を廃道にして適当な大きさに構成された街区であり、大規模建築物・高層建築物の建設によって土地利用が高度化されるため、広場・小公園・駐車場などの都市施設を生み出すことができる。

【解答】

問題1　⑤

地価の上昇は、減歩による資金の増加に寄与する。

問題2　①

第1種と第2種の事業の説明が逆である。

4-3　土地の措置手法

優先度　★★☆

出題頻度は高くありませんが、都市計画における土地に対する措置手法を整理しておきましょう。過去の問題は平易なので、目を通しておくとよいです。

【ポイント】

■措置手法の種別

買収方式

→道路などの公共施設を整備する際に必要となる土地だけ買収する方式。支障となる

4章　専門科目（建設分野）

建物や塀などは金銭補償する。施設整備に不要な土地は買収せず、そのまま残るので、まちづくりの課題となる恐れがある

換地方式

→事業施行区域内の用地は原則として買収せず、道路・公園などの公共施設用地を施行区域内のすべての土地所有者から少しずつ提供してもらう代わりに、すべての土地について土地の交換や分合筆を同時に行うもの

権利変換方式

→土地だけではなく建物の床面にまで交換の範囲を広げるもので、市街地の高度利用をすべき区域において施行される

免許方式

→海岸や湖沼など水面を埋立てて市街地を造成する場合に、埋立て免許が必要なことからこのように呼ばれる。埋立てにより比較的低廉な土地が大量に得られるが、漁業権補償などの問題を伴うことが多い。

【過去問】

R元再　Ⅲ—14、R4　Ⅲ—16

【演習問題】

問題1　（R4　Ⅲ—16）

都市開発事業における土地に対する措置手法に関する次の記述のうち、最も不適切なものはどれか。

① 換地方式は、事業施行区域内の用地は原則として買収せず、道路・公園などの公共施設用地を施行区域内のすべての土地所有者から少しずつ提供してもらう代わりに、すべての土地について土地の交換や分合筆を同時に行うものである。

② 買収方式は、事業対象区域の土地を全部買収してから都市施設と宅地の整備を行うものであり、地価の比較的高い既成市街地において再開発を行う際に用いられる。

③ 免許方式は、海岸や湖沼など水面を埋立てて市街地を造成する場合に埋立て免許が必要なことからこのように呼ばれており、埋立てにより比較的低廉な土地が大量に得られるが、漁業権補償などの問題を伴うことが多い。

④ 権利変換方式は、土地だけではなく建物の床面にまで交換の範囲を広げるもので、市街地の高度利用をすべき区域において施行される。

⑤ 2002年に施行された都市再生特別措置法は、従来の都市計画の土地に対する措置が適用可能であれば何でも使用できる強力な手法であるので、換地方

式、買収方式、権利変換方式、免許方式も採用されている。

問題2 （R元再 Ⅲ—14）

都市開発事業における土地に対する措置手法に関する次の記述のうち、最も不適切なものはどれか。

① 買収方式は、事業対象区域の土地を全部買収してから都市施設と宅地の整備を行うものであり、地価の比較的高い既成市街地において再開発を行う際に用いられる。

② 換地方式は、事業施行区域内の用地は原則として買収せず、道路・公園などの公共施設用地を施行区域内のすべての土地所有者から少しずつ提供してもらう代わりにすべての土地について土地の交換や分合筆を同時に行うものである。

③ 新都市基盤方式は、買収方式と換地方式を組合せたもので、各地主の土地についてその一定割合を一団の住宅施設用地として買収し、残りを元の所有者に換地するものである。

④ 権利変換方式は、土地だけではなく建物の床面にまで交換の範囲を広げるもので、市街地の高度利用をすべき区域において施行される。

⑤ 免許方式は、海岸や湖沼など水面を埋立てて市街地を造成する場合に埋立て免許が必要なことからこのように呼ばれており、埋立てにより比較的低廉な土地が大量に得られるが、漁業権補償などの問題を伴うことが多い。

【解答】

問題1 ②

土地が高いエリアでは買収方式を採用すると事業費が高額になる。

問題2 ①

問題1の解説と同じ。

4-4 国土形成計画　　　優先度 ★★☆

2023年に閣議決定された第三次国土形成計画の出題が見込まれます。国土形成計画に関する用語やその内容について整理しておきましょう。

【ポイント】

■主な国土計画

第三次国土形成計画（全国計画）

→2023年7月に閣議決定された。「時代の重大な岐路に立つ国土」として、人口減少な

どの加速による地方の危機や、巨大災害リスクの切迫、気候危機、国際情勢を始めとした直面する課題に対する危機感を共有し、難局を乗り越えるための総合的かつ長期的な国土づくりの方向性を定めた。

→目指す国土の姿として「新時代に地域力をつなぐ国土」を掲げ、その実現に向けた国土構造の基本構想として「シームレスな拠点連結型国土」の構築を図ることとした

第二次国土形成計画（全国計画）

→2015年8月に閣議決定された。国土の基本構想（計画の目標）を「対流促進型国土」とし、多様な個性を持つさまざまな地域が相互に連携し生じる地域間のヒト、モノ、カネ、情報などの双方向の動きを「対流」と定義し、この対流が全国各地でダイナミックに湧き起こる国土の形成を目指すとしている。

→計画実現の方式として、「コンパクト＋ネットワーク」の形成を掲げる。人口減少下でも質の高いサービスを効率的に提供し、新たな価値を創造し、国全体の生産性を高める国土構造の構築を目指す

国土のグランドデザイン2050

→2014年にとりまとめられた「国土のグランドデザイン2050—対流促進型国土の形成—」では、急激に進む人口減少や巨大災害の切迫など国土形成計画（2008年閣議決定）策定後の国土をめぐる大きな変化や危機感を共有し、我が国が目指すべき国土の姿を提案した

国土形成計画法

→2005年に国土総合開発法が国土形成計画法へと抜本改正され、開発を基調とした時代の計画であった全国総合開発計画が、国土の利用・整備・保全に関する総合的な内容となる国土形成計画（全国計画及び広域地方計画）へと改められた

→国土形成計画は全国計画（国土交通大臣が案を作成し閣議決定）と広域地方計画（国土交通大臣が広域地方計画協議会の協議を経るなどして、8ブロック（東北圏、首都圏、北陸圏、中部圏、近畿圏、中国圏、四国圏、九州圏）について定める）から成る

全国総合開発計画

→1962年に閣議決定された一次の計画から五次にわたって整備された。最後となったのは、「21世紀の国土のグランドデザイン」で1998年に閣議決定された

【過去問】

R元再 Ⅲ—16、R2 Ⅲ—16、R3 Ⅲ—16、R4 Ⅲ—14

【演習問題】

問題1 （R4 Ⅲ—14）

国土計画に関する次の記述のうち、不適切なものはどれか。

① 全国総合開発計画は三次にわたり策定されており、1998年に策定された「21
世紀の国土のグランドデザイン」は、第三次に当たる計画である。

② 2005年に国土総合開発法は国土形成計画法へと抜本改正され、開発を基調
とした右肩上がりの時代の計画であった全国総合開発計画は、国土の利用・
整備・保全に関する国土形成計画(全国計画及び広域地方計画)へと改正され
た。

③ 2014年にとりまとめられた「国土のグランドデザイン2050—対流促進型国
土の形成—」では、「国土を取り巻く時代の潮流と課題」を指摘し、我が国の
目指すべき国土の姿を提案している。

④ 2015年に閣議決定された第二次国土形成計画(全国計画)は、国土の基本構
想(計画の目標)を「対流促進型国土」とし、多様な個性を持つさまざまな地
域が相互に連携し生じる地域間のヒト、モノ、カネ、情報等の双方向の動き
を「対流」と定義し、この対流が全国各地でダイナミックに湧き起こる国土の
形成を目指すとしている。

⑤ 第二次国土形成計画(全国計画)では、計画実現の方式として、「コンパクト
＋ネットワーク」の形成を掲げている。このような取り組みによって、人口
減少下でも質の高いサービスを効率的に提供し、新たな価値を創造すること
により、国全体の生産性を高める国土構造を構築できるとしている。

問題2 (R3 Ⅲ—16)

国土形成計画に関する次の記述のうち、最も不適切なものはどれか。

① 国土形成計画とは国土の利用、整備及び保全を推進するための総合的かつ基
本的な計画であり、全国計画と広域地方計画からなる。

② 国土づくりの転換を迫る新たな潮流を踏まえ、全国総合開発法を抜本的に見
直し、国土形成計画法とする法律改正が2005年に行われた。

③ 広域地方計画は、9つのブロック(北海道、東北圏、首都圏、北陸圏、中部
圏、近畿圏、中国圏、四国圏、九州・沖縄圏)についてそれぞれ策定される。

④ 広域地方計画は、国と地方の協議により策定するために設置された広域地方
計画協議会での協議を経て、国土交通大臣が決定する。

⑤ 全国計画は、国土交通大臣が自治体からの意見聴取等の手続を経て案を作成
し、閣議で決定する。

問題3 (R2 Ⅲ—16)

国土形成計画に関する次の記述のうち、最も不適切なものはどれか。

① 「総合的な国土の形成を図るための国土総合開発法等の一部を改正する等の

4章 専門科目(建設分野)

4-4 都市及び地方計画 国土形成計画

283

4章　専門科目（建設分野）

法律」が2005年7月に国会を通過し、国土形成計画法が誕生した。

② 国土の利用、整備及び保全に関する施策の指針となる全国計画と、ブロック単位の地方ごとに国と都府県等が適切な役割分担の下で連携、協力して地域の将来像を定める広域地方計画からなる。

③ 全国計画の案の作成に際して、内閣総理大臣はあらかじめ国土審議会の調査審議を経ることが義務付けられている。

④ 広域地方計画の策定に際して、国土交通大臣はあらかじめ広域地方計画協議会の協議を経ることが義務付けられている。

⑤ 広域地方計画制度の創設に伴い、首都圏整備法等に基づく各大都市圏の整備に関する計画を整理するとともに、東北開発促進法をはじめとした各地方の開発促進法が廃止された。

【解答】

問題1　①

全国総合開発計画は五次にわたって策定された。

問題2　③

広域地方計画を策定するブロックは、東北圏、首都圏、北陸圏、中部圏、近畿圏、中国圏、四国圏、九州圏の8ブロックである。

問題3　③

国土計画の全国計画の案の作成に際して、国土交通大臣はあらかじめ国土審議会の調査審議を経ることが義務付けられている。

4-5　立地適正化計画　優先度 ★★☆

災害などが各地で発生するなか、立地適正化計画や防災を踏まえた都市計画が重要になっています。近年は出題確率が高めなので理解しておきたい項目です。

【ポイント】

■ 立地適正化計画に関する用語

立地適正化計画

→2014年に都市再生特別措置法が改正され、市町村は住宅および都市機能増進施設の立地の適正化を図るため、立地適正化計画の作成が可能になった

→居住や医療、福祉、商業、公共交通といった様々な都市機能を誘導し、都市全域を見渡し、持続可能な都市構造を目指すマスタープランの役割を果たす

→上位計画として都市計画マスタープランを踏襲しつつ、都市の現状把握や将来推計などを行い、将来における望ましい都市像を描いて策定

284

→居住誘導区域は、居住を誘導し人口密度を維持する区域

→都市機能誘導区域は、都市機能(福祉・医療・商業等)を誘導する区域で、原則として居住誘導区域内に定める

→居住誘導区域の設定では、災害危険区域などの災害レッドゾーンを原則除外する

【過去問】

R4 Ⅲ—15、R5 Ⅲ—14

【演習問題】

問題1 (R5 Ⅲ—14)

立地適正化計画に関する次の記述のうち、最も不適切なものはどれか。

① 2014年に都市計画法が改正され、市町村は住宅及び都市機能の立地の適正化を図るため、立地適正化計画を作成することができるようになった。

② 都市機能誘導区域は、都市機能(福祉・医療・商業等)を誘導する区域である。

③ 居住誘導区域は、居住を誘導し人口密度を維持する区域である。

④ 居住誘導区域の設定においては、災害危険区域などの災害レッドゾーンを原則除外することが求められている。

⑤ 立地適正化計画は、上位計画として都市計画マスタープランを踏襲しつつ、都市の現状把握や将来推計などを行い、将来における望ましい都市像を描いて策定される。

問題2 (R4 Ⅲ—15)

都市防災に関する次の記述のうち、最も不適切なものはどれか。

① 都市防災の計画は地震後に想定される火災などの2次災害から人々を守る避難地、避難路の整備、火災などの延焼を阻止する遮断機能の強化が中心となっている。

② 国土交通省が2013年に提示した防災都市づくり計画策定指針では、多様なリスクを考えるという姿勢で取り組むこと、都市計画の目的として防災を明確に位置付けること、しっかりとしたリスク評価に基づいて都市づくりを行うこと、こうしたリスクを開示して自助・共助の力を地域に根付かせること、などがうたわれている。

③ 都市計画法施行令においては、おおむね10年以内に優先的かつ計画的に市街化を図るべき区域として市街化区域を設定する際、溢水、湛水、津波、高潮等による災害の発生のおそれのある土地の区域についての基準はない。

④ 2020年には災害ハザードエリアにおける開発抑制が講じられ、災害危険区

4章　専門科目（建設分野）

域などの災害レッドゾーンでは開発許可が原則禁止され、浸水ハザードエリア等においても住宅等の開発許可が厳格化され、安全・避難上の対策が許可の条件となった。

⑤　立地適正化計画においては、防災を主流化し、災害レッドゾーンを居住誘導区域から原則除外すること、防災対策・安全確保を定める防災指針を作成することとなった。さらに、災害ハザードエリアからの移転を促進するための事業も整備された。

【解答】

問題1　①

立地適正化計画の作成など立地適正化計画の制度が規定されているのは、都市再生特別措置法である。

問題2　③

おおむね10年以内に優先的かつ計画的に市街化を図るべき区域として市街化区域を設定する際、下記は含まない。「当該都市計画区域における市街化の動向並びに鉄道、道路、河川及び用排水施設の整備の見通し等を勘案して市街化することが不適当な土地の区域」「溢水、湛水、津波、高潮などによる災害の発生のおそれのある土地の区域」「優良な集団農地その他長期にわたり農用地として保存すべき土地の区域」「優れた自然の風景を維持し、都市の環境を保持し、水源を涵養し、土砂の流出を防備する等のため保全すべき土地の区域」

4-6　区域区分と地域地区　　　　　優先度　★★★

区域区分や用途地域、補助的地域地区などを把握しておきます。毎年ほぼ1題は出題されていますので、しっかり押さえておきましょう。

【ポイント】

■ 都市計画

都市計画区域

→一体の都市として総合的に整備、開発、保全の必要がある区域。都道府県や国土交通大臣が指定

準都市計画区域

→都市計画区域外で相当数の建物の建設や造成が行われたり、その見込みがあったりする区域を含み、そのまま放置すると一体としての都市の整備や開発、保全に支障が出るおそれがある地域。都道府県が指定する

286

■区域区分関連

区域区分

→都市計画法に沿って、市街化区域と市街化調整区域に分けること。都道府県が地域の実情を踏まえて、都市計画区域マスタープランの中で区域区分を定めるか否かを判断する

市街化区域

→既に市街地を形成している区域と、おおむね10年以内に優先的かつ計画的に市街化を図るべき区域。市街化区域内では少なくとも用途地域を定める

市街化調整区域

→市街化を抑制すべき区域。市街化調整区域の中では、農林漁業用の建物といった一部の例外以外は許可されない

■用途地域と補助的地域地区など

用途地域

→住居、商業、工業といった用途を適正に配分して、都市機能を維持増進し、住環境の保護などを行うための区分け

→2018年に施行した改正都市計画法で、田園住居地域が追加され、13番目の用途地域となった

防火地域と準防火地域

→市街地における防火や防災のため、耐火性能の高い構造の建物を建てるよう定めた地域

高度地区

→用途地域内において市街地の環境や景観を維持したり、土地利用の増進を図ったりするために、建築物の高さの限度または低さの限度を定める

高度利用地区

→市街地の細分化した敷地などの統合を促進し、防災性の向上と合理的かつ健全な高度利用を図ることを目的として指定。壁面位置の制限、建蔽率の制限や住宅の確保など市街地の整備改善と併せ、容積率を緩和する

特別用途地区

→用途地域内の一定の地区に対して定める。地域の特性にふさわしい土地利用や、環境の保護等の特別の目的の実現を目指すため、用途地域の指定を補完するために指定される

特定用途制限地域

→市街化調整区域を除く、用途地域が定められていない土地の区域内や準都市計画区域で、良好な環境の形成や保持のため、地域特性に応じて合理的な土地利用が行われるよう、制限すべき特定の建築物等の用途を定める地域

4章　専門科目（建設分野）

■ 都市施設

都市施設

→都市の骨組みをつくる施設で都市計画に定めることができる施設

→交通施設（道路、鉄道など）や公共空地（公園、緑地など）、供給・処理施設（上水道、下水道、ごみ処理場など）、水路（河川、運河など）、教育文化施設（学校、図書館、研究施設など）、医療・社会福祉施設（病院、保育所など）、一団の住宅施設（団地など）、一団の官公庁施設などがある。

→都市計画に、都市施設の種類、名称、位置及び区域を定める

→都市計画区域内で定められるが、特に必要があるときは、都市計画区域外でも定められる

→市街化区域及び区域区分が定められていない都市計画区域については、少なくとも道路、公園及び下水道を定める

【過去問】

R元Ⅲ—13、R元再 Ⅲ—13、R2 Ⅲ—13、R3 Ⅲ—13、R5 Ⅲ—15、R6 Ⅲ—13、R6 Ⅲ—14

【演習問題】

問題1 （R6 Ⅲ—14）

都市計画区域などに関する次の記述のうち、最も不適切なものはどれか。

① 区域区分をするか否かは、地域の実情を踏まえて、都市計画区域のマスタープランの中で判断される。

② 都市計画区域については、都市計画区域の整備、開発及び保全の方針を定めることとなっている。

③ 都市計画区域は、市町村の行政区域と一致している必要はない。

④ 市街化区域及び市街化調整区域については、少なくとも用途地域を定めることとなっている。

⑤ 市街化区域は、すでに市街地を形成している区域及びおおむね10年以内に優先的かつ計画的に市街化を図るべき区域である。

問題2 （R5 Ⅲ—15）

都市計画制度における区域区分に関する次の記述のうち、最も不適切なものはどれか。

① 区域区分を定めるか否かは、都道府県が地域の実情を踏まえて、都市計画区域マスタープランの中で判断する仕組みとなっている。

② 区域区分を定めた場合には、都市計画区域は、市街化区域と市街化調整区域

288

のいずれかに含まれる。

③ 市街化区域は、すでに市街地を形成している区域及びおおむね10年以内に優先的かつ計画的に市街化を図るべき区域とする。

④ 市街化区域については、用途地域を定める必要はないが、少なくとも道路、公園及び下水道は定める。

⑤ 優先的かつ計画的に市街化を図る市街化区域には、原則として、溢水、湛水、津波、高潮等による災害の発生のおそれのある土地の区域は含めない。

問題3 (R2 Ⅲ—13)

地域地区に関する次の記述のうち、最も不適切なものはどれか。

① 都市計画法では、市街化区域の全域に対して用途地域を指定することになっている。用途地域は平成29年の都市計画法の改正により田園住居地域が加えられ、計13種類となった。

② 高度利用地区とは、用途地域内において市街地の環境や景観を維持し、又は土地利用の増進を図るため、建築物の高さの最高限度又は最低限度を定める地区である。

③ 防火地域と準防火地域は、市街地における防火や防災のため、耐火性能の高い構造の建築物を建築するように定められた地域である。

④ 特別用途地区は、地域の特性にふさわしい土地利用や、環境の保護等の特別の目的の実現を目指すため、用途地域の指定を補完するために指定される地区である。

⑤ 特定用途制限地域とは、市街化調整区域を除く、用途地域が定められていない土地の区域内において、その良好な環境の形成又は保持のため当該地域の特性に応じて合理的な土地利用が行われるよう、制限すべき特定の建築物等の用途の概要を定める地域である。

問題4 (R元再 Ⅲ—13)

用途地域による建築制限に関する次の記述のうち、最も不適切なものはどれか。

① 用途地域による建築物の用途の制限は、建築基準法によって規定されている。

② 用途地域の都市計画には、容積率、建ぺい率、敷地の最低面積、外壁の後退の限度、高さの限度があわせて定められる。

③ 特別用途地区は、用途地域内の一定の地区における当該地区の特性にふさわしい土地利用の増進、環境の保護等の特別の目的の実現を図るための当該用途地域の指定を補完して定める地区である。

④ 特定用途制限地域は、用途地域が定められた土地の区域内において、その良

好な環境の形成又は保持のため当該地域の特性に応じて合理的な土地利用
が行われるよう、制限すべき特定の建築物等の用途の概要を定める地域であ
る。

⑤　特別用途地区及び特定用途制限地域における具体的な建築物の用途の制限
は、地方公共団体の条例で定められる。

問題5　(R6 Ⅲ—13)

都市計画法上の都市施設に関する次の記述のうち、最も不適切なものはどれか。

①　都市計画法における都市計画とは、都市の健全な発展と秩序ある整備を図る
ための土地利用、都市施設の整備及び市街地開発事業に関する計画とされて
いる。

②　都市施設は、市街化区域及び区域区分が定められていない都市計画区域につ
いては、少なくとも道路、公園及び上水道を定めるものとする。

③　都市施設は、都市計画区域内において定めることができるとされているが、
特に必要があるときは、都市計画区域外においても定めることができる。

④　交通施設、公共空地、供給施設は、都市施設の種類に含まれている。

⑤　都市施設については、都市計画に、都市施設の種類、名称、位置及び区域を
定める。

問題6　(R3 Ⅲ—13)

都市計画に関する次の記述のうち、不適切なものはどれか。

①　都道府県が都市計画区域を指定しようとするときは、あらかじめ、関係市町
村及び都道府県都市計画審議会の意見を聴くとともに、国土交通大臣に協議
し、その同意を得なければならない。

②　準都市計画区域は、あらかじめ関係市町村及び都道府県都市計画審議会の意
見を聴いたうえで、都市計画区域外の区域のうち一定区域に対して、市町村
が指定する。

③　2つ以上の都府県にわたる都市計画区域は、関係都府県の意見を聴いたうえ
で、国土交通大臣が指定する。

④　準都市計画区域においては、将来、都市計画区域となった場合においても市
街地として確保すべき最低基準を担保するために必要な規制のみを行い、事
業に係る都市計画は定められない。

⑤　地域地区のうち高度地区については、都市計画区域では建築物の高さの最高
限度又は最低限度を定めるが、準都市計画区域では建築物の高さの最高限度
を定めるものに限られる。

【解答】

問題1　④

用途地域を定めなければならないのは市街化区域である。

問題2　④

市街化区域では用途地域を定めなければならない。

問題3　②

用途地域内において市街地の環境や景観を維持し、又は土地利用の増進を図るため、建築物の高さの最高限度又は最低限度を定める地区は高度地区である。

問題4　④

特定用途制限地域は、用途地域が定められていない土地（市街化調整区域を除く）の区域内で良好な環境の形成や保持のため、合理的な土地利用が行われるよう制限すべき特定の建築物等の用途の概要を定める地域である。

問題5　②

都市施設は、市街化区域及び区域区分が定められていない都市計画区域においては、少なくとも道路、公園及び下水道を定める。

問題6　②

準都市計画区域の指定は都道府県が行う。

4-7　公共交通と交通量調査　　　優先度 ★☆☆

交通関係の問題は出題範囲が広く、専門領域の異なる受験者にはとっつきにくい領域です。専門とする人以外の優先度は低めです。

【ポイント】

■公共交通

デマンド交通

→予約型の運行形態の輸送サービス。路線定期型交通と異なり、運行方式、運行ダイヤ、発着地の自由度の組み合わせにより様々な運行形態がある。

BRT

→走行空間、車両、運行管理等に様々な工夫を施すことにより、速達性、定時性、輸送力について、従来のバスよりも高度な性能を発揮し、他の交通機関との接続性を高めるなど利用者に高い利便性を提供する次世代のバスシステム。専用道や優先レーン、連節バスなどを組み合わせる

LRT

→低床式車両の活用や軌道・電停の改良による乗降の容易性、定時性、速達性、快適性の面で優れた特徴を有する次世代の軌道系交通システム

4章　専門科目（建設分野）

コミュニティバス

→交通空白地域・不便地域の解消を図るために市町村などが主体的に計画して運行。一般乗合旅客自動車運送事業者に委託するケースと市町村自らが自家用有償旅客運送者の登録を受けて行うケースがある

トランジットモール

→都心部の商業地などで自動車の通行を制限し、歩行者と路面を走行する公共交通機関とによる空間を創出して、歩行者の安全性の向上と都心商業地の魅力向上などを図る歩行者空間

グリーンスローモビリティ

→時速20km未満で公道を走れる電動車を用いた小さな移動サービス。車両を含めた総称

■ 交通関連の調査

全国道路・街路交通情勢調査（道路交通センサス）

→自動車交通に関して行われる調査。主要な調査として一般交通量調査と自動車起終点調査を秋期の平日に全国一斉で行う

総合都市交通体系調査（都市圏パーソントリップ調査）

→規模の大きな都市圏の交通需要を交通主体に基づいて、総合的な視点で調査するもの。人の1日の動きについて、トリップの発地・着地、交通目的、交通手段、訪問先の施設などに関するアンケート調査を実施

全国都市交通特性調査（全国PT調査）

→全国横断的かつ時系列的に都市交通の特性を把握するために、国土交通省が実施主体となり、対象都市に対して5年ごとに全国一斉に調査

大都市交通センサス

→東京、中部、京阪神の3大都市圏における公共交通機関の利用状況を把握するために行われる調査であり、基本的に5年ごとに実施

【過去問】

R元 Ⅲ—15、R3 Ⅲ—15、R4 Ⅲ—13

【演習問題】

問題1　（R4 Ⅲ—13）

公共交通に関する次の記述のうち、最も適切なものはどれか。

① デマンド交通は、利用者のニーズに応じて移動ができるように、登録を行った会員間で特定の自動車を共同使用するものである。

② BRTは、連節バス、公共車両優先システム、自家用車混用の一般車線を組合

せることで、速達性・定時性の確保や輸送能力の増大が可能となる高次の機能を備えたバスシステムである。

③ コミュニティバスは、交通空白地域・不便地域の解消等を図るため、民間交通事業者が主体的に計画し、運行するものである。

④ トランジットモールは、中心市街地やメインストリートなどの商店街を、歩行空間として整備するとともに、人にやさしい低公害車だけを通行させるものである。

⑤ グリーンスローモビリティは、時速20km未満で公道を走ることができる電動車を活用した小さな移動サービスで、その車両も含めた総称である。

問題2　(R3 Ⅲ—15)

交通需要調査に関する次の記述のうち、最も不適切なものはどれか。

① 全国道路・街路交通情勢調査(道路交通センサス)は、自動車交通に関して行われる調査であり、主要な調査として一般交通量調査と自動車起終点調査が秋期の平日に全国一斉に行われる。

② 総合都市交通体系調査(都市圏パーソントリップ調査)は、規模の大きな都市圏の交通需要を交通主体にもとづいて総合的な視点で調査するものであり、人の1日の動きについて、トリップの発地・着地、交通目的、交通手段、訪問先の施設などに関するアンケート調査が実施される。

③ 全国都市交通特性調査(全国PT調査)は、全国横断的かつ時系列的に都市交通の特性を把握するために、国土交通省が実施主体となり、都市圏規模別に抽出した対象都市に対し、5年ごとに全国一斉に調査を実施するものである。

④ 国勢調査では、従業地又は通学地、従業地又は通学地までの利用交通手段などが5年ごとに調査されるため、市区町村間の通勤、通学交通需要とその流動の実態が把握できる。

⑤ 大都市交通センサスは、東京、中部、京阪神の3大都市圏における公共交通機関の利用状況を把握するために行われる調査であり、平成27年までは5年ごとに実施されている。

問題3　(R元 Ⅲ—15)

交通流動調査に関する次の記述のうち、最も不適切なものはどれか。

① パーソントリップ調査は、一定の調査対象地域内において、人の動きを調べる調査である。

② トリップ(目的トリップ)とは、ある1つの目的のために行われる1つの交通であり、起点から最初の目的地までの交通が1トリップとなり、その次の目

的地までの交通が次のトリップとなる。

③ パーソントリップ調査では、交通の起点及び終点、交通目的について調査を行うが、交通手段については調査対象としていない。

④ トリップの起終点を空間的に集計するために、ある空間領域をゾーンとして設定する。

⑤ スクリーンライン調査は、スクリーンラインを横断する交通量を観測する調査である。

【解答】
問題1　⑤

　デマンド交通とは予約型の運行形態の輸送サービス。BRTとは、走行空間、車両、運行管理等に様々な工夫を施した次世代のバスシステムで、専用道や優先レーン、連節バスなどを組み合わせる。コミュニティバスは、交通空白地域・不便地域の解消等を図るため、市町村等が主体的に計画し、運行するもの。トランジットモールは、中心市街地やメインストリートなどの商店街を、歩行空間として整備するとともに、公共交通だけを通行させるもの。

問題2　④

　国勢調査による通勤、通学のための交通手段の調査は10年に1回。

問題3　③

　パーソントリップ調査では交通手段を調査対象としている。

河川、砂防

5-1　ベルヌーイの定理　　　　　　　　　　優先度　★★★

　ベルヌーイの定理を用いて水の流速や圧力を計算する問題が頻出です。解き方を知っていれば簡単なので、出題された場合は選択することをお勧めします。

【ポイント】

■ベルヌーイの定理

　ベルヌーイの定理

　　→非圧縮性完全流体の定常流れにおいて、流線上で以下の式が成立する

$$\frac{v^2}{2g} + z + \frac{p}{\rho g} = 一定$$

$$\underbrace{速度水頭 + \underbrace{位置水頭 + 圧力水頭}_{ピエゾ水頭}} = 一定$$

　　g：重力加速度　ρ：水の密度　v：高さzにおける流速　p：高さzにおける水圧

　式を用いる際のポイント

　　→大気に接する部分の圧力は0

　　　（水理学では一般に大気圧を0とするゲージ圧を使う）

　　→断面積が変化しても流量は一定

　　→断面積が変化すると流速は変化（断面積→大で流速→小）

【過去問】

　R元 Ⅲ—17、R2 Ⅲ—17、R3 Ⅲ—17、R5 Ⅲ—17

【問題演習】

問題1　（R5 Ⅲ—17）

　非圧縮性完全流体の定常流れでは、流線上で次式のベルヌーイの定理が成立する。

$$\frac{v^2}{2g} + z + \frac{p}{\rho g} = 一定$$

　ここで、gは重力加速度、ρ は水の密度、vは高さzの点における流速、pは高さzの点における水圧である。

　図に示すように、壁面に小穴をあけて水を放流するオリフィスについて、基準面から水槽水面までの高さがz_A[m]、基準面から水槽底面までの高さがz_B[m]、基準

面から小穴の中心までの高さがz_C[m]のとき、小穴から流出した水の圧力が大気圧に等しく、流れが一様になる位置(基準面からの高さはz_Cに等しいとする)における水の流速v[m/s]を、ベルヌーイの定理を適用して算出すると最も適切なものはどれか。ただし、水槽水面の高さは一定とする。

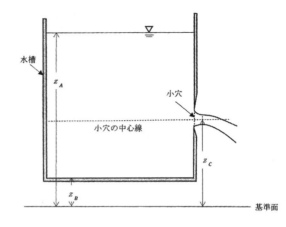

① $\sqrt{2g \cdot (z_A - z_B)}$　② $\sqrt{2g \cdot (z_A - z_C)}$　③ $\sqrt{2g \cdot z_A}$
④ $\sqrt{2g \cdot z_B}$　⑤ $\sqrt{2g \cdot z_C}$

問題2　(R3 Ⅲ—17)

非圧縮性完全流体の定常流れでは、流線上で次式のベルヌーイの定理が成立する。

$$\frac{v^2}{2g} + z + \frac{p}{\rho \cdot g} = 一定$$

ここで、gは重力加速度、ρは水の密度、vは高さz点における流速、pは高さzの点における水圧である。

図のように、狭窄部を有する水平な管路がある。点Aにおける流速がv_A、圧力がp_A、点Bにおける流速が$3v_A$となるとき、点Bにおける圧力として最も適切なものはどれか。ただし、点A、点Bを通る流線は水平とする。

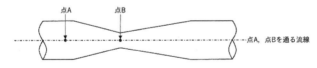

① $p_A - \rho \cdot v_A^2$　② $p_A - 4\rho \cdot v_A^2$　③ $p_A - 9\rho \cdot v_A^2$
④ p_A　⑤ $p_A - v_A^2$

問題3　(R2 Ⅲ—17)

非圧縮性完全流体の定常流れでは、流線上で次式のベルヌーイの定理が成立する。

$$\frac{v^2}{2g} + z + \frac{p}{\rho \cdot g} = 一定$$

ここで、gは重力加速度、ρは水の密度、vは高さz点における流速、pは高さz

の点における水圧である。

図のように、水面の水位変化が無視できる十分広い水槽から、水槽に鉛直に取り付けられた断面積一定の細い管路で排水する場合、点Bと点Cの流速は等しくなる。このとき管路中心線上の点Bにおける水の圧力を、ベルヌーイの定理を適用して算出すると最も適切なものはどれか。

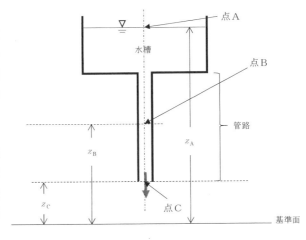

① $\rho \cdot g \cdot (z_C - z_A)$ ② $\rho \cdot g \cdot (z_C - z_B)$ ③ $\rho \cdot g \cdot z_A$
④ $\rho \cdot g \cdot z_B$ ⑤ $\rho \cdot g \cdot z_C$

【解答】
問題1 ②
高さz_Aと高さz_Cの位置に対してベルヌーイの定理の式を用いる。
高さz_Aと高さz_Cの位置では、大気と接しており、ゲージ圧は0となる。
また、水面の高さは一定なので、$v_A = 0$となる。

$$\frac{v_C^2}{2g} + z_C = z_A \qquad v_C^2 = 2g(z_A - z_C)$$
$$v_C = \sqrt{2g(z_A - z_C)}$$

問題2 ②
点Aと点Bでベルヌーイの定理の式を構成する。

$$\frac{v_A^2}{2g} + z_A + \frac{p_A}{\rho g} = \frac{v_B^2}{2g} + z_B + \frac{p_B}{\rho g}$$

ここで、点Aと点Bの位置に高低差はなく、$z_A = z_B$となる。

$$p_B = \rho g \left(\frac{v_A^2}{2g} - \frac{v_B^2}{2g} \right) + p_A = \frac{\rho}{2}(v_A^2 - v_B^2) + p_A$$

問題の条件から$v_B = 3v_A$なので $p_B = p_A - 4\rho \cdot v_A^2$

問題3 ②
点Bと点Cでベルヌーイの定理の式を構成する。

$$\frac{v_B^2}{2g} + z_B + \frac{p_B}{\rho g} = \frac{v_C^2}{2g} + z_C + \frac{p_C}{\rho g}$$

点Cは大気圧なので$p_C=0$、点Bと点Cは管径が等しいので$v_B=v_C$となる
よって、次式のように整理できる。

$$z_B + \frac{p_B}{\rho g} = z_C$$

$$p_B = \rho g(z_C - z_B)$$

5-2 静水圧

優先度 ★★☆

ベルヌーイの定理の問題が出題されない年は静水圧の計算がよく出ています。令和6 (2024)年度に出題されたので、令和7年度の出題確率はやや低めです。

【ポイント】

■ 静水圧

静水圧の計算
→水面から高さhの位置で単位幅の壁に作用する水圧は$\rho g h$と表現される
→垂直壁面に対する単位幅当たりの水圧は、水面からの高さhにおける水圧$\rho g h$を底辺、水面からの高さhを高さとする三角形の面積、$\frac{1}{2}\rho g h^2$として表される

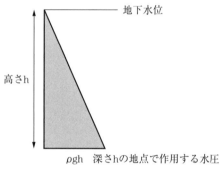

水圧計算のイメージ

【過去問】

R元再 Ⅲ—17、R4 Ⅲ—17、R6 Ⅲ—17

【問題演習】

問題1 （R6 Ⅲ—17）

垂直に立てられた長方形の壁（平板）に水深hの静水圧が作用するとき、奥行方向の単位幅あたり（奥行方向の幅$b=1$）の全水圧と、全水圧の作用点の水面からの距離の組合せとして、最も適切なものはどれか。ただし、水の密度をρ、重力加速度をgとする。

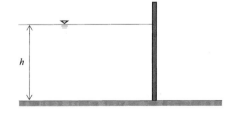

	全水圧	全水圧の作用点（水面からの距離）
①	$\frac{1}{2}\rho g h^2$	$\frac{1}{2}h$
②	$\rho g h^2$	$\frac{1}{2}h$
③	$\frac{1}{3}\rho g h^2$	$\frac{2}{3}h$
④	$\frac{1}{2}\rho g h^2$	$\frac{2}{3}h$
⑤	$\rho g h^2$	$\frac{2}{3}h$

問題2 （R4 Ⅲ—17）

図のように、垂直に立てられた長方形の矩形ゲートに水深hの静水圧が作用している。このゲートの部材Aと部材Bのそれぞれに作用する奥行方向の単位幅あたりの全水圧が等しくなる部材Aの高さXとして適切なものはどれか。ただし、水の密度をρ、重力加速度をgとする。

① $\frac{1}{2}h$ ② $\sqrt{\frac{1}{2}}h$ ③ $\frac{2}{3}h$

④ $\sqrt{\frac{2}{3}}h$ ⑤ $\sqrt{\frac{h}{2}}$

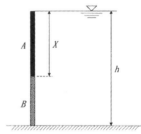

【解答】

問題1 ④

全水圧は深さhまでの三角形で表される水圧分布の合計に相当するので、下記のように求められる。

$$\rho g h \times h \div 2 = \frac{\rho g h^2}{2}$$

作用点は三角形で示される水圧分布の重心の高さに相当するので、水面からの距離は$2h/3$となる。

問題2 ②

部材Aに作用する水圧は下記のように求められる。

$$\rho g X \times X \div 2 = \frac{\rho g X^2}{2}$$

4章　専門科目（建設分野）

部材Bに作用する水圧は下記のように求められる。

$$\rho gh \times h \div 2 - \rho gX \times X \div 2 = \frac{\rho g(h^2 - X^2)}{2}$$

部材Aと部材Bの単位幅当たりの全水圧が等しいので、次式が成立する。

$$\frac{\rho gX^2}{2} = \frac{\rho g(h^2 - X^2)}{2} \qquad X^2 = \frac{h^2}{2} \quad なので \quad X = \sqrt{\frac{1}{2}}h$$

5-3　開水路の定常流れ　　　優先度　★★★

　開水路の流れは毎年1問ずつ出題されています。常流と射流、限界水深と等流水深などの関係を理解しておけば得点できるので、得点源にしましょう。

【ポイント】
■ 流れと水深の種類

常流

　　→水深が深くゆっくりした流れ（水面を伝わる波よりも遅い流れ）

　　→フルード数（波の速さに対する流れの速さ）が1よりも小さい

射流

　　→水深が浅く速い流れ（水面を伝わる波よりも早い流れ）

　　→水路勾配は限界勾配よりも大きい。水面形は下流側で等流水深に漸近

　　→フルード数（波の速さに対する流れの速さ）が1よりも大きい

限界流

　　→フルード数（波の速さに対する流れの速さ）が1の流れ

等流水深

　　→勾配が一様な水路で一定の流量の流れが長区間にわたって続くときに現れる一定の水深

　　→緩勾配であれば深く、急こう配であれば浅くなる

　　→限界勾配よりも緩い勾配の水路では、等流水深は限界水深よりも大きい

限界水深

　　→限界流速における水深。等流水深と限界水深が等しい勾配を限界勾配と呼ぶ

　　→水路の勾配によらない。常流では限界水深よりも水深が大きく、断面平均流速は限界流速よりも小さい

跳水

　　→射流から常流に変わる際に、流れの速さが遅くなり、水位が急増する現象

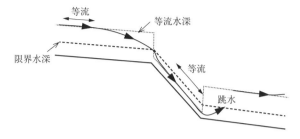

マニングの式
→開水路の平均流速は粗度係数に反比例する

【過去問】

R元 Ⅲ—18、R元再 Ⅲ—19、R2 Ⅲ—19、R3 Ⅲ—19、R4 Ⅲ—19、R5 Ⅲ—20、R6 Ⅲ—20

【問題演習】

問題1 （R6 Ⅲ—20）

開水路の流れに関する次の記述のうち、最も不適切なものはどれか。
① 同じ流量の流れでは、常流の水深は限界水深より大きい。
② 射流では、フルード数は1より大きい。
③ 射流では、水路勾配は限界勾配より大きい。
④ 常流から射流に接続する場合、限界水深を通って水面は滑らかに接続する。
⑤ マニングの流速公式によると、断面平均流速は粗度係数に比例する。

問題2 （R5 Ⅲ—20）

一様な水路勾配と一様な長方形断面を持つ開水路の水理に関する次の記述のうち、最も不適切なものはどれか。
① 開水路の流れは、フルード数が1より小さい常流と、フルード数が1を超える射流、フルード数が1の限界流に分けられる。
② 等流水深及び限界水深は、水路勾配が大きいほど減少する。
③ マニングの平均流速公式によると、開水路の平均流速は粗度係数に反比例する。
④ 与えられた流量に対して、等流水深と限界水深が一致するような勾配が必ず存在する。この勾配を限界勾配という。
⑤ 限界勾配より緩い勾配の水路においては、等流水深は限界水深よりも大きい。

4章　専門科目（建設分野）

問題3　（R4 Ⅲ—19）

水理学における開水路の流れに関する次の記述のうち、最も不適切なものはどれか。

① 開水路の流れには常流・限界流及び射流の3種の流れの状態がある。
② 跳水現象は、射流の流れが下流の常流流れに遷移する場合に発生し、この遷移は水表面に激しい表面渦を伴う不連続な形で行われる。
③ 射流の場合は、流れの速度が波速よりも大きいために、水面変化は上流に向かって伝わることができない。
④ 跳水においては、エネルギー保存の式は使えない。
⑤ 等流水深は水路勾配によらず、流量と断面形及び粗度係数によって決まる。

問題4　（R3 Ⅲ—19）

一様な水路勾配と一様な長方形断面を持つ開水路の水理に関する次の記述のうち、不適切なものはどれか。

① 開水路の流れは、フルード数が1より小さい常流と、フルード数が1を超える射流、フルード数が1の限界流に分けられる。
② 限界勾配より緩い勾配の水路においては、等流水深は限界水深よりも大きい。
③ 限界勾配より急な勾配の水路においては、射流の水面形は下流側で等流水深に漸近する。
④ 等流水深は水路勾配が大きいほど減少するが、限界水深は水路勾配によらない。
⑤ マニングの平均流速公式によると、開水路の平均流速は粗度係数に比例する。

問題5　（R2 Ⅲ—19）

一様勾配・一様断面の開水路の定常流れに関する次の記述のうち、最も不適切なものはどれか。

① 底面の摩擦力が重力の分力と釣合い、水深も断面平均流速も一様な流れを等流という。
② 等流状態の流れが常流であるか射流であるかは、水路の勾配と水深によって決まる。
③ 常流では、水深は限界水深より大きく、断面平均流速は限界流速より小さい。
④ 常流から射流に接続する場合、限界水深を通って水面は滑らかに接続する。
⑤ ダムなどによって流れをせきとめたときにできる水面形（せき上げ背水曲線）は、上流側で限界水深に漸近する。

【解答】

問題1　⑤
マニングの平均流速公式では、開水路の平均流速は粗度係数に反比例する。

問題2　②
限界水深は水路勾配によらず一定である。

問題3　⑤
等流水深は水路勾配に応じて変わる。例えば緩勾配であれば深くなる。

問題4　⑤
問題1の解説と同じ。

問題5　⑤
せき上げ背水曲線が上流側で漸近するのは等流水深である。

5-4　管路の流れ　　　　優先度　★★★

流体で満たされた管路内の流れの性質を問う問題も毎年出題されています。令和6 (2024)年度は図から読み解く新しいパターンで出題されました。

【ポイント】

■ 流速と断面積、流量

流速と断面積、流量の関係

　→流れ方向に断面積が変化しても流量は変わらない

　→流れ方向に断面積が大きくなると流速は減少し、断面積が小さくなると流速は増加する

■ 損失

エネルギー損失

　→管内のエネルギー損失は、摩擦による損失と局部的な形状変化での損失

　→摩擦による損失は管の長さに比例し、内径に反比例する（ダルシー・ワイスバッハの式）

　→摩擦損失も局所損失も流速の2乗に比例する

エネルギー（勾配）線と動水勾配線

　→動水勾配線はピエゾ水頭を流れ方向につないだ線。エネルギー（勾配）線は全水頭を流れ方向につないだ線

　→流れ方向に管路の断面が一様な場合、エネルギー（勾配）線と動水勾配線は平行

　→動水勾配線は管路の断面変化に伴って、流下方向に対して逆勾配となる場合がある一方、エネルギー（勾配）線はポンプなどからのエネルギー供給がなければ、流下方向に向けて必ず下降する

303

管路の摩擦係数
→管路の摩擦損失係数にはマニングの式などの経験式が使われている
■ ピエゾ水頭
ピエゾ水頭とは、位置水頭と圧力水頭の和（5-1のポイントを参照）

【過去問】

R元再 Ⅲ―18、R2 Ⅲ―18、R3 Ⅲ―18、R4 Ⅲ―18、R5 Ⅲ―19、R6 Ⅲ―19

【問題演習】

問題1　（R5 Ⅲ―19）

円形断面の管路流れの損失水頭に関する次の記述のうち、最も不適切なものはどれか。

① 管内の損失水頭には、摩擦による損失水頭と局所的な渦や乱れによる損失水頭がある。
② 曲がりや弁による損失水頭は、断面平均流速の2乗に比例して大きくなる。
③ 摩擦による損失水頭は、管径に比例して大きくなる。
④ 摩擦による損失水頭は、管路の長さに比例して大きくなる。
⑤ 管路の摩擦損失係数には、マニングの式などの経験式が広く用いられている。

問題2　（R6 Ⅲ―19）

断面Ⅰから断面Ⅱに向けて、流線が基準面に対して上昇し、断面積が減少する粘性流体の定常管路流において、エネルギー線及び動水勾配線が図のとおりとなる場合、両矢印が示す断面Ⅰ及びⅡにおけるそれぞれの水頭について、[　]に入る語句の組合せとして、最も適切なものはどれか。

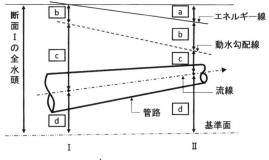

	a	b	c	d
①	損失水頭	速度水頭	圧力水頭	位置水頭
②	損失水頭	圧力水頭	速度水頭	位置水頭
③	位置水頭	圧力水頭	速度水頭	損失水頭
④	位置水頭	速度水頭	圧力水頭	損失水頭
⑤	位置水頭	圧力水頭	損失水頭	速度水頭

問題3 （R4 Ⅲ—18）

水理学における管路の流れに関する次の記述のうち、最も不適切なものはどれか。

① 管路の流れとは、流体が管の断面全体を満たした状態で流れている流れのことをいう。

② 管路の断面変化に伴って、動水勾配線は流れの流下方向に対して逆勾配が生じる場合がある。

③ ポンプ等からのエネルギー供給がなければ、エネルギー勾配線は流れの流下方向に向けて必ず下降する。

④ 管内のエネルギー損失には摩擦による損失と、局部的な形状の変化の箇所での局所損失がある。

⑤ 局所損失は管内の平均流速に反比例する。

問題4 （R3 Ⅲ—18）

単一管路内で満管となる水の流れに関する次の記述のうち、不適切なものはどれか。

① 流れ方向に管路の断面積が大きくなると、流量は減少する。

② ピエゾ水頭は、位置水頭と圧力水頭の和である。

③ 流れ方向に管路の断面が一様なときは、エネルギー線と動水勾配線は平行となる。

④ 全エネルギーは、摩擦や局所損失のため、流れ方向に減少する。

⑤ 管路の水平箇所では、流れ方向に管路の断面積が小さくなると、圧力水頭は減少する。

問題5 （R元再 Ⅲ—18）

管路の流れに関する次の記述のうち、最も不適切なものはどれか。

① 管路の流れとは、流体が管の断面全体を満たした状態で流れている流れのことをいう。

② 管内のエネルギー損失には摩擦による損失と、局部的な形状の変化の箇所での局所損失がある。

③ 局所損失は管内の平均流速に反比例する。

④ 管路の断面変化に伴って、動水勾配線は流れの流下方向に対して逆勾配が生じる場合がある。

⑤ ポンプ等からのエネルギー供給がなければ、エネルギー勾配線は流れの流下方向に向けて必ず下降する。

【解答】
問題1 ③
摩擦による損失は管径に反比例する。

問題2 ①
Ⅰでゼロ、Ⅱで増えるaは損失水頭。動水勾配は速度水頭を含まないので、bは速度水頭。基準面から位置が高くなる流れなので、大きくなるdは位置水頭。

問題3 ⑤
局所損失は流速の2乗に比例する。

問題4 ①
管路断面が変化しても流量は変わらない。

問題5 ③
問題3の解説と同じ。

5-5 土砂移動　優先度 ★★★

掃流砂と浮遊砂、ウォッシュロードは頻出です。暗記すれば簡単に解けます。令和6(2024)年度に出なかった分、7年度の出題可能性が高まりました。

【ポイント】
■ 土砂移動の種類

掃流砂
　→河床と間断なく接触しながら移動する土砂。底面付近の限られた範囲で滑動・転動、小跳躍しながら動く

浮遊砂
　→水流で浮遊しながら移動する土砂。掃流砂に比べて細粒

ウォッシュロード
　→粘土やシルト、河岸浸食などで供給される微細粒子で構成。貯水池などで濁水の長期化を起こすことがある

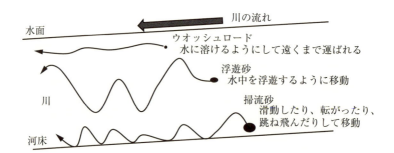

■ 湾曲部

湾曲部での土砂供給

→河道の湾曲部外岸側は流速が速くなる分、河床洗掘が激しく、粒径の大きな砂礫が内側に比べて多く輸送される

■ 掃流力に関する用語

限界掃流力

→河床の砂粒子に働く掃流力(流体力)と抵抗力(摩擦力)が等しくなった際の掃流力。土砂の粒径が大きいほど大きくなる

無次元掃流力

→河道の安定に係る河床構成材料の移動のしやすさを無次元化して表現したもので、掃流力と流れに対する抵抗力の比で示される。抵抗力は粒径が小さいと小さくなるので、同一の掃流力に対して粒径が小さい方が大きな値になる

水中安息角

→土砂を静水中に積み上げて斜面を造った際に土砂が崩れずにとどまることができる最大傾斜角

抗力

→空間的に一様な流れにおける水流中の物体に働く抗力は作用流速の二乗に比例する

4章 専門科目(建設分野)

【過去問】

R元 Ⅲ—20、R元再 Ⅲ—20、R2 Ⅲ—20、R3 Ⅲ—20、R4 Ⅲ—20、R5 Ⅲ—21

【問題演習】

5-5 河川、砂防 土砂移動

問題1 (R5 Ⅲ—21)

河川の流砂、河床形状に関する次の記述のうち、最も不適切なものはどれか。

① 浮遊砂は、河床と間断なく接触しながら移動し、底面付近の限られた範囲を滑動・転動あるいは小跳躍しながら移動する土砂である。

② 中規模河床形態は、砂州によって形成された河床形態を意味し、交互砂州、複列砂州、湾曲内岸の固定砂州、河口砂州、支川砂州などがある。

③ 無次元掃流力は、河道の安定に係る河床構成材料の移動のしやすさを無次元化して表したものであり、流れが河床構成材料に及ぼす掃流力と、河床構成材料の流れに対する抵抗力の比で示すことができる。

④ 河道の湾曲部外岸側は、洪水時の河床洗掘の激しい箇所の1つである。

⑤ 上流側から供給土砂量が減少すると、河床が低下するとともに、河床を構成している土砂の細粒分だけが下流へ流下し、河床面に大粒径の土砂だけが残る場合がある。

4章　専門科目（建設分野）

問題2　（R4 Ⅲ—20）

水中の土砂移動に関する次の記述のうち、最も不適切なものはどれか。

① 掃流砂は、河床と間断なく接触しながら移動する土砂の運動形態のことを指す。これに対し、浮遊砂は、掃流砂に比べれば細粒の土砂の輸送のことを指し、水流中の流れと一体となって移動する。

② 流れが空間的に一様な分布を持つ水流中の物体に働く抗力は、経験的に作用流速の二乗に比例することがわかっている。

③ 河床上を砂粒子が連続的に移動するようになる限界掃流力は、土砂の粒径によらず一定の値をとる。

④ 土砂を静水中に積み上げて斜面を造ったときに、土砂が崩れずに留まることができる最大傾斜角を土砂の水中安息角と呼ぶ。

⑤ 河川の摩擦速度の縦断変化は、局所的な河床高の変化を表すことができ、上流の摩擦速度に比べて下流側の摩擦速度が大きければ河床低下、反対に下流側の摩擦速度が小さければ河床上昇となることが多い。

問題3　（R3 Ⅲ—20）

水中の土砂移動に関する次の記述のうち、最も不適切なものはどれか。

① 河川における流砂は掃流砂、浮遊砂、ウォッシュロードに大別される。

② 砂堆は上流側が緩やかで、下流面は河床材料の水中安息角にほぼ等しい。

③ 移動床上で流れの速度を増加させると、移動床境界に作用するせん断力が増加し、土砂が移動するようになる。この限界のせん断力を限界掃流力という。

④ 河川の湾曲部では、大きい粒形の砂礫ほど、内岸側へ輸送されやすい。

⑤ ウォッシュロードは、流域にある断層、温泉余土などから生産される粘土・シルトや河岸侵食によって供給される微細粒子により構成される。

問題4　（R2 Ⅲ—20）

水中の土砂移動に関する次の記述のうち、最も不適切なものはどれか。

① 限界掃流力を上回る掃流力が河床に作用した場合に、河床を構成する土砂が移動する。

② 同一の掃流力に対して粒径が小さいほど、無次元掃流力は大きな値をとる。

③ 同一粒径の土砂に対して掃流力が大きいほど、摩擦速度u_*の沈降速度w_0に対する比(u_*/w_0)は大きな値をとる。

④ 掃流砂は、水の乱れの影響を顕著に受け、底面付近から水面まで幅広く分布する。

⑤ ウォッシュロードとして輸送されてきた土砂は、貯水池における濁水の長期

化を引き起こすことがある。

【解答】

問題1　①

①は掃流砂の説明である。

問題2　③

限界掃流力は河床の砂粒子に働く掃流力（流体力）と抵抗力（摩擦力）が等しくなった際の掃流力。土砂の粒径が大きいほど大きくなる。

問題3　④

湾曲部外側の方が流速が大きく、大きい粒径の砂礫は外側に多く輸送。

問題4　④

掃流砂は底面付近の限られた範囲で滑動・転動する。

5-6　堤防

優先度　★★☆

堤防の性能の基本事項を問う問題は2〜3年に一度出題されます。令和6（2024）年度に出題されたので、令和7年度の出題確率は少し低いでしょう。

【ポイント】

■ 河川堤防

要求性能

→堤防は、計画高水位（HWL）以下の流水の通常の作用による侵食及び浸透並びに降雨による浸透に対して安全である機能を有するよう設計

→耐浸透性能の照査は、すべり破壊及びパイピング破壊に対する安全率等を評価し、安全率等の許容値を満足することを照査の基本とする

→土堤の耐震性能の照査では、地震動の作用により堤防に沈下が生じた場合においても、河川の流水の河川外への越流を防止する機能を保持することの確認が必要とされる

→堤体には締固めが十分行われるために、細粒分と粗粒分が適当に配合されている材料を用いるのが望ましい。

→堤防設計で反映すべき項目には、不同沈下に対する修復の容易性、基礎地盤及び堤体との一体性及びなじみ、損傷した場合の復旧の容易性などが含まれる。

→堤防の高さは、上下流及び左右岸の堤防の高さとの整合性が必要

→河川堤防の浸透対策である表のり面被覆工法は、河川水の堤防への浸透を抑制することにより、洪水末期の水位急低下時の表のりすべり破壊の防止にも有効である

→堤防の天端幅は、支川の背水区間では、合流点における本川の堤防の天端幅より狭

くならないよう定める
→堤体が位置する地盤が軟弱な場合は土質調査等を実施し、必要に応じてパイピングあるいは沈下、すべりに関する安定性の検討を行う

ドレーン工
ドレーン工の特徴
→堤防に浸透した降雨や河川水を裏法尻のドレーン部に集水して、堤防外に排出するためのもの。堤体の浸潤面の低下を目的とする
→ドレーン材料は透水性が大きく、せん断強さの大きい材料とする
→ドレーン工は主に砂質土で構成される堤体に採用すると効果を発揮

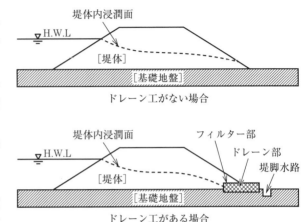

する。礫質土では、堤体とドレーン工の透水性の差が小さくなって、集水や排水の効果が小さくなる。逆に堤体を構成する材料の粒度が砂質土よりも小さくなっていくと、堤体への浸透自体が抑制される

【過去問】
R元 Ⅲ—21、R元再 Ⅲ—22、R2 Ⅲ—21、R4 Ⅲ—21、R6 Ⅲ—21

【問題演習】
問題1 (R6 Ⅲ—21)
河川堤防に関する次の記述のうち、最も不適切なものはどれか。
① 河川堤防の高さは、河道計画において設定される計画高水位に、河川管理施設等構造令で定めた値を加えたもの以上とする。
② 堤体の浸透水を速やかに排水することを目的としたドレーン工法のドレーン材料には、透水係数の小さい材料を選定する必要がある。
③ 河川堤防の浸透対策である表のり面被覆工法は、河川水の堤防への浸透を抑制することにより、洪水末期の水位急低下時の表のりすべり破壊の防止にも有効である。
④ 河川堤防の浸透破壊には、大きく分けてすべり破壊とパイピング破壊がある。

⑤ 盛土による河川堤防ののり勾配は、堤防の高さと堤内地盤高との差が0.6メートル未満である区間を除き、50パーセント以下とするものとする。

問題2 （R4 Ⅲ—21）
河川堤防に関する次の記述のうち、最も不適切なものはどれか。
① 河川堤防の余裕高は、計画高水流量に応じて定められた値以上とする。
② 高規格堤防は、越流水による洗掘破壊に対しても安全性が確保されるよう設計するものとする。
③ 耐浸透性能の照査は、すべり破壊及びパイピング破壊に対する安全率等を評価し、安全率等の許容値を満足することを照査の基本とする。
④ 堤体には締固めが十分行われるために、細粒分と粗粒分が適当に配合されている材料を用いるのが望ましい。
⑤ 河川堤防の浸透対策であるドレーン工は、堤体内への河川水の浸透を防ぐ効果がある。

問題3 （R2 Ⅲ—21）
河川堤防に関する次の記述のうち、最も不適切なものはどれか。
① 堤防は、堤防高以下の水位の流水の通常の作用による侵食及び浸透並びに降雨による浸透に対して安全である機能を有するよう設計する。
② 堤防設計で反映すべき項目には不同沈下に対する修復の容易性、基礎地盤及び堤体との一体性及びなじみ、損傷した場合の復旧の容易性等が含まれる。
③ 堤防の耐浸透性能の照査では、すべり破壊及びパイピング破壊に対する安全率等を評価する必要がある。
④ 堤防の高さは、上下流及び左右岸の堤防の高さとの整合性が強く求められる。
⑤ 土堤の耐震性能の照査では、地震動の作用により堤防に沈下が生じた場合においても、河川の流水の河川外への越流を防止する機能を保持することの確認が必要とされる。

問題4 （R元 Ⅲ—21）
河川堤防に関する次の記述のうち、最も不適切なものはどれか。
① 高規格堤防を除く一般の堤防は、計画高水位以下の水位の流水の通常の作用に対して安全な構造となるよう、耐浸透性及び耐侵食性について設計する。
② 堤防の天端幅は、支川の背水区間では、合流点における本川の堤防の天端幅より狭くならないよう定める。
③ 堤体が位置する地盤が軟弱な場合は土質調査等を実施し、必要に応じてパイ

311

4章　専門科目（建設分野）

ピングあるいは沈下、すべりに関する安定性の検討を行う。

④　浸透に対する堤体の安全性の評価に当たっては、外力として外水位及び降雨量を考慮する。

⑤　ドレーン工の効果が確実に期待できる堤体土質は、大部分が礫質土で構成されている場合である。

【解答】

問題1　②

ドレーン工は透水性の高い材料で施工する。

問題2　⑤

ドレーン工は堤体に浸透した水を排出するための対策工である。

問題3　①

堤防の安全性は計画高水位以下の流水による作用をベースに確保する。

問題4　⑤

堤体が礫質土で構成されているとドレーン工の効果を発揮しにくい。

5-7　護岸
優先度　★★☆

護岸の出題は堤防に比べて少ないですが、ここ数年出題されておらず、令和6（2024）年度に堤防が出題されたことを考慮すると、押さえておきたいです。

【ポイント】

■護岸

護岸の構造

→護岸及び水制は、計画高水位以下の流水の通常の作用に対して堤防を保護する、あるいは掘込河道にあっては堤内地を安全に防護できる構造とする。

→堤防護岸とは、単断面河道の場合や複断面河道でも高水敷幅が狭くて、堤防と低水路河岸を一体として保護しなければならない場合の護岸

→高水護岸とは、複断面河道で高水敷幅が十分にある箇所で、流水などから堤防を保護することを目的に設定されている護岸

→高水敷とは、形状的に低水路よりも高い敷地

→低水護岸とは、低水路河岸の侵食を防止したり洗掘を抑制したりするために設置される護岸

312

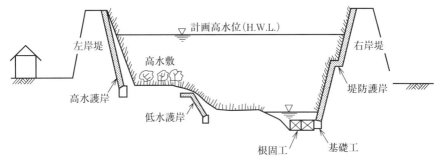

(資料：国土交通省河川砂防技術基準設計編)

■ 護岸の構成要素

護岸を構成する主な要素と特徴は下記の通り

→低水護岸の天端工・天端保護工は、低水護岸が流水により裏側から侵食されることを防止するため、必要に応じて設けられる。

→のり覆工は、河道特性、河川環境等を考慮して、流水・流木の作用、土圧等に対して安全な構造となるように設計する

→基礎工は洪水による洗掘等を考慮し、のり覆工を支持できる構造とする

→根固工は、河床の変動等を考慮して、基礎工が安全となるよう流体の作用に対して安全な構造とする

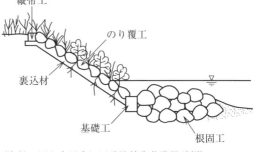

(資料：国土交通省河川砂防技術基準設計編)

【過去問】

R3 Ⅲ—21

【問題演習】

問題1　(R3 Ⅲ—21)

護岸に関する次の記述のうち、最も不適切なものはどれか。

① 護岸は、水制等の構造物や高水敷と一体となって、想定最大規模水位以下の流水の通常の作用に対して堤防を保護する、あるいは掘込河道にあっては堤内地を安全に防護できる構造とする。

② 低水護岸の天端工・天端保護工は、低水護岸が流水により裏側から侵食され

4章　専門科目（建設分野）

ることを防止するため、必要に応じて設けられる。

③ のり覆工は、河道特性、河川環境等を考慮して、流水・流木の作用、土圧等に対して安全な構造となるように設計する。

④ 基礎工は、洪水による洗掘等を考慮して、のり覆工を支持できる構造とする。

⑤ 根固工は、河床の変動等を考慮して、基礎工が安全となる構造とする。

【解答】

問題1　①

河川の安全設計の基本となるのは、計画高水位以下の流水の作用である

5-8　河川計画　　　　　　　　　　　　　優先度　★★★

近年はほぼ毎年出題されています。河川整備で想定する洪水規模に関する出題や河川整備基本方針で定める項目などを問う出題が多くなっています。

【ポイント】

■ 河川整備基本方針と河川整備計画

河川整備基本方針

→河川管理者（一級水系は国土交通大臣、二級水系は都道府県知事）が定めるもの

→社会資本整備審議会の意見を聴いて策定し（二級水系の場合、都道府県河川審議会がある場合）、策定後に公表する

→長期的な視点に立った河川整備の基本的な方針を記述する

→個別事業など具体の河川整備の内容を定めず、整備の考え方を記述する

河川整備計画

→河川整備基本方針に基づき河川管理者が定めるもの

→関係地方公共団体の長の意見、学識経験者や関係住民の意見を聴いて策定し、策定後に公表する

→20〜30年後の河川整備の目標を明確にし、個別事業を含む具体的な河川整備の内容を明らかにする

河川砂防技術基準

→基本高水の設定では対象降雨を決定し、洪水流出モデルを用いて洪水のハイドログラフを求めて、これを基に既往洪水や計画対象施設の性質などを総合的に考慮して設定する。なお、対象降雨は降雨量、降雨量の時間分布及び降雨量の地域分布の3要素で表すことを基本とする

→基本高水の検討に使う対象降雨は計画基準点ごとに選定するのが基本

→洪水防御計画は、その河川の洪水災害の防止や軽減を図るために、計画基準点にお

314

いて基本高水を設定、これに対して洪水防御効果が確保されるよう策定する。その河川に起こりうる最大洪水を目標に定めるものではない

→計画の規模を超える洪水により、甚大な被害が予想される河川については、必要に応じて超過洪水対策を計画する。特に必要な区間では超過洪水対策として、高規格堤防の整備を計画する

→同一水系内における洪水防御計画は、上下流と本支川において、十分な整合性を保つよう配慮する。(上下流や本支線間で計画規模を連続させる必要はない)

→低水管理上の目標とする正常流量を定める。正常流量とは、年間を通じて確保されるべき流量で、維持流量及び水利流量の年間の変動パターンを考慮して期間区分を行い、その区分に応じて設定する

【過去問】

R元 Ⅲ—22、R元再 Ⅲ—21、R2 Ⅲ—22、R4 Ⅲ—22、R5 Ⅲ—22、R6 Ⅲ—22

【問題演習】

問題1 (R6 Ⅲ—22)

河川計画に関する次の記述のうち、最も不適切なものはどれか。

① 河川整備基本方針においては、全国的なバランスを考慮し、また個々の河川や流域の特性、地域住民のニーズなどを踏まえて、水系ごとの長期的な河川の整備の方針や整備の基本となるべき事項を定めなければならない。

② 洪水防御に関する計画の策定に当たっては、河川の持つ治水、利水、環境等の諸機能を総合的に検討するとともに、この計画がその河川に起こり得る最大洪水を目標に定めるものではないことに留意する。

③ 河川整備基本方針において計画の規模を決定するに当たっては、河川の重要度を重視するとともに、既往洪水による被害の実態、経済効果等を総合的に考慮して定めることを基本とする。

④ 正常流量とは、維持流量及び水利流量の双方を満足する流量であって、適正な河川管理のために基準となる地点において定めるものをいう。

⑤ 河川環境の整備と保全に関する基本的な事項は、動植物の良好な生息・生育・繁殖環境の保全・創出、良好な景観の保全・創出、人と河川との豊かな触れ合い活動の場の保全・創出、良好な水質の保全について、総合的に考慮して定めるものとする。

問題2 (R5 Ⅲ—22)

河川計画に関する次の記述のうち、最も不適切なものはどれか。

4章　専門科目（建設分野）

① 国土交通大臣は、河川整備基本方針を定めようとするときは、あらかじめ、社会資本整備審議会の意見を聴かなければならない。

② 河川管理者は、河川整備基本方針に沿って計画的に河川の整備を実施すべき区間について、河川整備計画を定めておかなければならない。

③ 基本高水の検討に用いる対象降雨は計画基準点ごとに選定することを基本とする。また、対象降雨は降雨量、降雨量の時間分布及び降雨量の地域分布の3要素で表すことを基本とする。

④ 正常流量とは、流水の正常な機能を維持するために必要な流量であり、維持流量及び水利流量の年間の変動パターンを考慮して期間区分を行い、その区分に応じて設定する。

⑤ 堤防は堤防高以下の水位の流水の通常の作用に対して安全な構造を持つものとして整備されるが、計画高水流量を超える超過洪水が発生する可能性はあるので、特に必要な区間については高規格堤防の整備を計画する。

問題3　(R4 Ⅲ—22)

河川計画に関する次の記述のうち、不適切なものはどれか。

① 一級水系に係る河川整備基本方針においては、全国的なバランスを考慮し、また個々の河川や流域の特性を踏まえて、水系ごとの長期的な整備の方針や整備の基本となる事項を定める。

② 河川整備計画においては、河川整備基本方針に定められた内容に沿って、地域住民のニーズなどを踏まえた、おおよそ20～30年間に行われる具体的な整備の内容を定める。

③ 洪水防御計画の策定に当たっては、河川の持つ治水、利水、環境等の諸機能を総合的に検討するとともに、この計画がその河川に起こり得る最大洪水を目標に定めることに留意する。

④ 計画高水流量とは、基本高水を合理的に河道、ダム等に配分した主要地点における河道、ダム等の計画の基本となる流量である。

⑤ 計画の規模を超える洪水により、甚大な被害が予想される河川については、必要に応じて超過洪水対策を計画することを基本とする。

問題4　(R2 Ⅲ—22)

河川計画に関する次の記述のうち、最も不適切なものはどれか。

① 河川法では、治水計画を基本的で長期的な目標を示す「河川整備基本方針」と当面の実施目標、具体的整備内容を示す「河川整備計画」との2つに区分し策定することとしている。

② 洪水防御計画は、その河川に起こり得る最大洪水を目標に定めることを原則とする。

③ 治水計画の計画安全度の評価における「流域に降る降雨量に基づく方法」は、河道の変化や氾濫による影響を直接受けない。

④ 洪水調節計画がない場合、基本高水ピーク流量と計画高水流量は同じになる。

⑤ 正常流量は、維持流量と水利流量を同時に満たす流量として定義され、適正な河川管理のために定められる。

問題5 （R元 Ⅲ—22）

河川計画に関する次の記述のうち、最も不適切なものはどれか。

① 河川整備基本方針においては、主要な地点における計画高水流量、計画高水位、計画横断形に係わる川幅などを定める。

② 河川整備計画における整備内容の検討では、計画期間中に実現可能な投資配分を考慮するとともに、代替案との比較を行う。

③ 洪水防御計画の策定に当たっては、この計画がその河川に起こり得る最大洪水を目標に定めるものではないことに留意し、必要に応じ計画の規模を超える洪水の生起についても配慮する。

④ 同一水系内における洪水防御計画は、上下流と本支川において、計画の規模が同一になるように策定する。

⑤ 基本高水の選定に当たっては、計画規模に対応する適正なピーク流量を設定する等の観点から、総合的に検討を進める必要がある。

【解答】

問題1 ①

地域住民のニーズなどを踏まえるのは河川整備計画。

問題2 ⑤

堤防は計画高水位以下の水位の流水の通常の作用に対して安全な構造を持つものとして整備する。

問題3 ③

洪水防御計画の策定に当たっては、その河川に起こりうる最大洪水を目標に定めるものではないことに留意する。

問題4 ②

問題3と同じ。

問題5 ④

同一水系内における洪水防御計画は、上下流と本支川の計画規模を必ずしも連続

させる必要はない。上下流、本支線の間で十分な整合性を保つよう配慮すればよい。

5-9　砂防　　　　　　　　　　　　　　　　　　　　　　優先度　★☆☆

毎年1問出題されています。砂防施設に関する内容から土石流の説明や土砂災害防止法に関する問題など幅広く出題されるので対策がやや難しい領域です。

【ポイント】

■ 砂防施設

砂防ダム（砂防堰堤）
→ 土石流を防ぐ構造物。渓床勾配を緩和して縦横侵食を防止する機能や、渓床を高めて両岸の山脚を固定し山腹を安定させる機能などを持つ

→ 越流する水流は、ほぼダム軸に直角に落下するので、ダム軸はダムの水通し中心点において下流の流心線に直角とする

→ 水通しの設計では、下流部の洗掘をできるだけ抑えるために幅を広くして、越流水深を小さくする

→ 土石流や流木を貯留するのが捕

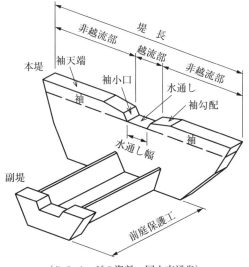

（このページの資料：国土交通省）

捉工。透過型の捕捉工などでは、必要に応じて除石を行って空容量を確保する

流路工
→ 土砂が安全に流れるようにする施設で、床固め工と護岸工を組み合せて流路を整備する。流路勾配を緩和して縦横侵食を防止する

山腹工
→ 斜面を安定させるもの。山腹工は、法切り工、土留め工、排水工などで力学的に斜面を安定させる山腹基礎工と、斜面の侵食を将来にわたって保全する山腹緑化工に大別される

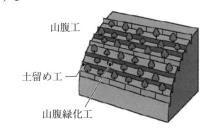

水制工
→ 流水や流送土砂をはねて渓岸構造物を保護したり、渓岸侵食を防止したりする。ま

た、流水や流送土砂の流速を減少させ、縦侵食を防ぐ

床固工

→縦侵食を防止して河床の安定を図り、河床堆積物の流出を防止し、山脚を固定するとともに、護岸等の工作物の基礎を保護する

■土砂災害防止法

土砂災害防止法

→土砂災害から国民の生命を守るために土砂災害のおそれのある区域に関する危険周知、警戒避難体制の整備、住宅などの新規立地抑制を図る法律

→急傾斜地の崩壊、土石流、地すべりまたは河道閉塞による湛水を対象とする

→土砂災害警戒区域や土砂災害特別警戒区域を都道府県知事が指定する

土砂災害警戒区域

→急傾斜地の崩壊等が発生した場合に住民の生命や身体に危害が生じるおそれがあると認められる区域

土砂災害特別警戒区域

→土砂災害警戒区域のうち、急傾斜地の崩壊等が発生した場合に建築物に損壊が生じ、住民の生命や身体に著しい危害が生じるおそれがあると認められる区域

→要配慮者利用施設等にかかわる開発行為の制限等を行う区域を定めるもの

■土石流

特徴と課題など

→土石流の速度は渓床勾配や土石流規模にも強く影響を受けるが、石礫型では3〜10m/s程度、泥流型では20m/sに達する場合もある

→土石流は微地形に従わず直進したり、流路屈曲部の外湾側に盛り上がったりして流動する

→土石流の先端部に巨礫や流木が集中する傾向があり、先端部に続く後続流は土砂濃度が低下する

→発生タイミングは累積雨量や降雨強度との相関が必ずしも明瞭ではない

【過去問】

R元 Ⅲ—26、R元再 Ⅲ—26、R2 Ⅲ—26、R3 Ⅲ—26、R4 Ⅲ—26、R5 Ⅲ—26、R6 Ⅲ—26

【問題演習】

問題1 （R6 Ⅲ—26）

砂防施設に関する次の記述のうち、最も不適切なものはどれか。

① 砂防ダムは、渓床勾配を緩和して縦横侵食を防止する機能や、渓床を高めて両岸の山脚を固定し山腹を安定させるなどの機能をもっている。

4章　専門科目（建設分野）

② 砂防ダムを越流する水流は、ほぼダム軸に直角に落下するので、ダム軸はダムの水通し中心点において下流の流心線に直角とする。

③ 砂防ダムの水通しは、貯砂・調節効果とダム下流の洗掘を防止する観点からできるだけ狭くし、越流水深を大きくする。

④ 流路工は、床固め工と護岸工を組み合せて流路を整備するもので、流路勾配を緩和して縦横侵食を防止するなどの目的で実施される。

⑤ 山腹工は、法切り工、土留め工、排水工等で力学的に斜面を安定させる山腹基礎工と、斜面の侵食を将来にわたって保全する山腹緑化工に大別される。

問題2　（R2 Ⅲ—26）

砂防計画に関する次の記述のうち、最も不適切なものはどれか。

① 護岸は、流水による河岸の決壊や崩壊を防止するためのものと、流水の方向を規制してなめらかな流向にすることを目的としたものがある。

② 水制工の目的は、流水や流送土砂をはねて渓岸構造物の保護や渓岸侵食の防止を図ることと、流水や流送土砂の流速を減少させて縦侵食の防止を図ることである。

③ 床固工の機能は、縦侵食を防止して河床の安定を図り、河床堆積物の流出を防止し、山脚を固定するとともに、護岸等の工作物の基礎を保護することである。

④ 砂防ダムの機能には、山脚固定、縦侵食防止、河床堆積物流出防止、土石流の抑制、又は抑止、流出土砂の抑制及び調節がある。

⑤ 砂防ダムの型式には、重力式コンクリートダム、アーチ式コンクリートダム等があるが、型式選定に当たり、アーチ式コンクリートダムは、重力式コンクリートダムよりも地質の良否に左右されない。

問題3　（R4 Ⅲ—26）

砂防施設に関する次の記述のうち、最も不適切なものはどれか。

① 流路工の計画河床勾配は、土砂の河道内の堆積を抑制するため、できるだけ急勾配となる方向で設定する。

② 流路工の工事着手時期は、上流の砂防工事が進捗して、多量の流出土砂の流入による埋塞の危険がなくなるとともに、河床が低下傾向に転じた時期が望ましい。

③ 急傾斜地崩壊対策としての擁壁工は、アンカー工とともに抑止工の一種である。

④ 砂防堰堤（砂防ダム）の水通しは、できる限り広くし、越流水深を小さくする

320

方がよい。

⑤ 土石流対策としての透過型の捕捉工は、必要に応じて除石を行って空容量を確保することを原則とする。

問題4 (R5 Ⅲ—26)

土石流に関する記述のうち、最も不適切なものはどれか。

① 土石流の速度は渓床勾配や土石流規模にも強く影響を受けるが、石礫型では3～10m/s程度、泥流型では20m/sに達する場合もある。

② 土石流が堆積した土砂の状況は粒径に応じて層状となり、表面に細粒分が集中する。

③ 土石流の先端部に巨礫や流木が集中する傾向があり、先端部に続く後続流は土砂濃度が低下する。

④ 土石流は微地形に従わず直進したり、流路屈曲部の外湾側に盛り上がったりして流動する。

⑤ 土石流の発生するタイミングは、累積雨量や降雨強度との相関が必ずしも明瞭ではない。

問題5 (R3 Ⅲ—26)

土砂災害防止対策に関する次の記述のうち、最も不適切なものはどれか。

① 土砂災害警戒区域等における土砂災害防止対策の推進に関する法律(以下、土砂災害防止法)では、対象とする自然現象を急傾斜地の崩壊、土石流、地すべり、河道閉塞による湛水と定めている。

② 土砂災害防止法では、土砂災害警戒区域は市町村長が、土砂災害特別警戒区域は都道府県知事が指定する。

③ 土砂災害防止法では、土砂災害警戒区域が指定された場合、市町村長はハザードマップを作成し住民等に提供することが義務付けられている。

④ 土砂災害防止法の土砂災害特別警戒区域は、要配慮者利用施設等にかかわる開発行為の制限等を行う区域を定めるものである。

⑤ 土砂災害防止法に基づき運用されている土砂災害警戒情報は、土壌雨量指数と60分積算雨量を用いて、土砂災害発生の蓋然性を判断している。

【解答】

問題1 ③

砂防ダムの水通しは、ダム下流の洗掘を防止する観点などからできるだけ幅を広くして、越流水深を小さくする

4章　専門科目（建設分野）

問題2　⑤
アーチ式ダムは地盤の強固な場所が採用条件となる。

問題3　①
流路工には土石流を安全に流し、川底が著しく削られないよう傾斜を緩やかにして安定させる狙いがある。河床勾配は急にはしない。

問題4　②
土石流の流れは急なので、粒径に応じた層状の堆積にはならない。

問題5　②
土砂災害警戒区域も土砂災害特別警戒区域も都道府県知事が指定する。

海岸・海洋

6-1　海岸工学　　　　　　　　　　　　　　　　　　　　　優先度　★☆☆

　この分野も出題範囲が比較的広く、対策が難しい領域です。海岸工学を専門としていない人は選択しない方がよいでしょう。

【ポイント】

■ 海岸工学

有義波高

　→波高の高い方から順に全体の3分の1の波（例えば90個の波が観測された場合、高い方から30個の波）を選び、これらの波高を平均したもの

微小振幅波理論

　→微小振幅波理論では、深海波（水深が波長の2分の1以上）の波速は周期に比例し、波長は周期の2乗に比例する

$$L = \frac{gT^2}{2\pi} \qquad C = \frac{gT}{2\pi} \quad \text{（深海波の波長と波速）}$$

　　　L：波長　C：波速　g：重力加速度　T：周期

　→微小振幅波理論では、長波（水深が波長の20分の1以下）の波速は周期とは関係なく、水深の平方根に比例し、波長は水深の平方根と周期に比例する

　　　$L = T\sqrt{gh} \quad C = \sqrt{gh}$ 　（長波の波長と波速）

　　　L：波長　C：波速　g：重力加速度　T：周期　h：水深

ハドソン式

　→波力を受ける斜面を被覆する捨て石などの必要重量を求める式。必要重量は斜面前面における進行波の波高の3乗に比例する

$$W = \frac{\gamma_r H^3}{K_D \left(\dfrac{\gamma_r}{\gamma_w} - 1 \right)^3 \cot \alpha}$$

　　W：所要重量　　　γ_r：被覆材の単位体積重量　　　H：設計波高

　　K_D：被覆材の形状や被害率等によって定まる係数

　　γ_w：海水の単位体積重量　　α：斜面の角度

【過去問】

　R元　Ⅲ—23、R元再　Ⅲ—23、R元再　Ⅲ—24、R2　Ⅲ—23、R3　Ⅲ—23、R4　Ⅲ—23、

4章　専門科目（建設分野）

6-1　海岸・海洋　海岸工学

323

4章　専門科目（建設分野）

R5 Ⅲ—23、R6 Ⅲ—23

【問題演習】

問題1　（R6 Ⅲ—23）

海岸工学に関する次の記述のうち、最も不適切なものはどれか。

① 微小振幅波理論によると、深海波では周期が2倍になると波速は2倍になるため、波長も2倍になる。

② 微小振幅波理論によると、長波では水深が浅くなると波速は小さくなり、水深が1/16になると波速は1/4になる。

③ グリーンの法則によると、水深が浅くなるにつれて津波の高さは高くなり、水深が1/16になると津波の高さは2倍になる。

④ ハドソン式によると、波高が大きくなると傾斜堤における安定な被覆材の最小重量は大きくなり、波高が2倍になると安定な被覆材の最小重量は8倍になる。

⑤ 吹寄せによる海面上昇量は、風速が大きくなると大きくなり、風速が2倍になると4倍になる。

問題2　（R5 Ⅲ—23）

海洋で見られる波の性質に関する次の記述のうち、最も適切なものはどれか。

① 長波は、水深が波長の1/2以下の波である。

② 微小振幅波理論では深海波の波速は、水深で決まり、周期と無関係になる。

③ 微小振幅波理論では長波の水粒子の軌道は、ほとんど前後進運動となり、水面から水底までほぼ一様な動きとなる。

④ 微小振幅波理論では波のエネルギーの輸送速度である群速度は、波形の伝播速度である波速よりも大きい。

⑤ 遠方の台風からのうねりの伝播時間の計算において、波速を用いて到達時刻の計算が行われる。

問題3　（R3 Ⅲ—23）

海岸工学に関する次の記述のうち、最も不適切なものはどれか。

① 潮汐（通常観測される潮位変動）は、天文潮、気象潮及び異常潮に大別される。このうち天文潮は、地球・月・太陽の位置関係の変化と地球の自転によって生じるものである。

② 有義波高とは、一般にはゼロアップクロス法で定義した各波の波高を大きいものから並べて、上から全体の1/3に当たる個数を抽出して平均した値であ

る。

③ 平行等深線海岸に波が直角に入射すると、水深の減少に伴って波高が変化する。これを浅水変形という。

④ 水深が異なる境界に斜めに波が入射した場合に、波向線が浅い領域でより境界に直角になるように変化する。これを屈折という。

⑤ 海底地盤の変動によって発生した津波は、一般にはその波長は水深に比べて非常に短く、深海波として扱うことができる。

【解答】

問題1　①

深海波では周期が2倍になると波速は2倍になるが、波長は4倍になる。

問題2　③

長波は水深が波長の20分の1以下のもの。微小振幅波理論で深海波の波速は周期に比例する。深海波では群速度は波速よりも小さくなる。うねりの伝搬時間は群速度で計算する。

問題3　⑤

海底地盤の変動で生じた津波の波長は、一般に水深に比べて非常に長い。

6-2　海岸保全施設など

優先度　★☆☆

この分野も範囲が広く対策が難しい領域です。専門としている受験者以外は無理に取り組む必要はありません。

【ポイント】

■ 養浜

静的養浜

→適切な施設によって養浜材料の流出を防ぐ。漂砂制御施設など

動的養浜

→海岸に砂を供給して砂浜を構築するものでサンドバイパスやサンドリサイクルといった手法がある

【過去問】

R元 Ⅲ—24、R2 Ⅲ—24、R3 Ⅲ—24、R4 Ⅲ—24、R5 Ⅲ—24、R6 Ⅲ—24

4章　専門科目（建設分野）

【問題演習】

問題1　（R6 Ⅲ—24）

海岸事業における養浜工に関する次の記述のうち、最も不適切なものはどれか。

① 静的養浜は、砂浜のない、あるいは狭い海岸において実施されることが多く、養浜砂の流出を防止するために付帯施設を伴うのが一般的である。

② 静的養浜工の断面諸元は、対象海域に年数回程度来襲する高波浪に対して設計することを基本とする。

③ サンドバイパスやサンドリサイクルは静的養浜工に含まれる。

④ 動的養浜は、基本的に付帯施設を必要としないことから、近自然的な海岸の維持・保全に優れており、隣接海岸に対しての影響を和らげることができる。

⑤ 漂砂源からの供給土砂の減少に伴う侵食が生じている海浜に動的養浜工を適用する場合には、養浜砂の投入位置は漂砂源若しくはその近隣が基本となる。

問題2　（R4 Ⅲ—24）

海岸保全施設の設計に関する次の記述のうち、最も不適切なものはどれか。

① ハドソン式は、傾斜堤等の斜面被覆材の安定な質量（所要質量）の算定に用いられるとともに、混成堤のマウンド被覆材や離岸堤のブロックの所要質量の算定にも用いられている。

② 改良仮想勾配法は、サヴィールの仮想勾配法を緩勾配海岸にも適用できるように改良したもので、複雑な海浜断面や堤防形状を有する海岸への波のうちあげ高の評価に広く使われている。

③ 海中部材に作用する波力は、モリソン式では、波による水粒子速度の2乗に比例する抗力と水粒子加速度に比例する慣性力の和として算定される。

④ 直立壁に作用する風波の波圧の算定に用いる合田式は、重複波圧は算定できるが、砕波圧は算定できない。

⑤ 防波堤等の直立壁に作用する津波の波圧は、波状段波の発生がなく、かつ越流の発生のない場合には、谷本式で算定することができる。

問題3　（R3 Ⅲ—24）

海岸保全施設の設計に関する次の記述のうち、最も適切なものはどれか。

① マウンド被覆ブロックの重量は、設計高潮位を用いて安全性の照査を行う。

② 波高変化、波力、越波流量、波のうちあげ高の算定式及び算定図を用いる場合には、一般的に設計高潮位に砕波による平均水位の上昇量を加えない。

③ 津波に対して海岸堤防は、最大規模の津波を想定した設計津波を用いて天端

高を設計する。

④ 直立堤を表のり勾配が1：2の傾斜堤に改良すると、越波流量が小さくなる。

⑤ 設計計算に用いる波高が2倍になると、離岸堤のブロックの所要質量はハドソン式では、4倍になる。

【解答】

問題1　③

サンドバイパスやサンドリサイクルは動的養浜である。

問題2　④

合田式は、重複波圧も砕波圧も区分せずに計算できる。広く利用されている。

問題3　②

マウンド被覆ブロックの重量は設計波高で照査する。天端高の設計は最大規模の津波ではなく、比較的頻度の高いL1津波で計算する。越波流量は傾斜堤よりも直立堤の方が小さくなる。ハドソン式によるブロックの所要質量は波高の3乗に比例し、波高が2倍になれば8倍になる。

4章
専門科目（建設分野）

6-2
海岸・海洋　海岸保全施設など

4章 専門科目（建設分野）

港湾及び空港

7-1 港湾・空港全般

優先度 ★☆☆

港湾3回に対して空港1回程度で毎年1問出題されています。令和6（2024）年度は空港で出題されたので、7年度は港湾から出題される確率が非常に高いです。

【ポイント】

■港湾施設

防波堤の構造種別

→防波堤は港湾施設のうち、外郭施設に位置づけられる

→傾斜堤（捨石堤）、直立堤、混成堤、消波ブロック被覆堤などに区分

→傾斜堤は、反射波が少なく、波による洗掘に対して順応性がある。また、軟弱地盤へも適用しやすく、維持管理も容易である

→直立堤は海底から海面までほぼ直立した防波堤。堤体幅が狭くなり港口を広くしなくても有効港口幅を確保しやすく、材料コストを減らせる。防波堤の背面を係船護岸にも使える。半面、反射波が大きく、波による洗掘の恐れがある。海底地盤が安定している箇所で経済的に整備できる

→混成堤は傾斜堤を基礎にして、その上に直立堤を設置したもの。水深の大きな箇所、比較的軟弱な地盤にも適する。高マウンドになると、衝撃砕波力が直立部に作用する恐れがある。現在日本で主流となっている

【過去問】

R元 Ⅲ—25、R元再 Ⅲ—25、R2 Ⅲ—25、R3 Ⅲ—25、R4 Ⅲ—25、R5 Ⅲ—25、R6 Ⅲ—25

【問題演習】

問題1 （R5 Ⅲ—25）

港湾施設の重力式防波堤に関する記述のうち、最も適切なものはどれか。

① 防波堤は、航路や泊地とともに水域施設の1つである。

② 防波堤の安定性の照査に用いる波浪による作用は、有義波の諸元から計算する。

③ 傾斜堤は、反射波、越波、透過波が少ない。

④ 直立堤は波による洗掘に対して順応性があり、軟弱地盤にも適用できる。

⑤ 混成堤は高マウンドになると衝撃砕波力が直立部に作用する恐れがある。

328

問題2 （R3 Ⅲ—25）

港湾施設の防波堤に関する次の記述のうち、最も不適切なものはどれか。

① 防波堤は、防潮堤や水門、堤防などの港湾施設の外郭施設の1つで、主に港内静穏度の確保を目的に設置される。

② 消波ブロック被覆堤は、反射波、越波、伝達波が少なく、直立部に働く波力が軽減される。

③ 混成堤は、水深の大きな箇所、比較的軟弱な地盤にも適するが、高マウンドになると、衝撃砕波力が直立部に作用する恐れがある。

④ 傾斜堤は、反射波が少なく、波による洗掘に対して順応性があるが、軟弱地盤には適用できない。

⑤ 直立堤は、堤体の幅が狭くてすむが、反射波が大きく、波による洗掘の恐れがある。

問題3 （R元 Ⅲ—25）

港湾に関する次の記述のうち、最も不適切なものはどれか。

① 港湾計画においては、岬や島など、波に対する天然の遮蔽物として利用できるものは有効に利用する。

② 港湾計画の中には、港湾と背後地域を連絡する主要な陸上交通施設を定めることが含まれる。

③ 航路の水深は、対象船舶の動揺の程度及びトリム（積荷及び航行のために生ずる船首尾間の吃水差）などを考慮して、対象船舶の満載吃水以上の適切な深さをとるものとする。

④ 一般の往復航路の幅員は、比較的距離が長い航路で、船舶同士が頻繁に行き会う場合、対象船舶の幅の3倍とする。

⑤ 港内の静穏度を保つために、自然海浜を残したり、消波工の設置を検討したりする。

問題4 （R6 Ⅲ—25）

空港に関する次の記述のうち、最も不適切なものはどれか。

① 滑走路の長さは、航空機の離陸距離、加速停止距離及び着陸距離を求め、そのいずれに対しても十分な長さを確保する必要がある。

② 滑走路の長さを検討するに当たり考慮すべき条件には、気温、標高、滑走路の縦断勾配が含まれる。

③ 着陸帯の果たす役割の1つとして、航空機が滑走路から逸脱した場合でも人命の安全を図り、航空機の損傷を軽微にすることが挙げられる。

4章　専門科目（建設分野）

④　ローディングエプロンは、旅客、手荷物及び貨物の積卸し並びに航空機燃料、食料、水等の補給を行うため、通常、ターミナルビルに隣接して配置される。

⑤　平行誘導路は、滑走路と平行に設けられる誘導路であり、主として離着陸回数の少ない空港に設置される。

【解答】

問題1　⑤

　水域施設は航路、泊地、船だまり。防波堤や防潮堤は外郭施設。防波堤の安定性の照査のうち波浪による作用については長期間の実測値又は推算値をもとに気象の状況や将来見通しを考慮して統計的解析等により再現期間に対応した波高、周期、波向を適切に設定する。傾斜堤では越波や透過波は少なくない。越波を抑制できるのは消波ブロック被覆堤。直立堤は反射波が大きく、洗掘リスクがある。

問題2　④

　傾斜堤は軟弱地盤への適用性が高い。

問題3　④

　往復航路の幅員は、比較的距離が長い航路で船舶同士が頻繁に行き交う場合は対象船舶の全長の2倍とする。

問題4　⑤

　平行誘導路は、離着陸回数の多い空港で採用する。

電力土木

8-1 再生可能エネルギーとエネルギー政策　　優先度 ★★★

　近年の電力土木関連の問題は2問で、うち1問が再生可能エネルギーやエネルギー全般の話題です。基礎科目の学習とも相性がよく、お勧め分野です。

【ポイント】

■エネルギー

再生可能エネルギー

　→再生可能エネルギーと区分されているのは、水力、太陽光、風力、地熱、バイオマスなど。

太陽光発電

　→設置エリアの制約がほとんどなく、屋根や壁などの未利用地を活用でき、送電施設のない地域での電源活用が容易といった点が長所。気候条件に発電量が左右され、夜間に発電できない点が短所となる

地熱発電

　→昼夜を問わず安定して発電できる純国産エネルギーで、発電に使った高温の蒸気や熱水も暖房などに活用できる。立地地区が公園や温泉のある地域で、地元の関係者との調整などが必要になる

風力発電

　→これまで陸上風力の導入が進んできたが、立地上の制約がより小さい洋上風力発電が注目されている。大規模に発電できれば火力並みのコストでの発電が可能になり、経済性の点でメリットがある。風があれば昼夜を問わず発電が可能

　→発電量は風速の3乗に比例

バイオマス発電

　→動植物などから生まれた生物資源を直接燃焼したりガス化したりして発電する。未活用の廃棄物を燃料にするので、廃棄物の再利用や減少につながる。資源が分散しているので、収集・運搬・管理のコストがかかる。また、一般に熱利用効率が高くない

中小水力発電

　→近年活発になっている発電。河川の流水を利用したり、農業用水や上下水道を利用したりする場合もある。大規模な水力発電に比べて開発地点が多く残っている。さらに、一度発電所をつくれば、その後数十年にわたって発電が可能な点も長所であ

4章　専門科目（建設分野）

る。導入にあたっては、水利権の調整や地域住民などの理解が必要になる

【過去問】

R2 Ⅲ—27、R3 Ⅲ—27、R5 Ⅲ—27、R6 Ⅲ—27

【問題演習】

問題1 （R6 Ⅲ—27）

国内の再生可能エネルギーに関する次の記述のうち、最も不適切なものはどれか。

① 中小水力発電は様々な規模があり、河川の流水を利用する以外にも、農業用水や上下水道を利用する場合もあるが、大規模水力と同様に開発可能な地点は少ない。

② 固定価格買取制度の開始により導入が急拡大した太陽光発電は、技術開発や量産効果により導入コストは低減しているが、パネルや周辺機器等についてはさらなるコスト低減が必要とされている。

③ 我が国は地熱資源量を豊富に保有しており、ベースロード電源として地熱発電への期待は大きいが、地熱資源が賦存する地域は、温泉施設がある地域と重なる場合が多いため、地元関係者との共生が必要である。

④ 風力発電は、スケールメリットが得られやすく大規模、大量導入に適しており、今後の再生可能エネルギーの量的拡大のカギを握っている。特に、洋上風力発電は今後の量的拡大に不可欠な発電方式である。

⑤ 未活用の廃棄物を燃料とするバイオマス発電は、廃棄物の再利用や減少につながり、循環型社会構築に大きく寄与するが、熱利用効率は低い。

問題2 （R5 Ⅲ—27）

国内の再生可能エネルギーに関する次の記述のうち、最も適切なものはどれか。

① 中小水力発電は、発電時に二酸化炭素を排出しないクリーンエネルギーであり、一度発電所を作れば、その後数十年にわたり発電が可能なエネルギー源である。

② 太陽光発電は、自家消費やエネルギーの地産地消を行う分散電源に適しており、系統電源喪失時の非常用電源として昼夜間発電できるエネルギー源である。

③ 地熱発電は、地下の地熱エネルギーを使うため、化石燃料のように枯渇する心配がないが、地下に掘削した井戸からは主に夜間に天然の蒸気・熱水が噴出することから、連続した発電が難しいエネルギー源である。

④ 風力発電は、大規模に開発した場合に、スケールメリットによるコスト低減

332

が得られやすく、出力変動が小さく、電力系統への受け入れを高めるための送電線の整備・増強の対策が不要であることから、今後の再生可能エネルギーの量的拡大の鍵となるエネルギー源である。

⑤ 未活用の廃棄物を燃料とするバイオマス発電は、熱利用率が高く、かつ廃棄物の再利用や減少につながる循環型社会構築に大きく寄与するエネルギー源である。

問題3 (R2 Ⅲ—27)

我が国の電源別発電電力量(10電力会社の合計値)について、1990年度、2000年度、2010年度、2015年度の構成比率をみると下表のとおりである。表中のA〜Eの組合せとして、最も適切なものはどれか。

電源別発電電力量構成比の推移

電源の種類	1990年度	2000年度	2010年度	2015年度
A	11.9%	9.6%	8.5%	9.6%
B	22.2%	26.4%	29.3%	44.0%
C	9.7%	18.4%	25.0%	31.6%
D	26.5%	9.2%	6.4%	7.7%
E	27.3%	34.3%	28.6%	1.1%
その他	2.3%	2.1%	2.2%	6.0%

(注1)表中の数値は四捨五入の関係で合計が必ずしも100%とならない。
(注2)「電気事業のデータベース(INFOBASE)」(電気事業連合会HP、2019年による)

	A	B	C	D	E
①	水力	原子力	LNG	石油	石炭
②	原子力	石炭	水力	LNG	石油
③	水力	LNG	石炭	石油	原子力
④	原子力	石油	水力	LNG	石炭
⑤	石油	石炭	LNG	水力	原子力

問題4 (R3 Ⅲ—27)

国内の再生可能エネルギーに関する次の記述のうち、最も適切なものはどれか。

① 太陽光発電は、自家消費やエネルギーの地産地消を行う分散電源に適しており、系統電源喪失時の非常用の電源として昼夜間発電できるエネルギー源である。

② 風力発電は、大規模に開発した場合、発電コストは原子力発電と比較しても遜色なく、今後の再生可能エネルギーの量的拡大の鍵となるエネルギー源で

ある。

③ 中小水力発電は、発電時に二酸化炭素を排出しないクリーンエネルギーであり、一度発電所を作れば、その後数十年にわたり発電が可能なエネルギー源である。

④ 未活用の廃棄物を燃料とするバイオマス発電は、熱利用効率が高く、かつ廃棄物の再利用や減少につながる循環型社会構築に大きく寄与するエネルギー源である。

⑤ 地熱発電は、地下の地熱エネルギーを使うため、化石燃料のように枯渇する心配がないが、地下に掘削した井戸からは主に夜間に天然の蒸気・熱水が噴出することから、連続した発電が難しいエネルギー源である。

【解答】

問題1　①

中小水力発電は様々な規模があり、河川の流水を利用する以外にも、農業用水や上下水道を利用する場合もある。開発可能な地点は多いが、効率の良い地点から開発が進むので、条件の厳しい地点が残りがちである。

問題2　①

太陽光は昼夜運転できない。地熱発電は連続運転が可能。洋上風力などでは発電エリアから電力の需要地までの間に送電線が必要となる。バイオマス発電の熱利用率は高くない。

問題3　③

水力は大きく変動していない。2011年の東日本大震災以降、原子力発電は大幅に減り、石油も1990年度に比べて減少している。近年はLNGが増加している。

問題4　③

太陽光発電は昼夜間発電に向かない。風力と原子力では原子力の発電コストは風力(陸上)の半分程度である。バイオマス発電は、熱利用効率が高くない。地熱発電は連続発電に向いている。

道路

9-1 道路全般

優先度 ★☆☆

　道路分野は舗装の問題か道路構造などの問題かのいずれか1問が出題されます。やや範囲が広いので、専門でない場合は選択を避けてよいでしょう。

【ポイント】

■舗装

性能指標の決定

→舗装の性能指標及びその値は、道路の存する地域の地質及び気象の状況、交通の状況、沿道の土地利用状況等を勘案して、舗装が置かれている状況ごとに、道路管理者が設定

→性能指標の値は、原則として施工直後の値を定めるが、それだけで不十分な場合は必要に応じて供用後一定期間を経た時点の値を設置する

→車道と側帯で疲労破壊輪数、塑性変形輪数、平たん性は必須の性能指標

→舗装の性能指標は原則として車道や側帯の新設、改築、大規模な修繕で適用

→雨水を道路の路面下に円滑に浸透させることができる構造とする場合には、浸透水量を舗装の性能指標に設定

■道路構造

道路構造令

→建築限界内には、橋脚、橋台、照明施設、防護柵、信号機、道路標識、並木、電柱などの諸施設を設けることはできない

→中央帯の幅員の設計に当たっては、当該道路の区分に応じて最低幅員を定めている

→計画交通量とは、通常は年平均日交通量を指す

→車線数は設計基準交通量と計画交通量との割合を基に決める

→道路構造の決定では、必要な機能を確保できる道路構造を検討し、各種制約や経済性、整備の緊急性、道路利用者のニーズなど、地域の実状を踏まえて適切な道路構造を総合的に判断する

■道路の機能

交通機能

→自動車や自転車、歩行者などが通行する機能のほか、沿道施設への出入りや自動車・歩行者の滞留といった機能がある

4章　専門科目（建設分野）

空間機能
→都市の骨格を形成する市街地形成機能や延焼防止といった防災空間としての機能、緑化や景観形成など沿道環境を保全する環境空間としての機能、交通施設やライフラインなどの収容機能などを持つ

【過去問】

R元 Ⅲ—29、R元再 Ⅲ—29、R2 Ⅲ—29、R3 Ⅲ—29、R4 Ⅲ—29、R5 Ⅲ—29、R6 Ⅲ—29

【問題演習】

問題1　（R6 Ⅲ—29）

舗装の性能指標に関する次の記述のうち、最も不適切なものはどれか。

① 塑性変形輪数とは、49kNの輪荷重を繰り返し加えた場合に、舗装路面が下方に1mm変位するまでに要する回数で表す。

② 浸透水量とは、直径15cmの円形の舗装路面下に15秒間に浸透する水の量で表す。

③ 疲労破壊輪数とは、舗装路面に49kNの輪荷重を繰り返し加えた場合に、舗装にひび割れが生じるまでに要する回数で表す。

④ 性能指標の値は、原則として施工直後の値を定めるものである。

⑤ 平たん性とは、車道延長1.5mにつき1箇所以上選定された任意の地点において、舗装路面と想定平たん舗装路面との高低差を測定し、その高低差の平均値で表す。

問題2　（R5 Ⅲ—29）

舗装の性能指標の設定上の留意点に関する次の記述のうち、最も適切なものはどれか。

① 舗装の性能指標及びその値は、道路の存する地域の地質及び気象の状況、交通の状況、沿道の土地利用状況等を勘案して、舗装工事を行う監理技術者が設定する。

② 舗装の性能指標の値は、施工直後及び供用後10年を経た時点での値を設定する。

③ 疲労破壊輪数、塑性変形輪数及び平たん性は必須の舗装の性能指標であるので、路肩全体やバス停なども含めたすべてに必ず設定する。

④ 舗装の性能指標は、車道の舗装の新設の場合に設定し、側帯や改築及び修繕の場合には不要である。

⑤ 雨水を道路の路面下に円滑に浸透させることができる構造とする場合には、

舗装の性能指標として浸透水量を設定する。

問題3 （R3 Ⅲ—29）

舗装の性能指標の設定上の留意点に関する次の記述のうち、不適切なものはどれか。

① 舗装の性能指標及びその値は、道路の存する地域の地質及び気象の状況、交通の状況、沿道の土地利用状況等を勘案して、舗装が置かれている状況ごとに、監理技術者が設定する。

② 雨水を道路の路面下に円滑に浸透させることができる構造とする場合には、舗装の性能指標として浸透水量を設定する。

③ 舗装の性能指標の値は施工直後の値とするが、施工直後の値だけでは性能の確認が不十分である場合には、必要に応じ、供用後一定期間を経た時点での値を設定する。

④ 疲労破壊輪数、塑性変形輪数及び平たん性は必須の舗装の性能指標であるので、路肩全体やバス停などを除き必ず設定する。

⑤ 舗装の性能指標は、原則として車道及び側帯の舗装の新設、改築及び大規模な修繕の場合に設定する。

問題4 （R2 Ⅲ—29）

道路の構造及び設計に関する次の記述のうち、最も適切なものはどれか。

① 建築限界内には、橋脚、橋台、照明施設、防護柵、信号機、道路標識、並木、電柱などの諸施設を設けることはできない。

② 車線数は、当該道路の実際の構造、交通条件から定まる交通容量を求め、設計時間交通量との割合に応じて定めるのが一般的である。

③ 車線の幅員は、走行時の快適性に大きな影響を与えるため、路線の設計速度にかかわらず設計交通量に応じて定めるのが一般的である。

④ 道路の線形設計は、必ずしも自動車の速度が関係して定まるものではないため、設計速度は道路の構造を決定する重要な要素とはならない。

⑤ 計画交通量は、計画、設計を行う路線を将来通行するであろう自動車の日交通量のことで、計画目標年における30番目日交通量とするのが一般的である。

問題5 （R4 Ⅲ—29）

道路の計画・設計に関する次の記述のうち、最も適切なものはどれか。

① 道路の中央帯の幅員の設計に当たっては、当該道路の区分に応じて定められ

4章　専門科目(建設分野)

た値以下とする。

② 道路構造の決定に当たっては、必要とされる機能が確保できる道路構造について検討し、さらに、各種の制約や経済性、整備の緊急性、道路利用者等のニーズなど地域の実状を踏まえて適切な道路構造を総合的に判断する。

③ 道路構造の基準は、全国一律に定めるべきものから、地域の状況に応じて運用すべきものまで様々であることから、道路構造令は、基本となる規定として、すべての項目で標準値を定めている。

④ 道路の機能の中の交通機能とは、一義的に自動車や歩行者・自転車それぞれについて、安全・円滑・快適に通行できる通行機能のことをいう。

⑤ 道路の機能の中の空間機能とは、一義的に交通施設やライフライン(上下水道等の供給処理施設)などの収容空間のことをいう。

【解答】

問題1　⑤

平たん性は高低差のその平均値に対する標準偏差によって評価する。

問題2　⑤

舗装の性能指標及びその値は、道路の存する地域の地質及び気象の状況、交通の状況、沿道の土地利用状況等を勘案して道路管理者が設定。舗装の性能指標の値は、原則として施工直後の値。車道と側帯で疲労破壊輪数、塑性変形輪数、平たん性が必須の性能指標となっている。舗装の性能指標は原則として車道や側帯の新設、改築、大規模な修繕で適用する

問題3　①

性能指標およびその値は、道路の存する地域の地質や気象、交通、沿道の土地利用の状況などを勘案し、道路管理者が設定する。

問題4　①

車線数は設計基準交通量と計画交通量との割合を基に決める。道路の幅員や線形と設計速度には重要な関連がある。計画交通量は通常、計画目標年次における年平均日交通量を指す。

問題5　②

中央帯の幅員の設計で定められるのは最低幅員である。道路の交通機能や空間機能は一義的なものではない。道路構造の決定では、必要な機能を確保できる道路構造を検討し、経済性、緊急性、利用者ニーズなども踏まえて総合的に判断する。すべての項目で標準値を定めているわけではない。

338

鉄道

10-1　軌道

優先度　★★☆

近年の出題を見ると、出題範囲が軌道に関する内容に限定されています。類題が頻出しているので、専門外でも取り組みやすい科目の一つです。

【ポイント】

■各種軌道と関連する乗り物

スラブ軌道

→レールを支持するプレキャストのコンクリートスラブ(軌道スラブ)をコンクリートの路盤上に填充層を介して設置した軌道構造で、保守省力化を目的として開発されたもの

コンクリート道床直結軌道

→コンクリート道床内に木製短まくら木又はコンクリート短まくら木を埋め込んだ軌道構造。保守量軽減を目的としており、主としてトンネル内で採用する

モノレール

→構造として跨座式と懸垂式に区分される。跨座式の軌道桁にはPC桁、懸垂式の軌道桁には箱型の鋼製桁を標準的に用いている

案内軌条式鉄道

→モノレールと比べ建設コストが低廉。一方、輸送力や速度の面で劣る

→路面電車とモノレールの中間的な交通機関

LRT

→低床式車両の活用や軌道・電停の改良による乗降の容易性、定時性、速達性、快適性などの面で優れた特徴を有する軌道系交通システム

リニア地下鉄

→建設コストの抑制を狙い、リニアモーター駆動によって床面高さを極力低くした小断面の車両を用いてトンネル断面積を抑えた地下鉄。一般の地下鉄と比べてトンネルの断面積は約半分程度

索道

→空中に架設した鋼索に搬器を吊るし、これを鋼索の循環又は往復運動によって移動させる交通機関。山岳部の観光地やスキー場などで採用する

339

4章　専門科目(建設分野)

■ 軌道に関連した用語

レール締結装置

→レールをまくら木に固定し、軌間の保持及びレールふく進(長手方向への移動)に抵抗するとともに、車両の荷重をまくら木に分布させるもの

ロングレール

→現場溶接によって長尺化した200m以上のレール。通常のレール長さは25m

→レールの継ぎ目を減らして乗心地を改善し、振動・騒音を減らして線路保守作業を容易にする

まくら木

→レールの下に敷いて支える部材。左右のレールが正しい軌間を保つように保持するとともに、列車荷重を広く道床に分布させる。PCまくら木は腐食、腐朽に強く、耐用年数が長く、保守の省力化を図れるうえにロングレールの敷設に適している

■ 軌道の仕様に関連する用語など

カント

→曲線走行時に車両に遠心力が働いて乗心地を損なったり転倒の危険性が増したりするため、外側レールを内側レールより高くする。車両に働く重力と遠心力の合力の作用方向を軌道中心に近づける

緩和曲線

→車両が直線から円曲線に、または円曲線から直線に移るときに生じる大きな水平方向の衝撃を防ぐために挿入する。曲率が連続的に変化する曲線で、在来線では一般的に3次放物線、新幹線や一部の高速区間ではサイン逓減曲線が用いられている

【過去問】

R元 Ⅲ—30、R元再 Ⅲ—30、R2 Ⅲ—30、R3 Ⅲ—30、R4 Ⅲ—30、R5 Ⅲ—30、R6 Ⅲ—30

【問題演習】

問題 1　(R6 Ⅲ—30)

鉄道の軌道変位に関する次の記述のうち、最も不適切なものはどれか。

① スラブ軌道では、繰り返し列車の荷重を受けることで沈下や移動により軌道変位が発生する。

② 左右レール相互の軌道変位には、上下方向の水準変位、左右方向の軌間変位がある。

③ 軌間変位は、直接列車脱線につながるので、特に大きな変位がある場合は早急に整備する必要がある。

④ 1本のレール上での軌道変位には、上下方向の高低変位、レール直角方向の

340

通り変位がある。

⑤ 平面性変位は、軌道の一定距離間隔における水準変位の差をいい、軌道の平面に対するねじれを示す。

問題2 （R4 Ⅲ—30）

鉄軌道に関する次の記述のうち、不適切なものはどれか。

① 索道は、空中に架設した鋼索に搬器を吊るし、これを鋼索の循環又は往復運動によって移動させる交通機関で、主として山岳部の観光地やスキー場などで用いられている。

② モノレールの種類には、跨座式と懸垂式がある。一般的に、跨座式は、支柱の高さが高くなり、景観に対する阻害率が大きくなる一方、軌道の曲線半径を小さくすることができる特徴がある。

③ 案内軌条式鉄道の建設コストはモノレールと比べ低廉といわれる一方、輸送力や速度の面で劣る。したがって、路面電車とモノレールの中間的な交通機関として位置付けられる。

④ LRTとは、低床式車両の活用や軌道・電停の改良による乗降の容易性、定時性、速達性、快適性などの面で優れた特徴を有する軌道系交通システムのことである。

⑤ リニア地下鉄は、地下鉄における建設コストの削減を図るためトンネルの断面積を小さく抑え、リニアモーター駆動によって床面高さを極力低くした小断面の車両を用いた地下鉄であり、一般の地下鉄と比べてトンネルの断面積は約半分程度である。

問題3 （R5 Ⅲ—30）

鉄道の軌道に関する次の記述のうち、最も不適切なものはどれか。

① 鉄道線路は、それぞれの区間における列車重量・列車速度・輸送量などにより、列車の輸送状態に適した構造・強度に合わせて設計される。

② 我が国におけるレールの標準長さは25mであるが、現場溶接によって長尺化した200m以上のレールも使用されている。これをロングレールと呼ぶ。

③ 鉄道車両では一般に、曲線を通過するときには、車輪のフランジが内軌側、外軌側ともにレールの内側に接触する。その対策として軌間を少し拡大して、車輪がレール上を通過しやすいようにしている。この拡大量をスラックと呼ぶ。

④ レールの継ぎ目が減ると乗心地が良くなり、線路保守作業が容易になることから、現場溶接でレール同士をつなぐことがある。これをレール締結と呼

4章　専門科目（建設分野）

び、その装置をレール締結装置と呼ぶ。

⑤　まくらぎの役目は、左右のレールが正しい軌間を保つように保持するとともに、列車荷重を広く道床に分布させることである。

問題4　（R3 Ⅲ—30）

鉄道における軌道構造に関する次の記述のうち、最も不適切なものはどれか。

①　レールは長期にわたり車両の走行を維持する重要な役割を果たす材料であり、車両の重量を支えるとともに、車両の走行に対して平滑な走行面を与えるという機能を持つ。

②　軌道の一般的な構成はレールとまくら木とで組み立てられた軌きょうと、これを支持する道床バラスト及び土路盤とからなる。

③　スラブ軌道はレールを支持するプレキャストのコンクリートスラブ（軌道スラブ）をコンクリートの路盤上に填充層を介して設置した軌道構造で、保守省力化を目的として開発されたものである。

④　曲線における許容通過速度は軌道の構造強度による制限に加えて、緩和曲線長、設定カント、横圧に対するレール締結装置の強度により定まるが、車両の性能とも大きな関連がある。

⑤　車両が直線から円曲線に、又は円曲線から直線に移るときに発生する大きな水平方向の衝撃を防ぐため、直線と円曲線との間に曲率が連続的に変化する緩和曲線を挿入するが、その形状として、在来線では一般的にサイン逓減曲線が、新幹線では3次放物線が用いられる。

問題5　（R2 Ⅲ—30）

鉄道における軌道構造に関する次の記述のうち、最も不適切なものはどれか。

①　軌道は列車荷重を安全に支持し、案内することを使命としているが、さらに通過トン数、列車速度、乗心地などの輸送特性、車両の特性、保守の経済性などを考慮した構造とする必要がある。

②　車両の走行により軌道の各部材には軸重、軸配置、走行時の衝撃による割増効果に応じた力が作用する。安全走行のためには、この力が軌道の強度を上回ることのないようにしなければならない。

③　コンクリート道床直結軌道はコンクリート道床内に木製短まくら木又はコンクリート短まくら木を埋め込んだ軌道構造で、保守量軽減を目的としており、主としてトンネル内に用いられる。

④　PCまくら木は腐食、腐朽がなく耐用年数が長いが、ロングレールの敷設に適さない、保守費が高くなるといった欠点がある。

342

⑤　鉄道線路と道路とが平面交差する部分を踏切道又は踏切という。鉄道に関する技術上の基準を定める省令では、鉄道及び道路の交通量が少ない場合、又は地形上等の理由によりやむを得ない場合を除いて新設を認めていない。

問題6　（R元　Ⅲ─30）

鉄道における軌道構造に関する次の記述のうち、最も不適切なものはどれか。

①　スラブ軌道は、コンクリート道床内に木製短まくら木又はコンクリート短まくら木を埋め込んだ軌道構造である。

②　カントは、車両が曲線を走行すると、遠心力が働き乗心地を損なうだけでなく転倒の危険性が増すため、曲線の外側レールを内側レールより高くし、車両に働く重力と遠心力の合力の作用方向を軌道中心に近づけるために設けられる。

③　ロングレールは、乗心地の改善、騒音振動の減少などを目的として、レール継ぎ目を溶接により除去したものである。

④　まくら木は、列車の荷重をレールから受けて道床に分布させ、レールを固定し軌間を正確に保持するものである。

⑤　レール締結装置は、レールをまくら木に固定し、軌間の保持及びレールふく進に抵抗するとともに、車両の荷重をまくら木に分布させるものである。

【解答】

問題1　①

スラブ軌道は、列車の荷重を繰り返し受けても軌道変位が発生しにくい。

問題2　②

モノレールの構造種別のうち、一般的に懸垂式は支柱の高さが高くなる。

問題3　④

レール締結装置とは、レールをまくら木に固定し、軌間の保持及びレールふく進に抵抗するとともに、車両の荷重をまくら木に分布させるもの。

問題4　⑤

緩和曲線は、新幹線ではサイン逓減曲線、在来線では一般に3次放物線。

問題5　④

PCまくら木はロングレールの敷設に適しており、保守費も安い。

問題6　①

スラブ軌道はレールを支持するプレキャストのコンクリートスラブ（軌道スラブ）をコンクリートの路盤上に填充層を介して設置した軌道構造。

トンネル

11-1　各種トンネル　　　　　　　優先度 ★★☆

　山岳トンネルとシールドトンネルから出題されます。頻度は山岳の方が高いです。令和6(2024)年度はシールドだったので、7年度は山岳の確率が高そうです。

【ポイント】
■ 山岳トンネルの施工
　掘削方法
　　→通常用いられている掘削工法は、全断面工法、補助ベンチ付き全断面工法、ベンチカット工法、導坑先進工法
　吹付コンクリート
　　→トンネル掘削完了後、ただちに地山にコンクリートを面的に密着させて設置する支保部材。掘削断面の大きさや形状に左右されずに施工できることから、支保部材として最も一般的である
　覆工
　　→掘削後、支保工により地山の変形が収束した後に施工することを標準としており、外力が作用しないことを基本として打設される

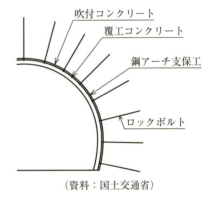

（資料：国土交通省）

　鋼製支保工
　　→トンネル壁面に沿って形鋼等をアーチ状に設置する支保部材であり、建込みと同時に一定の効果を発揮できるため、吹付コンクリートの強度が発現するまでの早期において切羽の安定化を図ることができる
　ロックボルト
　　→亀裂の発達した中硬岩や硬岩地山では、主に亀裂面に平行な方向あるいは直角な方向の相対変位を抑制し、軟岩や未固結地山では、主にトンネル半径方向に生じるトンネル壁面と地山内部との相対変位を抑制する

■ 山岳トンネルの計画
　計画のポイント
　　→トンネルの平面線形は、使用目的及び施工面からできるだけ直線とし、曲線を入れ

る場合はできるだけ大きい半径を採用する

→トンネルの坑口は、安定した地山で地形条件のよい位置に選定するよう努める

→トンネルの内空断面は、トンネルの安定性及び施工性を十分考慮して効率的な断面形状とする

→2本以上のトンネルを隣接して設置する場合、先行施工と後方施工のトンネル相互の影響を検討のうえ位置を選ぶ

→水路トンネルでは、通水量、通水断面積、流速等の関係を考慮して勾配を決める

■ シールドトンネル

対象地盤

→シールド工法は、一般的には、非常に軟弱な沖積層から、洪積層や、新第三紀の軟岩までの地盤に適用され、地質の変化への対応は比較的容易。硬岩に対する事例もある

トンネル断面

→円形断面を用いるのが一般的。セグメントがローリングしても断面利用上の支障が少ない点が一因である。施工途中での外径変更は難しい

トンネル線形

→使用目的、使用する設計条件、シールドの掘進等の面からできるだけ直線とし、曲線とする場合でも曲線半径の大きな線形とする

シールド形式決定時の留意点

→切羽の安定が図れる形式を選定する。安全性や経済性、用地、立坑の周辺環境、施工性等についても十分に検討する

採用時の留意点

→トンネル工法の中では周辺に及ぼす影響が比較的少ないが、特に発進基地周辺では立坑構築、シールド掘進時のクレーン、泥土又は泥水処理設備等から発生する騒音や振動により、周辺に影響を及ぼすことがある

一次覆工

→シールド掘進に当たってその反力部材になるとともに、裏込め注入圧等の施工時荷重に対抗する。シールドテールが離れた後、ただちにトンネルの覆工体としての役割を果たす

立坑

→坑口において異なる構造が地中で接合するので、接合部の止水性確保と、耐震性の検討を十分に行う必要がある

【過去問】

R元 Ⅲ—31、R元再 Ⅲ—31、R2 Ⅲ—31、R3 Ⅲ—31、R4 Ⅲ—31、R5 Ⅲ—31、R6 Ⅲ—31

345

4章　専門科目（建設分野）

【問題演習】

問題1　（R4 Ⅲ—31）

山岳トンネルの計画に関する次の記述のうち、最も不適切なものはどれか。

① トンネルの平面線形は、使用目的及び施工面からできるだけ直線とし、曲線を入れる場合はできるだけ小さい半径を採用しなければならない。

② トンネルの坑口は、安定した地山で地形条件のよい位置に選定するよう努めなければならない。

③ 水路トンネルでは、通水量、通水断面積、流速等の相互関係を考慮して勾配を設定しなければならない。

④ トンネルの内空断面は、トンネルの安定性及び施工性を十分考慮して効率的な断面形状とする必要がある。

⑤ 2本以上のトンネルを隣接して設置する場合、先行施工と後方施工のトンネル相互の影響を検討のうえ位置を選定しなければならない。

問題2　（R5 Ⅲ—31）

山岳トンネルに関する次の記述のうち、最も不適切なものはどれか。

① 通常用いられている掘削工法は、全断面工法、補助ベンチ付き全断面工法、ベンチカット工法、導坑先進工法に大別される。

② 吹付けコンクリートは、トンネル掘削完了後、ただちに地山にコンクリートを面的に密着させて設置する支保部材であり、掘削断面の大きさや形状に左右されずに施工できることから、支保部材として最も一般的である。

③ 覆工は、掘削後、支保工により地山の変形が収束した後に施工することを標準としており、外力が作用しないことを基本として打設される。

④ 鋼製支保工は、トンネル壁面に沿って形鋼等をアーチ状に設置する支保部材であり、建込みと同時に一定の効果を発揮できるため、覆工コンクリートの強度が発現するまでの早期において切羽の安定化を図ることができる。

⑤ ロックボルトの性能は、亀裂の発達した中硬岩や硬岩地山では、主に亀裂面に平行な方向あるいは直角な方向の相対変位を抑制すること、また軟岩や未固結地山では、主にトンネル半径方向に生じるトンネル壁面と地山内部との相対変位を抑制することにある。

問題3　（R3 Ⅲ—31）

山岳トンネルの支保工に関する次の記述のうち、不適切なものはどれか。

① ロックボルトは、トンネル壁面から地山内部に穿孔された孔に設置される支保部材であり、穿孔された孔のほぼ中心に定着される芯材が孔の周囲の地山

346

と一体化することにより、地山の内部から支保効果を発揮する。

② ロックボルトの性能は、軟岩や未固結地山では、主に亀裂面に平行な方向あるいは直角な方向の相対変位を抑制すること、また、亀裂の発達した中硬岩や硬岩地山では、主にトンネル半径方向に生じるトンネル壁面と地山内部との相対変位を抑制することにある。

③ 鋼製支保工は、トンネル壁面に沿って形鋼等をアーチ状に設置する支保部材であり、建込みと同時に一定の効果を発揮できるため、吹付けコンクリートの強度が発現するまでの早期において切羽の安定化を図ることができる。

④ 吹付けコンクリートは、トンネル掘削完了後、ただちに地山にコンクリートを面的に密着させて設置する支保部材であり、その性能は、掘削に伴って生じる地山の変形や外力による圧縮せん断等に抵抗することにある。

⑤ 吹付けコンクリートの強度については、掘削後ただちに施工し地山を保持するための初期強度、施工中に切羽近傍でのトンネルの安定性を確保するための早期強度、長期にわたり地山を支持する長期強度が必要である。

問題4 （R6 Ⅲ—31）

シールドトンネルに関する次の記述のうち、最も不適切なものはどれか。

① シールド工法は、一般的には、非常に軟弱な沖積層から、洪積層や、新第三紀の軟岩までの地盤に適用され、地質の変化への対応は比較的容易である。また、硬岩に対する事例もある。

② シールドトンネルの断面形状としては円形断面を用いるのが一般的であり、その理由の1つに、セグメントがローリングしても断面利用上支障が少ないことが挙げられる。また、施工途中での外径の変更も容易である。

③ シールドトンネルの線形は、使用目的、使用する設計条件、シールドの掘進等の面からできるだけ直線とし、曲線とする場合でも曲線半径の大きな線形が望ましい。

④ シールド形式の選定に当たって最も留意すべき点は、切羽の安定が図れる形式を選定することである。また、安全性や経済性、用地、立坑の周辺環境、施工性等についても十分に検討しなければならない。

⑤ シールド工法は、トンネル工法の中では周辺に及ぼす影響が比較的少ないが、特に発進基地周辺では立坑構築、シールド掘進時のクレーン、泥土又は泥水処理設備等から発生する騒音や振動により、周辺に影響を及ぼすことがある。

4章 専門科目(建設分野)

問題5 （R2 Ⅲ—31）

シールドトンネルに関する次の記述のうち、最も不適切なものはどれか。

① シールド工法は、トンネル工法の中では周辺に及ぼす影響が比較的多いことから、市街地で民地に接近して、昼夜連続で施工されることは少ない。

② シールド工法は、一般的には、非常に軟弱な沖積層から、洪積層や、新第三紀の軟岩までの地盤に適用されるが、硬岩に対する事例もある。

③ 一次覆工はシールド掘進に当たってその反力部材になるとともに、裏込め注入圧等の施工時荷重に対抗することになる。また、シールドテールが離れた後は、ただちにトンネルの覆工体としての役割も果たす。

④ シールドトンネルの断面形状としては円形断面を用いるのが一般的であり、その理由の1つに、セグメントがローリングしても断面利用上支障が少ないことが挙げられる。

⑤ シールドトンネルと立坑は、坑口において異なる構造が地中で接合することから、接合部における止水性の確保と、地震時には相互に影響を及ぼすことから必要に応じて耐震性の検討が求められる。

【解答】

問題1 ①

トンネルの平面線形は直線に近い方が好ましい。例えば、曲率半径の小さな道路は施工面でも完成後の通行面でもあまり好ましくない。

問題2 ④

鋼製支保工は、トンネル壁面に沿って形鋼等をアーチ状に設置する支保部材であり、建込みと同時に一定の効果を発揮できるため、吹付コンクリートの強度が発現するまでの早期において切羽の安定化を図ることができる。

問題3 ②

ロックボルトの性能は、亀裂の発達した中硬岩や硬岩地山では、主に亀裂面に平行な方向あるいは直角な方向の相対変位を抑制すること、また、軟岩や未固結地山では、主にトンネル半径方向に生じるトンネル壁面と地山内部との相対変位を抑制することにある

問題4 ②

シールド工法は一般にシールドマシンの形状によって外径が定まるので、トンネル掘削途中での断面形状の変更は難しい。

問題5 ①

シールド工法は周辺に及ぼす影響が比較的少ない。通常は昼夜連続で施工する。

348

施工計画、施工設備及び積算

12-1 施工法　　　　　　　　　優先度 ★★☆

　施工計画の問題は施工法の問題と施工管理の問題に大別されます。1級土木施工管理技士の受験経験者などは取り組みやすい領域です。

【ポイント】
■ 土留め工

　自立式土留め工
　　→比較的良質な地盤で浅い掘削工事に用いる

　切ばり式土留め工
　　→現場の状況に応じて支保工の数、配置等の変更が可能。ただし、機械掘削や躯体構築時に支保工が障害となりやすい

　グラウンドアンカー式土留め工
　　→掘削面内に切梁などがないので、施工空間を確保しやすい。偏土圧が作用する場合や掘削面積が広い場合に適する

　控え杭タイロッド式土留め工
　　→土留め壁周辺に控え杭やタイロッドを設置するための用地が必要。切梁などがないので施工空間を確保しやすい

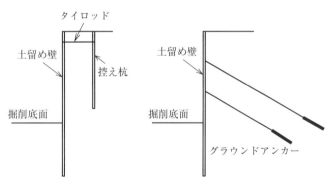

控え杭タイロッド式土留め壁(左)とグラウンドアンカー式土留め工

　補強土式土留め工
　　→グラウンドアンカー式に比較して施工本数は多くなるものの、アンカー長は短いため、土留め周辺の用地に関する問題は比較的少ない

■ 土留め壁

簡易土留め壁
　→木矢板や軽量鋼矢板などによる土留め壁。軽量かつ短尺で扱いやすいが、断面性能は小さく、遮水性はあまりない

鋼矢板土留め壁
　→U形、Z形、直線形、H形などの鋼矢板を、継手部をかみ合わせ、連続して地中に打ち込む。遮水性がよく、掘削底面以下の根入れ部分の連続性が保たれる

親杭横矢板土留め壁
　→I形鋼、H形鋼などの親杭を、1〜2m間隔で地中に打ち込み、または穿孔して建て込み、掘削に伴って親杭間に木材の横矢板を挿入していく。遮水性がよくなく、掘削底面以下の根入れ部分の連続性が保たれない。

鋼管矢板土留め壁
　→形鋼、パイプなどの継手を取り付けた鋼管杭を、継手部をかみ合わせながら、連続して地中に打ち込む。遮水性がよく、掘削底面以下の根入れ部分の連続性が保たれ、断面性能が大きい

ソイルセメント地下連続壁
　→各種オーガー機やチェーンカッター機を用いてセメント溶液を原位置土と混合・撹

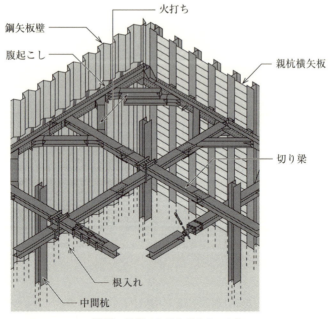

（資料：日経コンストラクション）

拌した掘削孔にH形鋼などを挿入して連続させる。遮水性がよく、断面性能は場所打ち杭、既製杭地下連続壁と同等

■地盤改良

サンドマット工法
→軟弱地盤上に厚さ0.5～1.2m程度の厚さの砂を小型ブルドーザで敷き均し、良質な地盤を確保して上載荷重の分散効果などで地盤の安定を図る

バーチカルドレーン工法
→飽和した粘性土地盤に対する改良工法。軟弱粘性土中に人工的な排水路を設けて間隙水の排水距離を短くし、圧密を早期に収束させて地盤強度を向上させる

浅層混合処理工法
→軟弱地盤の浅層部分にセメントや石灰などの改良材を添加混合し、地盤の圧縮性や強度特性を改良する

圧密・脱水工法
→軟弱な粘性土の間隙水を圧密やその他の方法で排出し、粘性土の圧縮性やせん断強さなどを改良する

薬液注入工法
→ボーリングで地盤削孔して薬液を注入し、地盤の透水性を低下させたり地盤を強化したりする

高圧噴射撹拌工法
→セメント系固化材を高圧で噴射して地盤を切削しながらこれらを撹拌・混合させて軟弱地盤を円柱状に改良する

■土工

ベンチカット工法
→階段状に掘削する工法。工事規模が大きい場合に適する

ダウンヒルカット工法
→ブルドーザ、スクレーパなどを用いて傾斜面の下り勾配を利用し、土砂を掘削・運搬する工法

(a) ベンチカット　　(b) ダウンヒルカット

(資料：農林水産省)

4章　専門科目（建設分野）

12-1　施工計画、施工設備及び積算　施工法

【過去問】

R元 Ⅲ—32、R元再 Ⅲ—32、R2 Ⅲ—32、R3 Ⅲ—32、R4 Ⅲ—32、R5 Ⅲ—32、R6 Ⅲ—32

351

4章　専門科目（建設分野）

【問題演習】

問題1　（R6 Ⅲ―32）

開削工事における土留め工に関する次の記述のうち、最も不適切なものはどれか。

① 自立式土留め工は、比較的良質な地盤で浅い掘削工事に適する。

② 切ばり式土留め工は、現場の状況に応じて支保工の数、配置等の変更が可能であるが、機械掘削や躯体構築時等に支保工が障害となりやすい。

③ グラウンドアンカー式土留め工は、偏土圧が作用する場合や掘削面積が広い場合には適さない。

④ 控え杭タイロッド式土留め工は、土留め壁周辺に控え杭やタイロッドを設置するための用地が必要となる。

⑤ 補強土式土留め工は、グラウンドアンカー式に比較して施工本数は多くなるものの、アンカー長は短いため土留め周辺の用地に関する問題は比較的少ない。

問題2　（R4 Ⅲ―32）

土留め壁に関する次の記述のうち、不適切なものはどれか。

① 簡易土留め壁は、木矢板や軽量鋼矢板などによる土留め壁であり、軽量かつ短尺で扱いやすく、断面性能が大きく、遮水性もよい。

② 鋼矢板土留め壁は、U形、Z形、直線形、H形などの鋼矢板を、継手部をかみ合わせながら、連続して地中に打ち込む土留め壁であり、遮水性がよく、掘削底面以下の根入れ部分の連続性が保たれる。

③ 親杭横矢板土留め壁は、I形鋼、H形鋼などの親杭を、1〜2m間隔で地中に打ち込み、又は穿孔して建て込み、掘削に伴って親杭間に木材の横矢板を挿入していく土留め壁であるが、遮水性がよくなく、掘削底面以下の根入れ部分の連続性が保たれない。

④ 鋼管矢板土留め壁は、形鋼、パイプなどの継手を取り付けた鋼管杭を、継手部をかみ合わせながら、連続して地中に打ち込む土留め壁であり、遮水性がよく、掘削底面以下の根入れ部分の連続性が保たれ、しかも断面性能が大きい。

⑤ ソイルセメント地下連続壁は、各種オーガー機やチェーンカッター機等を用いてセメント溶液を原位置土と混合・撹拌した掘削孔にH形鋼などを挿入して連続させた土留め壁であり、遮水性がよく、断面性能は場所打ち杭、既製杭地下連続壁と同等である。

352

問題3 （R5 Ⅲ—32）

地盤改良工法に関する次の記述のうち、最も不適切なものはどれか。

① サンドマット工法は、軟弱地盤上に厚さ0.5～1.2m程度の厚さの砂を小型ブルドーザで敷き均して良質な地盤を確保し、上載荷重の分散効果などにより地盤の安定を図る工法である。

② 浅層混合処理工法は、軟弱地盤の浅層部分にセメントや石灰などの改良材を添加混合して地盤の圧縮性や強度特性を改良する工法である。

③ 圧密・脱水工法は、軟弱な粘性土の間隙水を圧密やその他の方法で排出することによって、粘性土の圧縮性やせん断強さなどを改良する工法である。

④ 薬液注入工法は、ボーリングにて地盤を削孔して薬液を注入し、地盤の透水性を低下させる、あるいは地盤を強化する工法である。

⑤ 高圧噴射撹拌工法は、撹拌翼又はオーガーを回転させながら、主に、セメント系改良材と軟弱土を撹拌混合して軟弱地盤を円柱状に改良する工法である。

問題4 （R3 Ⅲ—32）

建設工事の施工法に関する次の記述のうち、不適切なものはどれか。

① 盛土式仮締切り工法は、土砂で堰堤を構築する締切り工法であり、比較的水深が浅い地点で用いられることが多い。構造は比較的単純であり、水深の割に堤体幅が小さくなり、大量の土砂を必要とするため、狭隘な地点では不利になることが多い。

② ワイヤーソー工法は、切断解体しようとする部材にダイヤモンドワイヤーソを大回しに巻き付け、エンドレスで高速回転させてコンクリートや鉄筋を切断する工法である。

③ バーチカルドレーン工法は、飽和した粘性土地盤に対する地盤改良工法の一種であり、軟弱粘性土地盤中に人工的な排水路を設けて間隙水の排水距離を短くし、圧密を早期に収束させ地盤強度を向上させる工法である。

④ RCD工法は、セメント量を減じたノースランプの超硬練りコンクリートをダンプトラックなどで運搬し、ブルドーザで敷き均し、振動ローラで締固める全面レアー打設する工法であり、従来のケーブルクレーン等によるブロック打設工法に比べ、大幅に工期の短縮と経費の節減が可能な工法である。

⑤ EPS工法は、高分子材の大型発泡スチロールブロックを盛土材料や裏込め材料として積み重ねて用いる工法であり、材料の超軽量性、耐圧縮性、耐水性及び自立性を有効に利用する工法である。

4章 専門科目(建設分野)

問題5 (R2 Ⅲ—32)

施工法に関する次の記述のうち、最も不適切なものはどれか。

① サンドコンパクションパイル工法は、上部に振動機を取り付けたケーシングパイプを地中に打設し、内部に砂を投入しながらパイプを引き抜き、さらに打ち戻すことによってパイプ径よりも太く締まった砂杭を造成していく工法である。

② 打込み杭工法は、既製杭に衝撃力を加えることにより地中に貫入、打設するものであり、衝撃力としては杭頭部を打撃するものと振動を加えるものとに大別される。

③ 静的破砕工法は、被破砕体に削孔機で孔をあけ、中に水と練り混ぜた膨張性の破砕剤を充填し、これが硬化膨張することによる圧力でひび割れを発生させることにより破砕する工法である。

④ RCD工法は、セメント量を減じたノースランプの超硬練りのコンクリートをダンプトラックなどで運搬し、ブルドーザで敷均し、振動ローラで締め固める全面レアー打設する工法である。

⑤ ベンチカット工法は、ブルドーザ、スクレーパなどを用いて傾斜面の下り勾配を利用して掘削し運搬する工法である。

【解答】

問題1 ③

グラウンドアンカー式は、偏土圧が作用する場合や掘削面積が広い場合に適する。

問題2 ①

簡易土留め壁は断面性能が小さく、遮水性はよくない。

問題3 ⑤

高圧噴射撹拌工法はセメント系固化材を高圧で噴射して地盤を切削しながらこれらを撹拌・混合させて軟弱地盤を円柱状に改良する。

問題4 ①

盛土式仮締切り工法は、土砂で堰堤を構築する締切り工法で、比較的水深が浅い地点で用いられることが多い。構造は比較的単純だが、水深の割に堤体幅が大きくなる。

問題5 ⑤

ブルドーザ、スクレーパなどを用いて傾斜面の下り勾配を利用して掘削し運搬する工法はダウンヒルカット工法である。

12-2 施工管理　　　優先度 ★★☆

施工管理の領域は、工程管理や原価管理、安全管理などに関する問題が出ます。施工管理技士の受験経験者や受験予定者には取り組みやすい分野です。

【ポイント】
■工程管理
横線式工程表
- →横軸に日数をとるので各作業の所要日数がわかる
- →作業の流れが左から右へ移行するので作業間の関連がわかるが、工期に影響する作業をつかみにくい

ネットワーク式工程表
- →数多くの作業中でどれが全体の工程を最も強く支配するか、また、時間的に余裕のない経路(クリティカルパス)を確認できる

CPM法
- →時間と費用との関連に着目し、工事費用が最小となるようネットワーク上で工期を短縮し、最適工期、最適費用を設定する手法

工程と原価の関係
- →工程速度を上げるとともに原価が安くなるが、さらに工程速度を上げると原価は上がる

作業可能日数
- →暦日日数から定休日のほかに、降水日数、積雪日数、日照時間などを考慮して割り出した作業不能日数を差し引いて求める

■工事費
請負工事費
- →請負工事の設計書に計上すべき当該工事の工事費であり、工事原価、一般管理費等、消費税相当額により構成される。

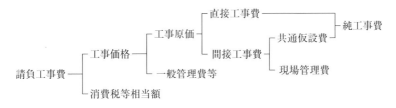

工事原価
- →直接工事費と間接工事費の合計。間接工事費は共通仮設費と現場管理費から成る

4章　専門科目（建設分野）

一般管理費

→工事施工に当たる受注企業の企業活動を継続運営するために必要な費用

■ 安全管理

大規模な工事の届け出

→以下に示す大規模な工事については労働基準監督署長ではなく、厚生労働大臣に届け出を行う

・高さが300m以上の塔の建設の仕事

・堤高（基礎地盤から堤頂までの高さをいう）が150m以上のダムの建設の仕事

・最大支間500m（つり橋にあっては1000m）以上の橋梁の建設の仕事

・長さが3000m以上のずい道等の建設の仕事

・長さが1000m以上3000m未満のずい道等の建設の仕事で、深さが50m以上のたて坑（通路として使用されるものに限る）の掘削を伴うもの

・ゲージ圧力が0.3MPa以上の圧気工法による作業を行う仕事

【過去問】

R元 Ⅲ—33、R元再 Ⅲ—33、R2 Ⅲ—33、R3 Ⅲ—33、R4 Ⅲ—33、R5 Ⅲ—33、R6 Ⅲ—33

【問題演習】

問題1　（R6 Ⅲ—33）

工程管理に関する次の記述のうち、最も不適切なものはどれか。

① 横線式工程表は、横軸に日数をとるので各作業の所要日数がわかり、さらに、作業の流れが左から右へ移行しているので作業間の関連がわかるが、工期に影響する作業がどれであるかがつかみにくい欠点がある。

② 作業可能日数は、暦日日数から定休日のほかに、降水日数、積雪日数、日照時間などを考慮して割り出した作業不能日数を差し引いて求める。

③ ネットワーク式工程表では、数多い作業の中でどの作業が全体の工程を最も強く支配し、時間的に余裕のない経路（critical path）であるかを確認することができない。

④ 工程と原価との関係は、工程速度を上げるとともに原価が安くなっていくが、さらに工程速度を上げると原価は上昇傾向に転じる。

⑤ CPM法は、時間と費用との関連に着目し、工事費用が最小となるようネットワーク上で工期を短縮し、最適工期、最適費用を設定していく計画手法である。

356

問題2 （R5 Ⅲ—33）

工事積算に関する次の記述のうち、最も不適切なものはどれか。

① 請負工事費とは、工事を請負施工に付する場合における工事の設計書に計上すべき当該工事の工事費であり、工事原価、一般管理費等、消費税相当額により構成される。

② 工事原価とは、工事現場の経理において処理されるすべての費用を指し、工事実施のために投入される材料、労務、機械等の直接工事費により構成される。

③ 直接工事費とは、工事目的物をつくるために直接投入され、目的物ごとに投入量が明確に把握される費用である。

④ 間接工事費とは、工事の複数の目的物あるいは全体に対して共通して投入され、かつ、目的物ごとの投入量を個別に把握することが困難な共通的な現場費用である。

⑤ 一般管理費等とは、工事施工に当たる受注企業の企業活動を継続運営するために必要な費用である。

問題3 （R3 Ⅲ—33）

建設工事の施工管理に関する次の記述のうち、不適切なものはどれか。

① 品質管理の目的は、施工管理の一環として、工程管理、出来形管理とも併せて管理を行い、初期の目的である工事の品質、安定した工程及び適切な出来形を確保することにある。

② 工程管理とは、施工前において最初に計画した工程と、実際に工事が進行している工程とを比較検討することで、工事が計画どおりの工程で進行するように管理し、調整を図ることである。

③ 原価管理とは、受注者が工事原価の低減を目的として、実行予算書作成時に算定した予定原価と、すでに発生した実際原価を対比し、工事が予定原価を超えることなく進むよう管理することである。

④ 環境保全管理とは、工事を実施するときに起きる、騒音振動をはじめとする環境破壊を最小限にするために配慮することをいう。

⑤ 労務管理とは、労務者や第三者に危害を加えないようにするために、安全管理体制の整備、工事現場の整理整頓、施工計画の検討、安全施設の整備、安全教育の徹底を行うことである。

問題4 （R元再 Ⅲ—33）

建設工事の安全管理に関する次の記述のうち、最も不適切なものはどれか。

4章　専門科目（建設分野）

① 事業者は、長さが3000メートル以上のずい道等の建設の仕事を開始しようとするときは、その計画を当該仕事の開始日の30日前までに、労働基準監督署長に届け出なければならない。

② 足場の組立て、解体又は変更の作業に係る業務（地上又は堅固な床上における補助作業の業務を除く。）を行う労働者は、安全衛生特別教育を受けなければならない。

③ 事業者は、明り掘削の作業を行う場合において、地山の崩壊又は土石の落下により労働者に危険を及ぼす恐れのあるときは、当該危険を防止するための措置を講じなければならない。

④ 建設工事従事者の安全及び健康の確保の推進に関する法律は、建設工事従事者の安全及び健康の確保を推進するため、公共発注・民間発注を問わず、安全衛生経費の確保や一人親方問題への対処等がなされるよう、特別に手厚い対策を国及び都道府県等に求めるものである。

⑤ 高さが2m以上の箇所であって作業床を設けることが困難なところにおいて、墜落制止用器具のうちフルハーネス型のものを用いる作業に係る業務（ロープ高所作業に係る業務を除く。）を行う労働者は、安全衛生特別教育を受けなければならない。

【解答】

問題1　③

ネットワーク式工程表は、どの作業が全体の工程を最も強く支配し、時間的に余裕のない経路（クリティカルパス）を確認できる。

問題2　②

工事原価は直接工事費と間接工事費で構成されている。

問題3　⑤

労務者や第三者に危害を加えないようにするために、安全管理体制の整備、工事現場の整理整頓、施工計画の検討、安全施設の整備、安全教育の徹底を行うのは安全管理である。

問題4　①

長さが3000メートル以上のずい道等の建設の仕事を開始しようとするときは、その計画を当該仕事の開始日の30日前までに、厚生労働大臣に届け出なければならない。

358

建設環境

13-1 環境影響評価

優先度 ★★☆

　環境影響評価法に基づく環境アセスメントの手続きや書面に関連する問題はほぼ2年1回程度のペースで出題されています。難度は低めです。

【ポイント】

■ 環境影響評価の図書

配慮書
　　→事業の位置・規模等の検討段階で環境保全のために配慮すべき事項について検討結果を伝えるもの

方法書
　　→環境アセスメントの方法を伝えるもので、事業の内容や目的、対象事業が実施されるべき区域と周囲の概況、環境影響評価の項目や調査、予測、評価手法を記す

準備書
　　→環境アセスメントの結果を示すもの。方法書の内容に加え、環境保全の見地から寄せられた一般の人の意見や事業者の見解、都道府県知事の意見、環境影響評価の項目と調査・予測・評価の手法、環境影響評価の結果を伝える

評価書
　　→準備書に対する国民や地方公共団体などの意見を踏まえ、必要に応じて内容を修正したもの

■ 環境影響評価の手続き

第1種事業
　　→規模が大きく、環境に大きな影響を及ぼす恐れがある事業。環境アセスメントの手続きを必ず行う

第2種事業
　　→第1種事業に準じる規模の事業。スクリーニングで手続きを行うべきとなったものが環境アセスメントの手続きを行う

スコーピング
　　→方法書を公告・縦覧し、国民や地方公共団体の意見を聞いて環境アセスメントの項目や方法を確定させるための手続き

スクリーニング
　　→第2種事業に相当する規模の事業で、環境アセスメントを行うか否かを個別に判定

4章　専門科目（建設分野）

する手続き

【過去問】

R元 Ⅲ—34、R元再 Ⅲ—34、R2 Ⅲ—34、R4 Ⅲ—34、R6 Ⅲ—34

【問題演習】

問題1　（R6 Ⅲ—34）

環境影響評価法に関する次の記述のうち、最も不適切なものはどれか。

① 我が国では、1993年（平成5年）に制定された「環境基本法」において、環境ア
セスメントの推進が位置付けられたことをきっかけに、1997年（平成9年）に
「環境影響評価法」が成立した。

② 配慮書とは、事業の早期段階における環境配慮を可能にするため、事業の位
置、規模等の検討段階において、環境保全のために適正な配慮をしなければ
ならない事項について検討を行い、その結果をまとめた図書である。

③ 環境アセスメントの対象となる事業のうち、規模が大きく環境に大きな影響
を及ぼすおそれがある事業を「第1種事業」として定め、環境アセスメントの
手続きを必ず行うこととしている。

④ 第2種事業については、環境アセスメントを行うかどうかを事業の免許等を
行う者等が判定基準にしたがって個別に判定するが、判定に当たっては、地
域の状況をよく知っている都道府県知事の意見を聴くことになっている。

⑤ 評価書とは、事業者が環境アセスメントにおいて、どのような項目につい
て、どのような方法で調査・予測・評価するか、その計画を示したものであ
り、1カ月間縦覧しなければならない。

問題2　（R4 Ⅲ—34）

環境影響評価法に関する次の記述のうち、不適切なものはどれか。

① 環境影響評価法では、規模が大きく環境に著しい影響を及ぼすおそれのある
事業について環境アセスメントの手続きを定める。

② 配慮書とは、第1種事業を実施しようとする者が、事業の位置・規模等の検
討段階において、環境保全のために適正な配慮をしなければならない事項に
ついて検討を行い、その結果を取りまとめた図書である。

③ スコーピングとは、第1種事業に準じる大きさの事業（第2種事業）について
環境アセスメントを行うかどうかを個別に判定する手続きのことである。

④ 事後調査の必要性は、環境保全対策の実績が少ない場合や不確実性が大きい
場合など、環境への影響の重大性に応じて検討され、判断される。

360

⑤ 地方公共団体が定めた環境アセスメントに関する条例には、環境影響評価法と比べ、法対象以外の事業種や法対象より小規模の事業を対象にするといった特徴がある。

問題3 （R2 Ⅲ—34）

環境影響評価に関する次の記述のうち、最も不適切なものはどれか。

① 方法書や準備書について、環境の保全の見地からの意見を意見書の提出により、誰でも述べることができる。

② 環境アセスメントに関する条例は、すべての都道府県、ほとんどの政令指定都市において、制定されている。

③ 環境影響評価法では、第1種事業についてはすべてが環境アセスメントの手続きを行うことになる。

④ スコーピングとは、手法、方法等、評価の枠組みを決める準備書を確定させるための手続きのことである。

⑤ スクリーニングとは、第2種事業を環境影響評価法の対象とするかどうかを判定する手続きのことである。

【解答】

問題1 ⑤

評価書は、事業者が環境アセスメントを実施した結果を示した準備書について各種意見を反映して修正したもの。⑤の説明は方法書の内容。

問題2 ③

③の説明はスクリーニングの内容である。

問題3 ④

スコーピングは方法書に示した項目や方法を確定する際の手続き。

13-2 環境関連施策 　　　　優先度 ★★☆

環境関連の政策や法制度に関する問題は、毎年1題は出題されています。比較的過去の問題に沿った出題が続いているので、過去問の練習が効きます。

【ポイント】

■生物関連

生物多様性国家戦略

　→生物多様性条約及び生物多様性基本法に基づく、生物多様性の保全と持続可能な利用に関する国の基本的な計画

4章　専門科目（建設分野）

生物多様性国家戦略2023—2030
→「昆明・モントリオール生物多様性枠組」に対応した戦略。2030年の「ネイチャーポ
　ジティブ：自然再興」の実現を目標（2030年ミッション）として掲げる

特定外来生物
→外来生物（海外起源の外来種）であって、生態系、人の生命・身体、農林水産業へ被
　害を及ぼすもの、または及ぼすおそれがあるものの中から指定され、輸入、放出、
　飼養等の禁止といった厳しい規制がかかる

侵略的外来種
→地域の自然環境に大きな影響を与え生物多様性を脅かす恐れがあるもの

■ 気候変動
気候変動対策
→緩和策（温室効果ガスの排出抑制や森林の吸収作用を保全・強化する施策）と適応策
　（地球温暖化がもたらす現在および将来の気候変動の影響に対する施策）があり、
　「地球温暖化対策の推進に関する法律」並びに「気候変動適応法」の2つの法律が施行
　されている

木材活用
→木材は加工時のエネルギーが少なく、多段階での長期利用が地球温暖化防止、循環
　型社会の形成に役立つ。公共工事等で利用を推進している。

【過去問】

R元 Ⅲ—35、R元再 Ⅲ—35、R2 Ⅲ—35、R3 Ⅲ—34、R3 Ⅲ—35、R4 Ⅲ—35、
R5 Ⅲ—34、R5 Ⅲ—35、R6 Ⅲ—35

【問題演習】

問題1　（R6 Ⅲ—35）

我が国の近年の建設環境に関する次の記述のうち、最も不適切なものはどれか。

① 「生物多様性国家戦略2023—2030」では、2030年までに「ネイチャーポジ
　ティブ：自然再興」を実現することが、達成すべき短期目標（2030年ミッショ
　ン）として掲げられている。

② 「水質汚濁防止法」では、水質の汚濁に係わる環境上の条件について、人の健
　康を保護し、及び生活環境を保全する上で維持されることが望ましい基準を
　定めるものとしている。

③ 東京湾、伊勢湾、大阪湾を含む瀬戸内海等の閉鎖性海域では、陸域からの汚
　濁負荷量は減少しているものの、干潟・藻場の消失による海域の浄化能力の
　低下等により、依然として赤潮や青潮が発生し漁業被害等が生じている。

362

④ 循環型社会の形成のためには、再生品などの供給面の取組に加え、需要面からの取組が重要であるとの観点から、循環型社会形成推進基本法の個別法の1つとして「国等による環境物品等の調達の推進等に関する法律」が制定された。

⑤ 建設リサイクルの取組により建設廃棄物全体の再資源化・縮減率は1995年以降、徐々に向上しているが、品目別に見れば、建設混合廃棄物の最終処分率が依然として高い。

問題2 （R4 Ⅲ—35）

建設環境関係の各種法令などに関する次の記述のうち、不適切なものはどれか。

① 工作物の新築、改築又は除去に伴って生じたコンクリートの破片は、廃棄物の処理及び清掃に関する法律における産業廃棄物である。

② 騒音規制法により、指定地域内で特定建設作業を伴う建設工事を施工しようとする者は、当該特定建設作業の開始の日の7日前までに、特定建設作業の場所及び実施の期間などを都道府県知事に届けなければならないとされている。

③ 工事で使用する生コンクリートを製造するバッチャープラントは、水質汚濁防止法における特定施設である。

④ 大気汚染防止法の目的には、建築物等の解体等に伴う粉じんの排出等を規制し、また、自動車排出ガスに係る許容限度を定めること等により、大気の汚染に関し、国民の健康を保護することが含まれる。

⑤ 振動規制法に定める特定建設作業の規制に関する基準では、特定建設作業の振動が、当該特定建設作業の場所の敷地境界線において、75デシベルを超える大きさのものでないこととされている。

問題3 （R5 Ⅲ—34）

建設環境関係の各種法令などに関する次の記述のうち、最も不適切なものはどれか。

① 気候変動対策として緩和策と適応策は車の両輪であり、これらを着実に推進するため、「地球温暖化対策の推進に関する法律」並びに「気候変動適応法」の2つの法律が施行されている。

② 環境基本法で定める「公害」とは、事業活動その他の人の活動に伴って生ずる相当範囲にわたる大気の汚染、水質の汚濁、土壌の汚染、騒音、振動、地盤の沈下及び悪臭によって、人の健康又は生活環境に係る被害が生ずることをいう。

4章　専門科目（建設分野）

③　大気汚染防止法の目的には、建築物の解体等に伴うばい煙、揮発性有機化合物及び粉じんの排出等の規制により、大気の汚染に関し、国民の健康を保護することが含まれる。

④　循環型社会の形成のためには、再生品などの供給面の取組に加え、需要面からの取組が重要であるとの観点から、循環型社会形成推進基本法の個別法の1つとして「公共工事の品質確保の促進に関する法律」が制定された。

⑤　建設リサイクル法では、特定建設資材を用いた建築物等に係る解体工事又はその施工に特定建設資材を使用する新築工事等であって一定規模以上の建設工事について、その受注者等に対し、分別解体等及び再資源化等を行うことを義務付けている。

問題4　（R3 Ⅲ—34）

建設環境に関する次の記述のうち、最も不適切なものはどれか。

①　水質汚濁に係る環境基準は、公共用水域の水質について達成し、維持することが望ましい基準を定めたものであり、人の健康の保護に関する環境基準（健康項目）と生活環境の保全に関する環境基準（生活環境項目）の2つからなる。

②　微小粒子状物質「PM2.5」とは、大気中に浮遊している直径2.5マイクロメートル以下の非常に小さな粒子のことで、ぜんそくや気管支炎などの呼吸器系疾患や循環器系疾患などのリスクを上昇させると考えられている。

③　ゼロ・エミッションとは、1994年に国連大学が提唱した考え方で、あらゆる廃棄物を原材料などとして有効活用することにより、廃棄物を一切出さない資源循環型の社会システムをいう。

④　振動規制法では、くい打機など、建設工事として行われる作業のうち、著しい振動を発生する作業であって政令で定める作業を規制対象とし、都道府県知事等が規制地域を指定するとともに、総理府令で振動の大きさ、作業時間帯、日数、曜日等の基準を定めている。

⑤　持続可能な開発目標（SDGs：Sustainable Development Goals）とは、2001年に策定されたミレニアム開発目標（MDGs）の後継として、2015年9月の国連サミットで加盟国の全会一致で採択された「持続可能な開発のための2030アジェンダ」に記載された、発展途上国を対象とする先進国の開発援助目標である。

問題5　（R3 Ⅲ—35）

建設環境に関する次の記述のうち、最も不適切なものはどれか。

① 建設副産物物流のモニタリング強化の実施手段の1つとして始まった電子マニフェストは、既存法令に基づく各種届出等の作業を効率化し、働き方改革の推進を図る相互連携の取組である。

② 気候変動対策として緩和策と適応策は車の両輪であり、これらを着実に推進するため、「地球温暖化対策の推進に関する法律」並びに「気候変動適応法」の2つの法律が施行されている。

③ 生物指標とは、生息できる環境が限られ、かつ、環境の変化に敏感な性質を持つ種を選定し、その分布状況等の調査をすることによって地域の環境を類推・評価するためのものである。

④ 木材は、加工に要するエネルギーが他の素材と比較して大きく、地球温暖化防止、循環型社会の形成の観点から、公共工事での木材利用は推奨されていない。

⑤ 循環型社会の形成のためには、再生品などの供給面の取組に加え、需要面からの取組が重要であるとの観点から、循環型社会形成推進基本法の個別法の1つとして、2005年に「国等による環境物品等の推進等に関する法律（グリーン購入法）」が制定された。

4章 専門科目（建設分野）

13-2 建設環境 環境関連施策

問題6 （R5 Ⅲ—35）

建設環境に関する次の記述のうち、最も不適切なものはどれか。

① 侵略的外来種とは、外来生物（海外起源の外来種）であって、生態系、人の生命・身体、農林水産業へ被害を及ぼすもの、又は及ぼすおそれがあるものの中から指定され、輸入、放出、飼養等、譲渡し等の禁止といった厳しい規制がかかる。

② 木材は、加工に要するエネルギーが他の素材と比較して少なく、多段階における長期的利用が地球温暖化防止、循環型社会の形成に資するなど環境にやさしい素材であることから、公共工事等において木材利用推進を図っている。

③ 生物多様性国家戦略とは、生物多様性条約及び生物多様性基本法に基づく、生物多様性の保全と持続可能な利用に関する国の基本的な計画であり、我が国では、平成7年に最初の生物多様性国家戦略が策定された。

④ 脱炭素社会とは、人の活動に伴って発生する温室効果ガスの排出量と吸収作用の保全及び強化により吸収される温室効果ガスの吸収量との間の均衡が保たれた社会を意味し、我が国においては2050年までに実現することを目指している。

⑤ 持続可能な開発目標（SDGs：Sustainable Development Goals）とは、2001年に策定されたミレニアム開発目標（MDGs）の後継として、2015年9月の国

365

連サミットで加盟国の全会一致で採択された「持続可能な開発のための2030アジェンダ」に記載された、2030年までに持続可能でよりよい世界を目指す国際目標である。

【解答】

問題1　②

②は環境基本法の説明である。

問題2　②

騒音規制法により、指定地域内で特定建設作業を伴う建設工事を施工しようとする者は、当該特定建設作業の開始の日の7日前までに、特定建設作業の場所及び実施の期間などを市町村長に届けなければならない。

問題3　④

循環型社会の形成のためには、再生品などの供給面の取り組みに加え、需要面からの取り組みが重要との観点から制定されたのは「グリーン購入法」。

問題4　⑤

持続可能な開発目標(SDGs：Sustainable Development Goals)は、発展途上国だけでなく、先進国の目標でもある。

問題5　④

木材は、加工に要するエネルギーが他の素材と比較して小さく、地球温暖化防止、循環型社会の形成の観点から公共工事での木材利用は推奨されている。

問題6　①

外来生物(海外起源の外来種)であって、生態系、人の生命・身体、農林水産業へ被害を及ぼすもの、又は及ぼすおそれがあるものの中から指定され、輸入、放出、飼養などの禁止といった厳しい規制がかかるのは特定外来生物。

【著者紹介】

浅野 祐一 （あさの ゆういち）

1970年生まれ。95年慶応義塾大学大学院理工学研究科修了、インフラ企業勤務を経て2001年に日経BPに入社。土木雑誌「日経コンストラクション」や建築雑誌「日経アーキテクチュア」などの執筆・編集を担当する。住宅雑誌「日経ホームビルダー」、「日経コンストラクション」の各編集長、デジタル媒体「日経クロステック」の建設編集長などを経て、24年4月から技術プロダクツユニット長。日経コンストラクションの編集長時代から建設系の資格取得コンテンツの企画・開発を進め、技術士や1級土木施工管理技士、1級建築施工管理技士、コンクリート診断士などの資格試験の対策教材やセミナーの企画開発・編集を担ってきた。著書（共著を含む）は「よくわかる！気象予報士試験」（弘文社）「巻き込み型リーダーの改革」「2025年の巨大市場」「日本大改造2030」「202Xインフラテクノロジー」「世界を変える100の技術」「一級建築士矩子と考える危ないデザイン」（以上、日経BP）など多数

2025 年版

技術士第一次試験［基礎・適性・建設］合格指南

2025 年 4 月 28 日　第 1 版第 1 刷発行

編　著　者	浅野　祐一
発　行　者	浅野　祐一
発　　　行	株式会社日経 BP
発　　　売	株式会社日経 BP マーケティング
	〒105 − 8308　東京都港区虎ノ門 4 − 3 − 12

制　作　美研プリンティング株式会社
装　丁　奥村 靫正＝アートディレクション（TSTJ Inc.）
　　　　真崎 琴実＝デザイン（TSTJ Inc.）
印刷・製本　中央精版印刷株式会社

© Nikkei Business Publications, Inc. 2025　Printed in Japan

ISBN 978 − 4 − 296 − 20759 − 6

本書の無断複写・複製（コピー等）は著作権法上の例外を除き、禁じ
られています。
購入者以外の第三者による電子データ化および電子書籍化は、私的使
用を含め一切認められておりません。
本書籍に関するお問い合わせ、ご連絡は下記にて承ります。
https://nkbp.jp/booksQA